2025 국가공인

의료기기 규제과학 RA 전문가

2권 사후관리

한국의료기기안전정보원(NIDS) 편저

시험 정보

INFORMATION

기본 정보

의료기기 규제과학(RA) 전문가 2급 자격시험은 의료기기 인허가에 대한 기본 지식과 업무 능력을 평가하여 신뢰성 있는 인재를 배출하기 위한 자격시험이다.

시험 일정 및 지역

구분	원서 접수 기간	시험 시행일	합격자 발표일	시험 시행 지역
정규검정 제1회	24. 5. 27.(월) ~ 24. 6. 13.(목)	24. 7. 6.(토)	24. 7. 26.(금)	서울, 대전, 대구
정규검정 제2회	24. 10. 14.(월) ~ 24. 11. 1.(금)	24. 11. 23.(토)	24. 12. 13.(금)	서울, 대전, 대구

※ 시험 일정을 포함한 시험 정보는 변경될 수 있으므로 접수 전 반드시 한국의료기기안전정보원 홈페이지(http://edu.nids.or.kr)를 확인하시기 바랍니다.

응시 자격

다음 중 하나에 해당하는 자

- 정보원에서 인정하는 '의료기기 RA 전문가 양성 교육' 과정을 수료한 자
- 4년제 대학 관련 학과를 졸업한 자 또는 해당 시험 합격자 발표일까지 졸업이 예정된 자
- 4년제 대학을 졸업한 자로서 의료기기 RA 직무 분야에서 1년 이상 실무에 종사한 자
- 전문대학 관련 학과를 졸업한 자로서 의료기기 RA 직무 분야에서 2년 이상 실무에 종사한 자
- 전문대학을 졸업한 자로서 의료기기 RA 직무 분야에서 3년 이상 실무에 종사한 자
- 의료기기 RA 직무 분야에서 5년 이상 실무에 종사한 자

시험 구성

구분	시험 과목 수/ 전체 문제 수	과목별 문제 수		배점	문제 형식	총점
정규검정	5과목/95문제	19	18	5점/1문제	객관식 5지선다형	500점 (과목당 100점)
			1	10점/1문제	주관식 단답형	

• 합격 기준 : 전 과목 40점 이상, 평균 60점 이상

시험 과목

구분	시험 방법	과목 수	시험 과목
정규검정	필기	5과목	• 시판전인허가 • 사후관리 • 품질관리(GMP) • 임상 • 해외인허가제도

※ 관련 법령 등을 적용하여 정답을 구하는 문제는 시험시행일 기준 시행 중인 법령 등을 기준으로 출제

목 차

CONTENTS

제1장 의료기기 표시·기재의 이해

제2장 광고

제 3 장 부작용

제 4 장 의료기기 이물 발견 보고 제도

목차

CONTENTS

제5장 재평가

제6장 시판 후 조사

제 7 장 의료기기 추적관리

제 8 장 보고와 검사, 회수·폐기, 사용중지 명령

목 차

CONTENTS

제 10 장 의료기기 표준코드(UDI)

제 11 장 의료기기 공급내역 보고

CONTENTS

목 차

제 12 장 의료기기 갱신

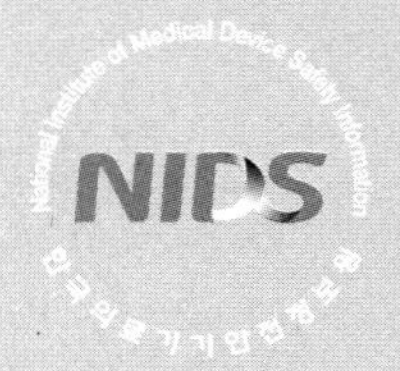

제 1 장

의료기기 표시 · 기재의 이해

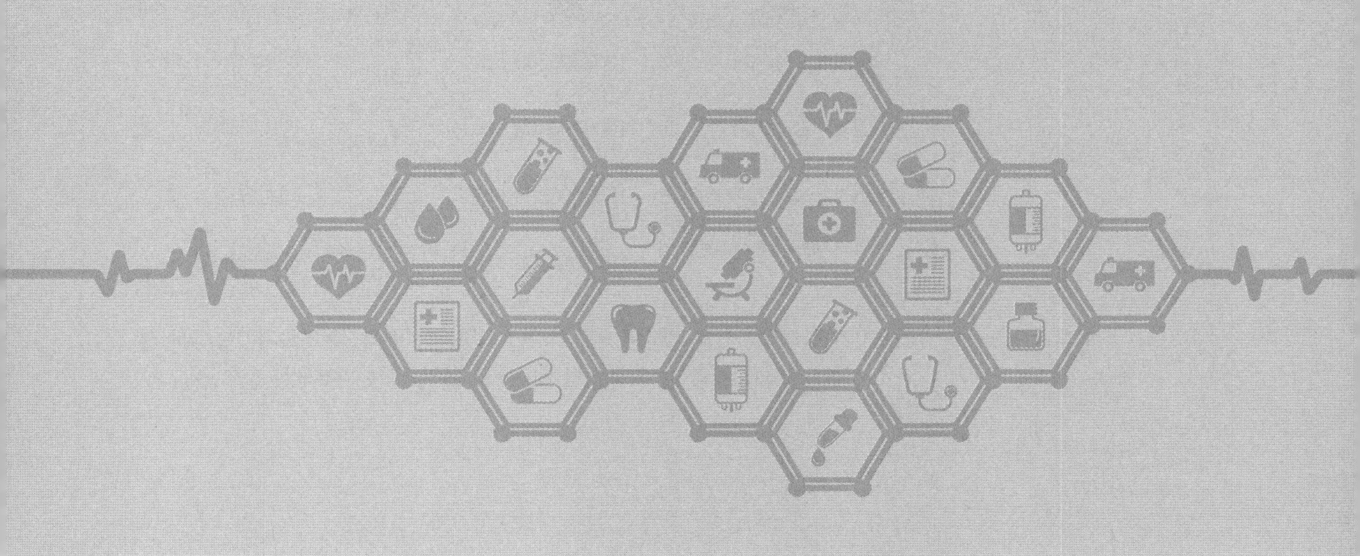

1. 의료기기 용기 등의 기재사항 및 첨부문서 기재사항
2. 의료기기 표시 · 기재 관련 법령
3. 의료기기 표시 · 기재사항
4. 체외진단의료기기 표시 · 기재사항
5. 의료기기 표시 · 기재 위반사항 처분 등

01 의료기기 표시 · 기재의 이해

학습목표 — 의료기기 표시·기재사항의 개념 및 관련 규정을 이해한다. 용기, 외장, 첨부문서의 표시·기재사항을 이해하고, 위반 시 처분사항을 알아본다.

NCS 연계 —

목차	분류 번호	능력단위	능력단위 요소	수준
1. 의료기기 표시·기재	1903090308_15v1	의료기기 생산 포장관리	라벨관리하기	2
2. 의료기기 표시·기재 관련 법령	1903090308_15v1	의료기기 생산 포장관리	라벨관리하기	2
3. 의료기기 표시·기재사항	1903090308_15v1	의료기기 생산 포장관리	라벨관리하기	2
4. 의료기기 표시·기재 위반사항 처분 등	1903090308_15v1	의료기기 생산 포장관리	라벨관리하기	2

핵심 용어 — 의료기기법, 의료기기법 시행령, 의료기기법 시행규칙, 체외진단의료기기법, 체외진단의료기기법 시행령, 체외진단의료기기 시행규칙, 용기, 외장, 외부포장, 첨부문서, 표시·기재

1 의료기기 용기 등의 기재사항 및 첨부문서 기재사항

의료기기의 표시 · 기재란 의료기기 제조 · 수입업자가 자사에서 제조 · 수입한 의료기기의 용기나 외장, 외부 포장에 부착한 라벨(용기 등의 기재사항)이나, 의료기기의 식별, 기술정보, 사용 목적, 적절한 보관 · 저장방법, 사용방법 및 사용 시 주의사항을 포함하는 첨부문서 등과 같은 모든 인쇄물을 지칭한다. 이때 라벨이란 의료기기의 용기나 외장 또는 제품의 가치 및 상태를 보호하기 위한 외부포장, 여러 기기를 하나로 묶어 조합 · 한 벌 구성한 제품의 포장에 쓰이거나 프린트된 또는 그려진 정보를 말한다.

「의료기기법」 및 「체외진단의료기기법」에 따라 제조 · 수입 품목신고를 하거나 허가 또는 인증을 받은 모든 의료기기는 의료기기법령 및 식품의약품안전처장(이하 식약처장)이 고시한 행정규칙 「의료기기 표시 · 기재 등에 관한 규정」에 따라 용기나 외장, 첨부문서에 기재되는 사항을 관리해야 한다. 관련 법령에 따라 관리된 라벨 및 첨부문서는 의료기기 취급자 또는 사용자에게 정확한 제품 정보를 제공하여 해당 의료기기를 안전하고 유효하게 사용할 수 있도록 하고, 사용 중 발생할 수 있는 부작용, 이상 사례 같은

문제들을 최소화할 수 있게 해 준다.

아울러, 2016년 12월 「의료기기법」 개정[1]으로 2019년 4등급 의료기기부터 2022년 1등급 의료기기까지 매년 단계적으로 의료기기 용기나 외장, 외부포장에 의료기기 표준코드를 부착할 의무(용기 등의 기재사항)가 부여되었다. 이후, 2018년 12월 「의료기기법」 및 「의료기기법 시행규칙」, 「체외진단의료기기법」 및 「체외진단의료기기법 시행규칙」 개정을 통해 구체적인 적용 시기를 설정함으로써 의료기기 허가부터 생산, 유통, 사용에 이르는 전 주기적 안전관리 체계를 구축하고 있다.

의료기기 표준코드(UDI, Unique Device Identifier)란 의료기기를 식별하고 체계적·효율적으로 관리하기 위하여 용기나 외장 등에 표준화된 체계에 따라 표기되는 숫자 또는 문자의 조합을 말하며, 의료기기 고유식별자(UDI-DI)와 의료기기 생산식별자(UDI-PI)로 구성된다.

종합적인 이력 및 유통정보 관리시스템 부재로 인해 사회적 문제가 제기된 회수·폐기 등 사후관리의 한계를 극복하고자, 미국, 유럽 등 선진국에서 이미 도입했거나 도입을 추진하고 있는 의료기기 통합정보 시스템(UDI System)을 우리나라도 관련 법령 개정을 추진하여 2019년부터 단계적으로 도입하게 되었는데, 이를 위해 의료기기 표준코드 등록 및 부착 의무가 부여된 것이다.

의료기기 용기 등의 기재사항 중 UDI에 대한 사항은 다른 의무 기재사항과 다르게 정부기관(정부 위탁기관)에 해당 정보를 등록해야 하는 등 관리가 필요한 중요 사항이므로 동 교재 '제10장 의료기기 표준코드(UDI)'에서 보다 세부적으로 다루기로 하고, 이번 장에서는 이를 제외한 나머지 용기 등의 기재사항 및 첨부문서 기재사항에 대한 의료기기법령상 요구사항에 대하여 살펴보도록 한다.

의료기기의 용기나 외장 또는 첨부문서에 기재되는 내용은 품목허가, 인증 또는 신고사항을 기준으로 한다.

2 의료기기 표시·기재 관련 법령

의료기기 제조·수입업자는 의료기기 법령에 따라 해당 의료기기에 대한 허가(인증 또는 신고)번호, 명칭(제품명, 품목명, 모델명) 등과 같은 기본적 허가정보를 포함하여 안전 사용을 위한 사용기한, 일회용 제품일 경우 '일회용' 및 '재사용 금지' 표시와 같은 안전표시, 사용방법 및 사용 시 주의사항이나 보수점검이 필요한 경우에는 보수점검에 관한 사항, 재사용 가능 제품일 경우에는 재사용 횟수의 제한 내용을 포함한 재사용 절차에 대한 정보, 의료 기기의 특성 등 기술정보에 관한 사항 등 중요 정보사항에 대하여 반드시 국문으로 작성하여 의료기기의 용기나 외장, 외부포장, 첨부문서에 표시·기재하여야 한다.

1) 법률 제18319호, 2021. 7. 20. 일부개정

의료기기 용기나 외장, 외부포장에 표시 · 기재해야 하는 사항과 첨부문서에 기재하여야 하는 사항은 「의료기기법」 제20조부터 제24조, 「의료기기법 시행규칙」 제42조부터 제44조 및 「체외진단의료기기법」 제13조부터 제15조, 「체외진단의료기기법 시행규칙」 제36조부터 제37조에 자세히 규정되어 있다. 표시 · 기재와 관련된 「의료기기법」 및 같은 법 시행규칙에 관한 구체적인 조항은 다음 〈표 1-1〉과 같다.

〈표 1-1〉 의료기기 용기나 외장, 외부 포장에 표시, 기재해야 하는 사항 및 첨부문서 기재사항

「의료기기법」(법률 제20220호, 2024. 2. 6., 일부개정, 2024. 8. 7. 시행)	「의료기기법 시행규칙」(총리령 제1982호, 2024. 9. 20., 일부개정, 2024. 9. 20. 시행)
제20조(용기 등의 기재사항) 의료기기 제조업자 및 수입업자는 의료기기의 용기나 외장(外裝)에는 다음 각 호의 사항을 적어야 한다. 다만, 총리령으로 정하는 용기나 외장의 경우에는 그러하지 아니하다. 〈개정 2013. 3. 23., 2015. 1. 28., 2015. 12. 29., 2016. 12. 2., 2017. 12. 19.〉 1. 제조업자 또는 수입업자의 상호와 주소 2. 수입품의 경우는 제조원(제조국 및 제조사명) 3. 허가(인증 또는 신고)번호, 명칭(제품명, 품목명, 모델명). 이 경우 제품명은 제품명이 있는 경우에만 해당한다. 4. 제조번호와 제조 연월(사용기한이 있는 경우에는 제조 연월 대신에 사용기한을 적을 수 있다) 5. 중량 또는 포장단위 6. "의료기기"라는 표시 7. 일회용인 경우는 "일회용"이라는 표시와 "재사용 금지"라는 표시 8. 식약처장이 보건복지부장관과 협의하여 정하는 의료기기 표준코드 9. 첨부문서를 인터넷 홈페이지에서 전자형태로 제공한다는 사실 및 첨부문서가 제공되는 인터넷 홈페이지 주소(제22조제2항에 따라 첨부문서를 인터넷 홈페이지에서 제공하는 경우에 한정한다) [시행일] 제20조의 개정규정은 다음 각 목의 구분에 따른다. 가. 4등급 의료기기의 경우 : 2019년 7월 1일 나. 3등급 의료기기의 경우 : 2020년 7월 1일 다. 2등급 의료기기의 경우 : 2021년 7월 1일 라. 1등급 의료기기의 경우 : 2022년 7월 1일	제42조(용기 등의 기재사항) 법 제20조 각 호 외의 부분 단서에 따라 의료기기의 용기나 외장에 기재사항을 적지 아니하여도 되는 경우는 다음 각 호의 어느 하나에 해당하는 경우로 한다. 1. 용기나 외장의 면적이 좁거나 용기 또는 외장에 법 제 20조 각 호의 사항을 모두 적을 수 없는 경우로서 기재사항을 외부의 용기나 외부의 포장 또는 첨부문서에 적은 경우. 다만, 이 경우에도 모델명과 제조업자 또는 수입업자의 상호는 의료기기의 용기나 외장에 적어야 한다. 2. 수출용 의료기기로서 수출 대상국의 기준에 따라 기재사항을 적은 경우
제21조(외부 포장 등의 기재사항) 의료기기의 용기나 외장에 적힌 제20조의 사항이 외부의 용기나 포장에 가려 보이지 아니할 때에는 외부의 용기나 포장에도 같은 사항을 적어야 한다.	
제22조(첨부문서의 기재사항) ① 의료기기 제조업자 및 수입업자는 의료기기의 첨부문서에는 다음 각 호의 사항을 적어야 한다. 〈개정 2013. 3. 23., 2017. 12. 19.〉 1. 사용 방법과 사용 시 주의사항 2. 보수점검이 필요한 경우 보수점검에 관한 사항 3. 제19조에 따라 식약의약품안전처장이 기재하도록 정하는 사항	제43조(첨부문서의 기재사항) ① 법 제22조제1항제4호에서 "총리령으로 정하는 사항"이란 다음 각 호의 사항을 말한다. 〈개정 2024. 1. 16.〉 1. 법 제20조제1호부터 제3호까지 및 제5호부터 제7호까지의 사항 2. 제품의 사용목적 3. 보관 또는 저장방법 4. 국내 제조업자가 모든 제조공정을 위탁하여 제조하는

「의료기기법」(법률 제20220호, 2024. 2. 6., 일부개정, 2024. 8. 7. 시행)	「의료기기법 시행규칙」(총리령 제1982호, 2024. 9. 20., 일부개정, 2024. 9. 20. 시행)
4. 그 밖에 총리령으로 정하는 사항 ② 제1항의 첨부문서는 다음 각 호의 어느 하나에 해당하는 형태로 제공할 수 있다. 〈개정 2017. 12. 19.〉 1. 이동식저장장치(USB), 시디(CD) 등의 전산매체 2. 안내서(종이 또는 책자 등) 3. 인터넷 홈페이지(「의료법」 제3조에 따른 의료기관에서 주로 사용하는 의료기기로서 식약의약품안전처장이 지정하는 의료기기에 한정한다)	경우에는 제조의뢰자(위탁자를 말한다)와 제조자(수탁자를 말한다)의 상호와 주소 5. 낱개모음으로 한 개씩 사용할 수 있도록 포장하는 경우에는 최소단위포장에 모델명과 제조업소명 6. 멸균 후 재사용이 가능한 의료기기인 경우에는 그 청소, 소독, 포장, 재멸균방법과 재사용 횟수의 제한내용을 포함하여 재사용을 위한 적절한 절차에 대한 정보 7. 의학적 치료목적으로 방사선을 방출하는 의료기기의 경우에는 방사선의 특성·종류·강도 및 확산 등에 관한 사항 8. 첨부문서의 작성연월 9. 부작용 보고 관련 문의처(한국의료기기안전정보원, 연락처) 10. 그 밖에 의료기기의 특성 등 기술정보에 관한 사항 ② 제1항에도 불구하고 임상시험용 의료기기의 첨부문서에 적어야 할 사항은 다음 각 호와 같다. 1. "임상시험용"이라는 표시 2. 제품명 및 모델명 3. 제조번호 및 제조연월일(사용기한이 있는 경우에는 사용기한으로 적을 수 있다) 4. 보관(저장) 방법 5. 제조업자 또는 수입업자의 상호(위탁제조 또는 수입의 경우에는 제조원과 국가명을 포함한다) 6. "임상시험용 외의 목적으로 사용할 수 없음"이라는 표시 ③ 제1항제1호부터 제5호까지 및 제9호의 사항을 용기 또는 외장이나 포장에 기재한 경우에는 첨부문서에는 그 기재를 생략할 수 있다. 〈개정 2024. 1. 16.〉 [시행일 : 2025. 1. 17.] 제43조
제23조(기재 시 주의사항) 제20조부터 제22조까지에 규정된 사항은 다른 문자·기사·도화 또는 도안보다 쉽게 볼 수 있는 장소에 적어야 하고, 총리령으로 정하는 바에 따라 한글로 읽기 쉽고 이해하기 쉬운 용어로 정확히 적어야 한다. 〈개정 2013. 3. 23.〉 제23조의2(시각장애인 등을 위한 정보제공) ① 식품의약품안전처장은 시각·청각장애인이 의료기기를 원활하게 사용할 수 있도록 의료기기 제조업자 및 수입업자에게 다음 각 호의 행위를 권장할 수 있다. 1. 의료기기의 기재사항 일부를 점자 및 음성· 수어영상변환용 코드 등을 사용하여 병행 표시하는 행위 2. 의료기기에 사용 정보를 음성안내, 문자확대 등 전자적 방법으로 전달하게 하는 기능을 추가하거나, 이를 위한 소프트웨어, 장치 등을 의료기기와 함께 제공하는 행위 ② 식품의약품안전처장은 시각·청각장애인의 의료기기 정보에 대한 접근성을 높이기 위하여 음성·영상 등 적절한 정보전달 방법과 기준을 개발하고 교육·홍보할 수 있다. ③ 식품의약품안전처장은 제1항에 따라 조치를 하려는 의료기기 제조업자 및 수입업자에게 행정적·기술적 지원을 할 수 있다.	제44조(기재사항의 표시 방법) ① 법 제23조에 따라 의료기기의 용기나 외장, 외부의 용기나 포장 및 첨부문서에 기재사항을 적을 때에는 다음 각 호의 방법에 따라야 한다. 〈개정 2021. 6. 24.〉 1. 한글로 적거나 한글에 한글과 같은 크기의 한자 또는 외국어를 함께 적을 것. 다만, 다음 각 목의 경우에는 한글을 적지 않을 수 있다. 가. 수출용 의료기기에 수출대상국 언어로 적는 경우 나. 의료기기 허가·인증·신고 시 외국어로 적은 항목을 해당 언어로 적는 경우 2. 그 밖에 글자 크기, 줄 간격 및 그 밖의 기재 방법에 관하여 식품의약품안전처장이 정하여 고시하는 사항을 지킬 것 ② 의료기기의 용기 또는 외장이나 포장에 제품의 명칭, 제조업자 또는 수입업자의 상호 등을 기재할 때에는 제1항의 규정에 의한 표시 방법에 병행하여 점자 표기를 할 수 있다.

「의료기기법」(법률 제20220호, 2024. 2. 6., 일부개정, 2024. 8. 7. 시행)	「의료기기법 시행규칙」(총리령 제1982호, 2024. 9. 20., 일부개정, 2024. 9. 20. 시행)
④ 식품의약품안전처장은 제2항에 따른 음성·영상 등 정보전달 방법과 기준의 개발 및 교육·홍보 등 업무를 관계 전문기관 또는 단체에 위탁할 수 있다. ⑤ 제1항부터 제4항까지에서 정한 사항 외에 대상 의료기기의 범위, 적절한 정보전달 방법과 기준 및 지원의 방법 등에 관한 세부사항은 총리령으로 정한다. [본조신설 2023. 6. 13.]	
제24조(기재 및 광고의 금지 등) ① 의료기기의 용기, 외장, 포장 또는 첨부문서에 해당 의료기기에 관하여 다음 각 호의 사항을 표시하거나 적어서는 아니 된다. 〈개정 2015. 1. 28〉 1. 거짓이나 오해할 염려가 있는 사항 2. 제6조제2항 또는 제15조제2항에 따른 허가 또는 인증을 받지 아니하거나 신고한 사항과 다른 성능이나 효능 및 효과 3. 보건위생상 위해가 발생할 우려가 있는 사용 방법이나 사용기간 ② 누구든지 의료기기의 광고와 관련하여 다음 각 호의 어느 하나에 해당하는 광고를 하여서는 아니 된다. 〈개정 2013. 3. 23., 2015. 1. 28., 2021. 3. 23.〉 1. 의료기기의 명칭·제조방법·성능이나 효능 및 효과 또는 그 원리에 관한 거짓 또는 과대 광고 2. 의사·치과의사·한의사·수의사 또는 그 밖의 자가 의료기기의 성능이나 효능 및 효과에 관하여 보증·추천·공인·지도 또는 인정하고 있거나 그러한 의료기기를 사용하고 있는 것으로 오해할 염려가 있는 기사를 사용한 광고 3. 의료기기의 성능이나 효능 및 효과를 암시하는 기사·사진·도안을 사용하거나 그 밖에 암시적인 방법을 사용한 광고 4. 의료기기에 관하여 낙태를 암시하거나 외설적인 문서 또는 도안을 사용한 광고 5. 제6조제2항 또는 제15조제2항에 따라 허가 또는 인증을 받지 아니하거나 신고한 사항과 다른 의료기기의 명칭·제조방법·성능이나 효능 및 효과에 관한 광고. 다만, 제26조제1항 단서에 해당하는 의료기기의 경우에는 식품의약품안전처장이 정하여 고시하는 절차 및 방법, 허용범위 등에 따라 광고할 수 있다. 6. 삭제 〈2021. 3. 23.〉 7. 제25조제1항에 따른 자율심의를 받지 아니한 광고 또는 심의받은 내용과 다른 내용의 광고 ③ 제1항 및 제2항에 따른 의료기기의 표시·기재 및 광고의 범위 등에 관하여 필요한 사항은 총리령으로 정한다. 〈개정 2013. 3. 23.〉 [2021. 3. 23. 법률 제17978호에 의하여 2020. 8. 28. 헌법재판소에서 위헌 결정된 이 조 제2항제6호를 삭제함]	

* 출처 : 「의료기기법」 및 「의료기기법 시행규칙」

〈표 1-2〉 체외진단의료기기법 및 체외진단의료기기법 시행규칙

「체외진단의료기기법」(법률 제19920호, 2024. 1. 2., 일부개정, 2024. 7. 3. 시행)	「체외진단의료기기법 시행규칙」(총리령 제1954호, 2024. 4. 26., 일부개정, 2024. 4. 26. 시행)
제13조(용기 등의 기재사항) 제조업자 및 수입업자는 체외진단의료기기의 용기나 외장(外裝)에 다음 각 호의 사항을 적어야 한다. 다만, 총리령으로 정하는 용기나 외장인 경우에는 총리령으로 정하는 바에 따라 다음 각 호의 사항 중 일부를 적지 아니할 수 있다. 1. 「의료기기법」 제20조 각 호에 해당하는 사항(같은 조 제6호에 해당하는 사항은 제외한다) 2. 사용목적 3. "체외진단의료기기"라는 표시 4. 보관 또는 저장방법 5. 그 밖에 총리령으로 정하는 사항	제36조(용기 등의 기재사항 생략) 법 제13조 각 호 외의 부분 단서에 따라 체외진단의료기기의 용기나 외장에 같은 조 각 호에 따른 기재사항(이하 이 조에서 "기재사항"이라 한다)의 일부를 적지 않아도 되는 경우는 다음 각 호와 같다. 1. 체외진단의료기기의 용기나 외장의 면적이 좁아 기재사항을 모두 적을 수 없는 경우로서 그 적을 수 없는 기재사항을 외부의 용기나 포장 또는 첨부문서에 적는 경우. 다만, 「의료기기법」 제20조제1호에 따른 제조업자 또는 수입업자의 상호 및 주소와 같은 조 제3호에 따른 제품의 모델명은 해당 체외진단의료기기의 용기나 외장에 적어야 한다. 2. 수출용 체외진단의료기기의 용기나 외장으로서 해당 체외진단의료기기의 수입국의 기준에 따라 그 기재사항을 적어야 하는 경우
제14조(외부포장 등의 기재사항) 제조업자 및 수입업자는 체외진단의료기기의 용기나 외장에 적힌 제13조의 사항이 외부의 용기나 포장에 가려 보이지 아니할 때에는 외부의 용기나 포장에도 같은 사항을 적어야 한다.	
제15조(첨부문서의 기재사항) ① 제조업자 및 수입업자는 체외진단의료기기의 첨부문서에 다음 각 호의 사항을 적어야 한다. 1. 사용방법과 사용 시 주의사항 2. 정도관리(精度管理 : 체외진단의료기기의 품질 확보를 위하여 성능 검사 등을 실시하는 것을 말한다. 이하 같다)가 필요한 경우 정도관리에 관한 사항 3.「의료기기법」 제19조에 따른 기준규격에서 기재사항으로 정하는 사항 4. 그 밖에 총리령으로 정하는 사항 ② 제조업자 및 수입업자는 제1항의 첨부문서를 다음 각 호의 어느 하나의 형태로 제공할 수 있다. 1. 안내서 2. 이동식저장장치(USB), 시디(CD) 등의 전산매체 3. 인터넷 홈페이지(「의료법」 제3조에 따른 의료기관에서 주로 사용하는 것으로서 식품의약품안전처장이 지정하는 체외진단의료기기에 한정한다)	제37조(첨부문서의 기재사항) 법 제15조제1항제4호에서 "총리령으로 정하는 사항"이란 다음 각 호의 구분에 따른 사항을 말한다. 〈개정 2022. 12. 30.〉 1. 임상적 성능시험용 체외진단의료기기의 경우 : 다음 각 목의 사항 가. 제조업자(제조를 위탁하는 경우에는 위탁받은 제조자를 포함한다) 또는 수입업자의 상호 및 주소 나. 수입품의 경우에는 제조국가명과 제조자의 상호 및 주소 다. 제품명과 모델명 라. 보관 또는 저장 방법 마. "임상적 성능시험용"이라는 표시 바. "임상적 성능시험용 외의 목적으로 사용할 수 없음"이라는 표시 2. 제1호 외의 체외진단의료기기의 경우 : 다음 각 목의 사항 가. 법 제13조 각 호의 사항(같은 조 제1호의 사항 중 「의료기기법」 제20조제4호 및 제8호는 제외한다) 나. 제조업자가 모든 제조공정을 위탁하여 제조하는 경우에는 위탁자인 제조의뢰자와 수탁자인 제조자의 상호와 주소 다. 체외진단의료기기의 특성·구조 등 기술 정보에 관한 사항 라. 방사선을 방출하는 체외진단의료기기의 경우에는 방사선의 특성·종류 등에 관한 사항 마. 첨부문서의 작성연월

* 출처 : 「체외진단의료기기법」 및 「체외진단의료기기법 시행규칙」

2.1 용기 등의 기재사항

의료기기 법령에 따라 용기 등의 기재사항을 모두 기재하였다고 하더라도, 외부 용기나 포장에 가려 해당 내용이 보이지 아니할 경우에는 외부 용기나 포장에도 같은 사항을 기재하여야 한다. 제조자는 제품이 사용자에게 전달될 때까지 해당 제품의 가치 및 품질이 유지되도록 하기 위해 포장의 형태 및 재질 등을 고려하여 품질관리를 하여야 한다. 외부포장의 경우 제조자의 제조행위로 판단할 수 있기 때문에, 법령에 따라 다시 한 번 의료기기 용기나 외장에 기재한 내용을 기재하여야 한다. 다만, 단순히 구매자가 구매 장소로부터 사용 장소까지의 운반 편의를 위해 임시적 포장을 한 경우와는 구별해야 하는데 이러한 운반 편의를 위한 임시 포장은 기존 포장을 훼손한 상태에서 포장을 한 것이 아닌 기존 포장에 추가적으로 더해지는 형태이며, 본 포장에 비해 그 유지 기간이 상당히 짧아 의료기기법령에서 의미하는 외부포장으로 해석하기는 어려울 것이므로 추가적인 표시기재를 하지 않아도 된다.

〈표 1-3〉 식품의약품안전처 유권해석 사례(1)

Q. 의료기기 판매업자가 편의성을 위하여 제조사가 다른 두 가지 제품의 포장에 대한 변경사항 없이, 추가로 하나의 비닐포장을 묶음지어서 납품(판매)이 가능한가요?
「의료기기법」 제20조(용기 등의 기재사항) 내지 제24조(기재 및 광고의 금지 등)에 따라 적합하게 포장 및 표시기재된 의료기기를 배송(운반)의 편의만을 위하여 하나의 상자에 담아 운반하는 것은 가능할 것으로 사료되나, 이 경우, 소비자가 하나의 상품으로 오인할 수 있는 광고나 문구 등 상기 법령 조항에 적절하지 않은 사항을 외부 상자에 기재하여서는 아니됨을 알려드립니다. 또한, 「의료기기법」 제26조(일반행위의 금지)에 따라 각각의 허가받은 내용과 다르게 판매자 임의대로 하나의 세트 상품으로 포장하여 판매할 수 없음을 알려드리니 업무에 참고하시기 바랍니다.

* 출처 : 식품의약품안전처, 2016년 분야별 자주하는 질문(FAQ)집 – 의료기기분야, 2016. 12.

다른 주의사항으로, 의료기기 외장 또는 용기의 면적이 좁은 경우에는 의료기기 법령에서 요구하는 기재사항을 전부 기재하지 못하기 때문에 「의료기기법 시행규칙」 제42조에 따라 「의료기기법」 제20조에 따른 기재사항을 외부의 용기나, 외부포장 또는 첨부문서에 기재해야 하는데, 이 경우에도 의료기기 용기나 외장에는 반드시 '모델명과 제조·수입업자 상호'는 기재하여야 한다. 수입의료기기의 경우 면적이 좁아 한글기재사항을 기재하기 위해 국내에서 추가 포장공정을 하는 것을 고려할 수도 있으나, 수입의료기기는 수입한 그대로 판매하는 것이 원칙으로 추가 포장, 재포장 등 국내에서 포장행위를 해서는 안 된다.

〈표 1-4〉 식품의약품안전처 유권해석 사례(2)

Q. 수입제품의 한글기재사항에 오기가 발견되어 국내에서 수정(Re-Labeling) 하는 것이 가능한가요? 또한, Carton(외부포장)을 국내에서 재포장(새로운 Carton)으로 작업이 가능한가요?
의료기기를 수입하고자 하는 자는 「의료기기법」 제15조에 따라 수입업 및 수입업허가를 받아야 하며, 수입허가 받은 제품은 수입된 완제품 형태 그대로 판매(유통)되어야 합니다. 따라서, 이미 수입된 제품의 포장을 뜯은 후 국내에서 새로이 외부포장(2차포장)을 제작하여 재포장하는 행위(제조업체 위탁포함)는 의료기기법 제26조(일반행위의 금지) 제1항 위반에 해당할 것으로 사료됩니다. 다만, 「의료기기법」 제20조(용기 등의 기재사항) 및 '같은 법 시행규칙' 제33조(수입업자의 준수사항 등)에 따라 제품 출고 전 수입업자가 허가받은 영업소 내에서 제품의 포장을 그대로 유지한 상태로 단순히 오기된 한글기재사항에 추가적인 스티커를 부착하여 수정(보완)하는 것은 가능할 것으로 사료됩니다.

* 출처 : 식품의약품안전처, 2017년 분야별 자주하는 질문(FAQ)집 - 의료기기분야, 2017. 12.

2017년 12월「의료기기법」 개정으로 첨부문서를 종이, 디스켓, CD, 안내서 형태 이외에도 인터넷으로 제공하는 것이 가능하게 되면서, 첨부문서를 확인할 수 있는 인터넷 홈페이지 주소 및 첨부문서를 인터넷으로 제공한다는 사실에 대하여 용기 등 기재사항에 기재하도록 하였다. 첨부문서 인터넷 제공은 2019년 7월 모든 등급에 대하여 차등 적용 없이 일괄 시행되었으며, 「의료기기법」 제22조제2항 제3호 및 「인터넷 홈페이지 형태 첨부문서 제공 가능 의료기기의 지정에 관한 규정」(식품의약품안전처고시, 제2024-18호, 2024. 3. 27. 제정, 2024. 3. 27. 시행) 제2조(지정 대상)에 따라 해당 고시 [별표]에 나열된 것 또는 의료기관에서 사용될 목적으로 제조 또는 수입된 의료기기에 한정하였다. 다음 예시와 같이 의료기관에서 사용되는 제품이므로, 취급하는 제품의 첨부문서를 인터넷으로 제공해도 되는 제품인지 반드시 확인한 후 인터넷으로 제공해야 한다.

[별표] 인터넷 홈페이지 형태로 첨부문서를 제공할 수 있는 의료기기(제2조 관련)

연번	중분류번호	중분류명	분류번호	품목명	영문명
1	A01000	진료대와수술대	A01010.01	범용수동식진료대	Table, examination/treatment, general-purpose, manually-operated
2	A01000	진료대와수술대	A01010.02	범용수동유압식진료대	Table,examination/treatment,general-purpose,hydraulicall-powered
3	A01000	진료대와수술대	A01010.03	비뇨기과용수동식진료대	Table, examination/treatment, urological, manually-operated
4	A01000	진료대와수술대	A01010.04	비뇨기과용수동유압식진료대	Table, examination/treatment, urological, hydraulically-powered
5	A01000	진료대와수술대	A01010.05	산부인과용수동식진료대	Table, examination/treatment, gynaecological, manually- operated
6	A01000	진료대와수술대	A01010.06	산부인과용수동유압식진료대	Table,examination/treatment,gynaecological,hydraulically-powered
7	A01000	진료대와수술대	A01010.07	산부인과용수동식분만대	Table,birthing,manually-operated
8	A01000	진료대와수술대	A01010.08	산부인과용수동유압식분만대	Table,birthing,hydraulically-powered
9	A01000	진료대와수술대	A01010.09	수동식진단용엑스선장치진료대	Table,x-raysystem,diagnostic,manually-operated
10	A01000	진료대와수술대	A01010.10	범용전동식진료대	Table, examination/treatment, general-purpose, electrically-powered

▌그림 1-1▐ 「인터넷 홈페이지 형태 첨부문서 제공 가능 의료기기의 지정에 관한 규정」 [별표]

2.2 첨부문서 기재사항

용기 등의 기재사항에서 설명한 바와 같이, 첨부문서 인터넷 제공 관련 법령은 2019년 7월 시행되었고, 의료기관에서 사용될 목적으로 제조 또는 수입된 제품만을 대상으로 인터넷 제공이 가능하게 되었다. 간혹, 제조업체 또는 수입업체에서 단순히 첨부문서를 인터넷으로 제공할 수 있게 되었다는 막연한 사실만 가지고 제공 여부에 대한 확인 없이 인터넷으로 첨부문서를 제공하려고 하는 사례가 있는데, 대상이 아닌 제품의 경우 첨부문서를 기존과 같은 방법(USB, CD 등 전산매체 및 종이 또는 책자 등 안내서)으로 제공하지 않으면 행정처분 등 불이익 처분을 받게 되므로 주의해야 한다.

참고로, 첨부문서 인터넷 제공은 2017년 12월 개정된 법령에 따라 식약처장이 지정하는 의료기기에 한해 의료기기 표준코드 부착 의무 시행일에 맞추어 등급에 따라 단계적으로 허용할 예정이었으나, 사실상 첨부문서를 인터넷으로 제공하는 것이 의료기기 품목분류 등급에 따라 차등 관리를 해야 하거나, 의료기기 표준코드 부착 의무와 같이 업계 준비 기간을 고려해야 하는 특별한 사유가 있는 것도 아니었기 때문에, 2018년 국무조정실 규제개선과제로 동 사안이 선정되면서 2019년 7월부터 등급과 관계없이 일괄시행될 수 있게 된 것이다.

【과제4)】 제품설명서를 인터넷 홈페이지를 통해 제공할 수 있는 의료기기 품목을 최대화하고, 단계적 시행 대신 일괄 시행하여 기업의 경제적 부담을 완화합니다.

– 의료기기 제품설명서 인터넷 제공대상 품목 최대화 및 일괄 시행 –

애로

인터넷 제공* 가능한 의료기기 범위가 모호(의료기관이 주로 사용하는 기기), 의료기기 등급별 연차적 시행**으로 개선 효과 체감도 저하 우려

* 현재 의료기기 제품설명서는 종이, CD, 안내서 등으로 제공 필요 → 인터넷만으로 단독 제공 허용 방안 마련 과정에서 제기

** 4등급('19.1월)~1등급('22.1월)

개선

인터넷만으로도 제공 가능한 의료기기 대상품목 최대화 및 등급별 차등 없이 일괄 시행('19.7월)

☞ (효과) 의료기기 제품설명서(종이, CD, 안내서 등) 제작비용 및 관리 인력 절감*으로 기업의 경제적 부담 완화(약 1,360~5,440억 원)

* 적용대상 제품량 약 136억 개 추정('17년도 생산 · 수입 기준), 제품설명서 제작비용 개당 약 100~400원

** 최소 유통단위 10개로 가정 시 절감비용은 13.6억×(100–400원)=1,360억~5,440억 원

* 출처 : 국무조정실, 국무총리비서실 보도자료 – 신산업을 가로막는 규제, 현장의 목소리를 담아 함께 해결합니다, 2018. 11. 15.

▮그림 1-2▮ 의료기기 제품설명서 인터넷 제공대상 품목확대 관련 보도자료

3 의료기기 표시 · 기재사항

의료기기 표시 · 기재와 관련하여 「체외진단의료기기법」 및 「체외진단의료기기법 시행규칙」 외에도 식품의약품안전처(이하 식약처)는 「의료기기 표시 · 기재 등에 관한 규정」(식약처 고시, 제2020-71호, 2020. 8. 24.)을 통해 의료기기의 용기나 외장, 외부의 용기나 포장 및 첨부 문서에 기재하는 사항의 글자 크기, 줄 간격 및 그 밖의 기재사항을 자세히 규정하였다.

〈표 1-5〉 「의료기기 표시·기재 등에 관한 규정」 중 일반적 기재요령 등

의료기기 표시·기재 등에 관한 규정 (식품의약품안전처고시 제2020-71호, 2020. 8. 24. 일부개정, 2020. 8. 24. 시행)
제3조(일반적 기재 요령) ① 기재사항은 잘 지워지지 아니하는 잉크·각인 또는 소인 등을 사용하고, 고딕체류와 같은 읽기 쉬운 글자체의 한글을 사용하며, 각각의 글자가 겹쳐지지 않도록 하고, 백색 바탕에 흑색 글씨 등과 같이 바탕색과 구별되는 색상으로 기재하여야 한다. ② 의료기기의 용기나 외장, 외부포장 등에 기재사항을 부착할 경우 의료기기를 구매할 때나 의료기기를 설치한 후 소비자에게 통상적으로 보이는 면에 기재하는 등 소비자가 쉽게 찾을 수 있는 위치에 부착하며, 제품에서 쉽게 떨어지지 않도록 하여야 한다. ③ 기재사항은 허가· 인증· 신고 사항을 기준으로 작성하여야 한다.
제4조(글자 크기 및 줄 간격) ① 용기, 외장, 외부포장 및 첨부문서에 기재하는 사항의 글자 크기는 6포인트 이상으로 한다. 다만, 다음 각 호의 경우는 7포인트 이상으로 한다. 1. 「의료기기 품목 및 품목별 등급에 관한 규정」에 명시된 의료기기 품목명에 "개인용"이라는 용어가 포함된 의료기기(이하 "개인용 의료기기"라 한다) 2. 명칭[제품명, 품목명, 모델명], 제조연월(사용기한 포함), "의료기기", "일회용", "재사용 금지", "임상시험용" 및 "임상시험용 외의 목적으로 사용할 수 없음"이라는 문자 ② 제1항에 따른 기재사항의 줄 간격은 0.5포인트 이상이어야 한다.
제5조(쉬운 용어) ① 개인용 의료기기의 기재사항은 별표의 쉬운 용어 목록, 「의약품 표시 등에 관한 규정」(식품의약품안전처 고시) 별표의 쉬운 용어 목록을 순차적으로 적용하여 쉬운 용어를 함께 기재하고 그 밖의 용어는 의학용어사전 등을 참고하여 이해하기 쉽도록 현대용어를 함께 기재한다. ② 제1항에도 불구하고 같은 용어가 반복 사용되는 경우에는 주석을 달아 쉬운 용어를 표시할 수 있다.

* 출처 : 식품의약품안전처, 「의료기기 표시·기재 등에 관한 규정」, 2020. 8.

3.1 일반적 기재 요령

식약처가 2016년 12월 발행한 「의료기기 표시 · 기재 가이드라인」에는 일반적 기재요령 작성 시 참고사항에 대하여 다음과 같이 안내하고 있다.

일반적 기재요령 작성 시 참고사항 [의료기기 표시 · 기재 등에 관한 규정(식약처고시)]

가. 기재사항은 해당 제품의 허가 · 인증 · 신고사항을 기준으로 작성한다.

나. 의료기기의 용기나 외장, 외부포장 등에 표시기재사항을 부착할 경우 소비자가 쉽게 찾을 수 있는 위치인지를 판단하여 부착하며, 제품에서 쉽게 떨어지지 않도록 주의한다.

다. 백색바탕에 흑색 글씨 등과 같이 바탕색과 구별되는 색상으로 기재하여야 하고, 특별히 구분이 필요할 경우 눈에 잘 띄는 색을 사용할 수 있다.
라. 기재사항은 고딕체류와 같은 읽기 쉬운 글자체를 선택하여 한글로 기재하며 이해하기 쉬운 용어를 사용하여 복잡한 문장이 아닌 단문 형식으로 정확하게 기재한다.
마. 기재하는 사항의 글자 크기는 원칙적으로 6포인트 이상으로 하되, 아래의 경우에는 7포인트 이상으로 한다.
- 「의료기기 품목 및 품목별 등급에 관한 규정」에서 품목명이 "개인용"이라는 용어가 포함된 제품
- 명칭(제품명, 품목명, 모델명), 제조연월(사용기한 포함), "의료기기", "일회용", "재사용 금지", "임상시험용" 및 "임상시험용 외의 목적으로 사용할 수 없음"이라는 문자

바. 각 기재사항의 줄 간격은 0.5포인트 이상이어야 한다.
사. 필요한 경우 한자 또는 외국어 및 점자표기를 사용할 수 있으나 이 경우 반드시 한글과 함께 표기하며, 그 크기는 한글과 같아야 한다.

3.2 의료기기 표시·기재 방법

의료기기 표시 · 기재사항은 의료기기 제조 · 수입 품목허가(신고, 인증 포함)사항을 기준으로 작성하여야 한다.

가. 용기나 외장의 기재 방법

1) 기재사항

「의료기기법」 제20조에 따라 의료기기의 용기나 외장에 기재하는 사항은 다음 표와 같다.

〈표 1-6〉 의료기기 용기나 외장 기재사항

번호	「의료기기법」 제20조(용기 등의 기재사항)
1	제조업자 또는 수입업자의 상호와 주소
2	수입품의 경우는 제조원(제조국 및 제조사명)
3	허가(인증 또는 신고)번호, 명칭(제품명, 품목명, 모델명). 이 경우 제품명은 제품명이 있는 경우만 해당한다.
4	제조번호와 제조 연월(사용기한이 있는 경우에는 제조 연월 대신에 사용기한을 적을 수 있다)
5	중량 또는 포장단위
6	"의료기기"라는 표시
7	일회용인 경우는 "일회용"이라는 표시와 "재사용 금지"라는 표시
8	식약처장이 보건복지부장관과 협의하여 정하는 의료기기 표준코드
9	첨부문서를 인터넷 홈페이지에서 전자형태로 제공한다는 사실 및 첨부문서가 제공되는 인터넷 홈페이지 주소(제22조 제2항에 따라 첨부문서를 인터넷 홈페이지에서 제공하는 경우에 한정한다)

* 출처 : 「의료기기법」, http://www.law.go.kr, 2024. 8.

2) 항목별 기재 방법

의료기기의 용기나 외장에는 「의료기기법」 제20조에서 규정하고 있는 사항을 반드시 기재하여야 하며, 기재하는 사항은 허가(신고, 인증 포함)사항에 따라 작성한다. 항목별 기재 방법은 다음과 같다.

〈표 1-7〉 의료기기 용기나 외장 기재사항

의료기기 표시·기재 등에 관한 규정
(식품의약품안전처 고시 제2020-71호, 2020. 8. 24. 일부개정, 2020. 8. 24. 시행)

제6조(용기나 외장의 기재 방법) ① 「의료기기법」(이하 "법"이라 한다) 제20조에 따라 의료기기의 용기나 외장에 기재하는 사항은 허가·인증·신고 사항에 따라 작성하되 항목별 기재방법은 다음 각 호와 같다.

1. 제조업자 또는 수입업자의 상호와 주소는 제조(수입)업 허가를 기준으로 기재한다.
   다만, 「산업집적활성화 및 공장설립에 관한 법률」 제28조의2제3항에 따라 등록된 지식산업센터에 소재한 제조업자는 상호와 주된 제조소(상시 연락 또는 방문 가능한 장소를 말한다.)의 주소만을 기재할 수 있다.
2. 제조연월은 "○○년 ○○월", "○○.○○.", "○○/○○", 또는 "○○-○○", "○○○○년○○월", "○○○○.○○.", "○○○○/○○", 또는 "○○○○-○○"의 방법으로 기재하되 일자를 추가로 기재하는 경우에는 "○○년 ○○월 ○○일", "○○.○○.○○.", "○○/○○/○○", 또는 "○○-○○-○○", "○○○○년 ○○월 ○○일", "○○○○.○○.○○.", "○○○○/ ○○/○○", 또는 "○○○○-○○-○○"의 방법으로 기재한다. 다만, 연, 월 또는 연, 월, 일의 기재순서가 전단의 기재순서와 다를 경우 소비자가 알아보기 쉽도록 연, 월 또는 연, 월, 일의 기재순서를 용기나 외장에 예시한다.
3. 사용기한은 2호와 같은 방법으로 기재한다. 다만, 다음 각 목의 구분에 따라 기재할 수 있다.
   가. 사용기한을 제조일과 함께 기재하는 경우 사용기한이 1월 이내이면 "제조일로부터 ○○일까지", 사용기한이 1월 이상 12월 미만이면 "제조일로부터 ○○개월까지" 또는 사용기한이 1년 이상이면 "제조일로부터 ○○년까지"로 기재
   나. 사용기한이 서로 다른 여러 가지 제품을 함께 포장하였을 경우 그 중 가장 짧은 사용기한 하나만을 기재
4. 중량 또는 포장단위는 허가·인증·신고 사항을 토대로 판매되는 단위를 구체적으로 기재한다.
5. "의료기기"라는 표시는 굵은 글씨 또는 글상자 등을 사용하여 기재한다.

② 「의료기기법 시행규칙」(이하 "시행규칙"이라 한다) 제42조제1호 단서에 해당하는 경우 법 제20조 각 호의 사항을 외부의 용기나 포장에 기재한다.

* 출처 : 식품의약품안전처, 「의료기기 표시·기재 등에 관한 규정」, 2020. 8.

참고로, 식약처에서 2016년 12월 발행한 「의료기기 표시 · 기재 가이드라인」에 따르면, 세부적인 기재사항을 다음과 같이 안내를 하고 있다(인증대상 등 일부 내용은 최근 법령 개정 내용을 반영하였음).

가) 제조업자 또는 수입업자의 상호와 주소

제조(수입)업 허가를 기준으로 기재한다. 필요 시 전화 · 팩스 번호, 홈페이지 주소 등을 추가로 기재할 수 있다.

※ 소비자에게 보다 자세한 정보 제공을 하기 위하여 팩스 번호, 웹사이트 주소, 콜센터 전화번호, 전자우편주소 등을 추가로 기재하는 것을 권장

나) 수입품의 경우 제조원

의료기기 수입 허가(신고)증 · 인증서상에 표시된 제조국 및 제조사명을 기재한다.

다) 품목명, 모델명, 제품명, 허가(인증, 신고)번호

의료기기 제조(수입) 허가(신고)증 · 인증서상에 표시된 품목명, 모델명, 제품명, 허가(인증, 신고)번호를 기재한다.

※ 기존 2등급 의료기기 허가품목 중 인증대상으로 변경된 품목은 '17. 1. 1.부터, 인증대상 체외진단용 의료기기는 '18. 1. 1.부터 인증번호를 기입해야 함

의료기기 위탁 인증 · 신고의 대상 및 범위 등에 관한 지침(식약처 고시)

부칙(제2015-48호, 2015. 7. 29.)

제2조(의료기기 용기, 외부포장, 첨부문서 등의 기재사항에 관한 경과조치) 이 고시 시행 당시 의료기기법령에 따라 종전의 허가(신고)번호가 기재되어 있는 용기, 외부포장 및 첨부문서는 2016년 12월 31일**까지 해당 제품의 제조 또는 수입에 계속 사용**할 수 있다.

부칙(제2016-150호, 2016. 12. 29.)

제4조(체외진단용 의료기기 용기, 외부포장, 첨부문서 등의 기재사항에 관한 경과조치) 이 고시 시행 당시 의료기기법령에 따라 종전의 허가번호가 기재되어 있는 용기, 외부포장 및 첨부문서는 2017년 12월 31일**까지 해당 제품의 제조 또는 수입에 사용**할 수 있다.

의료기기 명칭과 관련하여, 품목명과 모델명은 필수 기입하여야 할 사항이지만, 제품명(일명 브랜드명)은 별도로 설정하는 경우에만 기재하는 사항이므로, 제조(수입) 허가 (신고)증 · 인증서상에 제품명이 등록된 경우에만 기재할 수 있다. 제품명을 용기 등에 기재사항으로 기재하는 것 이외에 광고에 사용하고자 하는 경우에도 제조(수입) 허가(신고)증 · 인증서상에 제품명이 등록된 경우에만 사용 가능하기 때문에 임의로 제품명을 표시 · 기재하거나 광고에 사용하는 것은 주의해야 한다.

라) 제조연월

제조연월은 '○○년 ○○월', '○○.○○.', '○○/○○', 또는 '○○-○○', '○○○○년 ○○월', '○○○○.○○.', '○○○○/○○' 또는 '○○○○-○○'의 방법으로 기재하되, 일자를 추가로 기재하는 경우에는 '○○년 ○○월 ○○일', '○○.○○.○○.', '○○/○○/○○' 또는 '○○-○○-○○', '○○○○년 ○○월 ○○일', '○○○○.○○.○○.', '○○○○/○○/○○' 또는 '○○○○-○○-○○'의 방법으로 기재한다. 다만, 연, 월 또는 연, 월, 일의 기재 순서가 전단의 기재 순서와 다를 경우 소비자가 알아보기 쉽도록 연, 월 또는 연, 월, 일의 기재 순서를 용기나 외장에 예시한다.

마) 사용기한

사용기한이 있는 경우 제조연월 대신 사용기한을 기재할 수 있고, 제조연월 기재 방법과 같은 방법으로 기재한다. 다만, 다음 각 목의 구분에 따라 기재할 수 있다.

① 사용기한을 제조일과 함께 기재하는 경우 사용기한이 1월 이내이면 '제조일로부터 ○○일까지', 사용기한이 1개월 이상 12개월 미만이면 '제조일로부터 ○○개월까지', 또는 사용기한이 1년 이상이면 '제조일로부터 ○○년까지'로 기재

② 사용기한이 서로 다른 여러 가지 제품을 함께 포장하였을 경우 그중 가장 짧은 사용기한 하나만을 기재

바) 중량 또는 포장단위

허가(인증, 신고)사항을 토대로 판매되는 단위를 구체적으로 기재한다.

※ 최종 소비자에게 판매되는 포장단위를 기준으로 표기. 중량 또는 포장단위는 일반 소비자들이 이해하기 어려운 단위일 경우, 무게는 g, kg 등으로, 부피는 mℓ, ℓ 등으로 함께 기재(권장). ㉾ 1 바이알(5mℓ)

사) '의료기기'라는 표시

굵은 글씨 또는 글상자 등을 사용하여 기재한다.

※ 글자 크기, 두께, 밑줄, 색깔 등을 활용하여 동일한 기재 위치에 표시된 다른 표시기재 사항과 구분이 될 수 있도록 표기

아) '일회용', '재사용 금지'라는 표시

일회용인 경우 '일회용'이라는 표시와 '재사용금지'라는 표시를 병행 기재해야 한다. 둘 중 어느 한 가지만 기재해서는 안 된다.

자) 식약처장이 보건복지부장관과 협의하여 정하는 의료기기 표준코드

동 교재 제10장 의료기기 표준코드(UDI) 참조

차) 첨부문서를 확인할 수 있는 인터넷 홈페이지 주소(인터넷으로 첨부문서를 제공하는 경우) 및 첨부문서를 인터넷 홈페이지에서 전자형태로 제공한다는 사실

2018년 국무조정실 규제개선과제로 2019년 7월부터 등급과 관계없이 일괄 시행되었으며, 범용 수동식 진료대 등 식약처가 별도로 지정하는 의료기기에만 적용된다.

「의료기기법」 제21조에 따라 의료기기의 용기나 외장에 적힌 위의 사항이 외부의 용기나 포장에 가려 보이지 아니할 때에는 외부의 용기나 포장에도 같은 사항을 적어야 한다.

3) 제외 대상

용기나 외장의 면적이 좁거나 용기 또는 외장에 「의료기기법」 제20조에 따른 기재사항을 모두 적을 수 없는 경우로서 기재사항을 외부의 용기나 외부의 포장 또는 첨부문서에 적은 경우에는 그 내용을 용기나 외장에 기재하지 않아도 된다.

나. 첨부문서의 기재 방법

1) 기재사항

「의료기기법」 제22조에 따라 첨부문서에 기재하는 사항은 다음 표와 같다.

〈표 1-8〉 첨부문서의 기재사항

번호	「의료기기법」 제22조(첨부문서의 기재사항)
1	사용방법과 사용 시 주의사항
2	보수점검이 필요한 경우 보수점검에 관한 사항
3	제19조에 따라 식약처장이 기재하도록 정하는 사항
4	그 밖에 총리령으로 정하는 사항(시행규칙 제43조)

* 출처 : 「의료기기법」, http://www.law.go.kr, 2024. 8.

'제19조에 따라 식약처장이 기재하도록 정하는 사항'이란 식약처장이 의료기기의 품질에 대한 기준이 필요하다고 인정하는 의료기기에 대하여 그 적용 범위, 형상 또는 구조, 시험규격, 기재사항 등을 정한 「의료기기 기준규격」에서 요구하는 기재사항을 말한다. 예를 들어, 「의료기기 기준규격」(식약처 고시 제2021-3호, 2021. 1. 26.) "23. 전동식 의료용침대"의 경우 다음과 같은 사항을 기재하도록 규정하고 있다.

4. 기재사항
4.1 정격전압, 주파수, 입력전력(A 또는 W 또는 VA)
4.2 전기적 충격에 의한 보호형식 및 정도

* 출처 : 식품의약품안전처, 「의료기기 기준규격」, 2021. 1.

첨부문서의 기재사항 중 총리령으로 정하는 사항이란 「의료기기법 시행규칙」 제43조의 첨부문서의 기재사항을 말하며, 구체적인 내용은 다음과 같다.

〈표 1-9〉 첨부문서의 기재사항

번호	「의료기기법 시행규칙」 제43조(첨부문서의 기재사항)
1	「의료기기법」 제20조제1호부터 제3호까지, 제5호부터 제7호까지의 사항 • 제조업자 또는 수입업자의 상호와 주소 • 수입품의 경우는 제조원(제조국 및 제조사명) • 허가(인증 또는 신고)번호, 명칭(제품명, 품목명, 모델명) • 중량 또는 포장단위 • "의료기기"라는 표시 • 일회용인 경우 "일회용"이라는 표시와 "재사용 금지"라는 표시
2	제품의 사용 목적
3	보관 또는 저장방법
4	국내 제조업자가 모든 제조공정을 위탁하여 제조하는 경우에는 제조의뢰자(위탁자를 말한다)와 제조자(수탁자를 말한다)의 상호와 주소
5	낱개 모음으로 한 개씩 사용할 수 있도록 포장하는 경우에는 최소단위포장에 모델명과 제조업소명
6	멸균 후 재사용이 가능한 의료기기인 경우에는 그 청소, 소독, 포장, 재멸균 방법과 재사용 횟수의 제한 내용을 포함하여 재사용을 위한 적절한 절차에 대한 정보
7	의학적 치료목적으로 방사선을 방출하는 의료기기의 경우에는 방사선의 특성·종류·강도 및 확산 등에 관한 사항
8	첨부문서의 작성연월
9	그 밖에 의료기기의 특성 등 기술정보에 관한 사항

* 출처 : 「의료기기법 시행규칙」, http://www.law.go.kr, 2024. 9.

위 표의 목록 중 1, 2, 3, 4, 5번 항목을 용기 또는 외장이나 포장에 기재한 경우에는 첨부문서에 해당 내용의 기재를 생략할 수 있다.

임상시험용 의료기기인 경우 첨부문서에 기재하여야 할 사항은 다음과 같다.

〈표 1-10〉 임상시험용 의료기기 첨부문서 기재사항

번호	「의료기기법 시행규칙」 제43조(첨부문서의 기재사항)
1	"임상시험용"이라는 표시
2	제품명 및 모델명
3	제조번호 및 제조 연월일(사용기한이 있는 경우에는 사용기한으로 적을 수 있다)
4	보관(저장)방법
5	제조업자 또는 수입업자의 상호(위탁제조 또는 수입의 경우에는 제조원과 국가명을 포함한다)
6	"임상시험용 외의 목적으로 사용할 수 없음"이라는 표시

* 출처 : 「의료기기법 시행규칙」, http://www.law.go.kr, 2024. 9.

2) 항목별 기재 방법

의료기기의 첨부문서는 허가(인증, 신고)된 사항에 따라 작성하되, 세부적인 항목별 기재 방법은 다음과 같다.

〈표 1-11〉 의료기기 첨부문서 항목별 기재 방법

의료기기 표시 · 기재 등에 관한 규정 (식품의약품안전처 고시 제2020-71호, 2020. 8. 24. 일부개정, 2020. 8. 24. 시행)
제7조(첨부문서의 기재 방법) 법 제22조 및 시행규칙 제43조에 따른 의료기기의 첨부문서는 허가·인증·신고된 사항에 따라 작성하되 항목별 기재방법은 다음 각 호와 같다. 1. 사용방법 가. 허가·인증·신고된 사용방법을 기재한다. 나. 가목의 사용방법을 추가적으로 설명할 필요가 있는 경우 사용 설명서에 그 구체적인 사항을 추가로 기재할 수 있다. 이 경우 첨부문서에 "자세한 사항은 사용설명서 참조"라는 문구를 기재한다. 다. 개인용 의료기기의 경우 사용 전의 준비사항, 조작 방법, 사용 후의 보관 및 관리 방법을 소비자들이 쉽게 따라 할 수 있도록 실제 제품을 사용하는 순서에 따라 기재한다. 2. 사용 시 주의사항 가. 허가·인증·신고된 사용 시 주의사항을 기재한다. 나. 사용 시 주의사항 중 "경고" 항목은 굵은 글씨 또는 글상자 등을 사용하여 다른 항목과 비교하여 눈에 띄게 기재하고 그 밖의 항목의 제목은 굵은 글씨 또는 글상자 등을 사용하여 눈에 띄게 기재할 수 있다. 3. 보수점검이 필요한 경우 보수점검에 관한 사항 가. 허가·인증·신고사항에 따라 보수점검 방법 및 절차를 순서대로 기재한다. 나. 반복 사용하는 의료기기 중 재사용을 위해 필요한 조치가 있는 경우에는 보수점검 사항에 기재한다. 다만, 사용 시 주의사항에 기재되는 내용과 중복되는 경우에는 이를 생략할 수 있다. 다. 보수점검에 대한 정보를 얻거나 관련 서비스를 받을 수 있는 경로가 있는 경우에는 이를 기재한다. 4. 보관 또는 저장방법은 허가·인증·신고사항에 따라 해당 의료기기에 적합한 보관 또는 저장방법을 기재한다. 5. "의료기기", "일회용", "재사용 금지", "임상시험용" 또는 "임상시험용 외의 목적으로 사용할 수 없음"이라는 표시는 굵은 글씨 또는 글상자 등을 사용하여 기재한다.

* 출처 : 식품의약품안전처, 「의료기기 표시·기재 등에 관한 규정」, 2020. 8.

식약처는 2016년 12월 발행한 「의료기기 표시 · 기재 가이드라인」을 통해 세부적인 기재방법을 다음과 같이 안내하고 있다.

가) 사용 방법

의료기기 제조(수입) 허가증, 인증서, 신고내용상의 조작 방법 또는 사용 방법을 기재한다. 허가증, 인증서, 신고내용상의 조작 방법 또는 사용 방법에 대한 추가적인 설명이 필요할 경우 사용설명서에 그 구체적인 사항을 추가할 수 있다. 이 경우 "자세한 사항은 사용설명서 참조"와 같은 문구를 기재할 것을 권장한다. 개인용 의료기기의 경우 사용 전의 준비사항, 조작 방법, 사용 후의 보관 및 관리 방법을 소비자들이 쉽게 따라할 수 있도록 실제 제품을 사용하는 순서에 따라 기재한다.

나) 사용 시 주의사항

의료기기 제조(수입) 허가증, 인증서, 신고내용상의 주의사항을 기재한다. 사용 시 주의사항 중 "경고" 항목은 굵은 글씨 또는 글상자 등을 사용하여 다른 항목과 비교하여 눈에 띄게 기재하고, 그 밖의 항목의 제목은 굵은 글씨 또는 글상자 등을 사용하여 눈에 띄게 기재할 수 있다.

다) 보수점검이 필요한 경우 보수점검에 관한 사항

의료기기 제조(수입) 허가증, 인증서, 신고내용에 따라 보수점검 방법 및 절차를 순서대로 기재한다. 반복 사용하는 의료기기 중 재사용을 위해 필요한 조치가 있는 경우에는 보수점검 사항에 기재한다. 다만, 사용 시 주의사항에 기재되는 내용과 중복되는 경우에는 이를 생략할 수 있다. 보수점검에 대한 정보를 얻거나 관련 서비스를 받을 수 있는 경로가 있는 경우에는 이를 기재한다.

라) 멸균 후 재사용이 가능한 의료기기인 경우 재사용을 위한 적절한 절차에 대한 정보

멸균 후 재사용이 가능한 제품의 경우 허가증, 인증서, 신고내용을 기준으로 청소, 소독, 포장, 재멸균 방법, 재사용 횟수의 제한 내용 등을 포함하여 재사용을 위한 정보를 기재한다.

마) 제품의 사용 목적

의료기기 제조(수입) 허가증, 인증서, 신고내용상의 기재되어 있는 사용 목적을 기재한다.

바) 보관 또는 저장방법

의료기기 제조(수입) 허가증, 인증서, 신고내용에 따라 해당 의료기기에 적합한 보관 또는 저장 방법을 기재한다.

사) 첨부문서의 작성 연월

첨부문서의 제정 또는 가장 최근 개정 시기를 기재한다. 통상적으로 연도와 월까지 기재한다.

아) 의학적 치료 목적으로 방사선을 방출하는 의료기기의 경우

방사선의 특성 · 종류 · 강도 및 확산 등에 관한 사항과 관련하여 아래의 사항을 기재한다.

① 방사선의 특성 · 종류 · 강도 및 확산

② 방출되는 방사선의 특징

③ 환자 및 사용자를 방사선으로부터 보호할 수 있는 수단

④ 의료기기 오용을 예방할 수 있는 방법

⑤ 의료기기의 설치 과정에서 고유하게 발생되는 위험 제거 방법

자) 기타

"의료기기", "일회용", "재사용 금지", "임상시험용" 또는 "임상시험용 외의 목적으로 사용할 수 없음"이라는 표시는 굵은 글씨 또는 글상자 등을 사용하여 기재한다.

3.3 의료기기 표시·기재 권장사항

「의료기기법」에 따라 반드시 기재하여야 하는 의료기기 용기, 외장 또는 첨부문서의 기재사항 이외에, 사용자에게 정확하고 이해하기 쉬운 의료기기 정보를 제공하기 위하여 용기나 외장 또는 첨부문서에 다음 아래의 사항을 품목의 특성을 고려하여 적절히 기재할 것을 권장한다.

① 개인용 의료기기의 경우에는 "사용 시 주의사항을 반드시 읽을 것"이라는 문구를 기재할 것을 권장한다.

② 업체 홈페이지 또는 식약처 의료기기 전자민원창구 제품정보방 등 해당 의료기기에 대한 자세한 허가(인증, 신고)사항을 확인할 수 있는 곳을 기재할 것을 권장한다.

③ 첨부문서의 기재사항은 용기나 외장에 기재한다. 용기나 외장의 면적이 좁거나 용기 또는 외장에 모두 기재할 수 없는 경우에는 외부의 용기나 포장에 기재할 것을 권장한다. 다만, 「제품의 포장재질·포장 방법에 관한 기준 등에 관한 규칙」(환경부령 제984호, 2022. 04. 29.) 등에 위배되어 외부의 용기나 외부의 포장을 크게 할 수 없는 경우에는 첨부문서에 기재하고 용기나 외장에 "첨부문서 참조"라는 표시를 할 것을 권장한다.

④ 추적관리대상 의료기기는 "추적관리대상 의료기기"라는 표시를 굵은 글씨 또는 글상자 등을 사용하여 용기 또는 외장에 기재할 것을 권장한다.

⑤ 의료기기 제조업자 또는 수입업자는 첨부문서만으로 의료기기의 안전한 사용과 관련한 정보를 제공하는 것이 충분하지 못하다고 판단하는 경우에는 첨부문서 외에 사용설명서를 추가적으로 제공하고, 첨부문서에 "자세한 사항은 사용설명서 참조"라는 문구를 기재할 것을 권장한다.

⑥ 장애인·고령자 등의 올바른 의료기기 사용을 위하여 표시 기재사항은 점자 또는 점자·음성 변환용 코드 등을 병행하여 기재할 것을 권장한다.

⑦ 홈페이지를 통하여 자세한 의료기기 허가(신고) 내용을 제공할 때에는 수화, 자막, 음성, 확대문자 등을 활용하여 장애인·고령자 등이 별도의 보조기기를 사용하지 않고도 장애를 가지지 않은 자와 동등한 수준으로 활용할 수 있도록 할 것을 권장한다.

⑧ 전문가가 아닌 일반 소비자가 주로 사용하는 의료기기이거나 만성질환자 또는 고령자가 사용하는 의료기기의 경우에는 7포인트 이상으로 할 것을 권장한다.

⑨ 다른 표시기재 사항과 비교하여 명확하게 구분되도록 기재할 때에는 일반적 기재 사항과 비교할 때 1포인트 이상 큰 글자를 사용하여 굵은 글씨체로 기재할 것을 권장한다.

4 체외진단의료기기 표시 · 기재사항

4.1 체외진단의료기기법 제정

「체외진단의료기기법」은 2019년 4월 30일 제정되어 2020년 5월 1일 시행되었다. 기존 「의료기기법」에 따라 관리되어 왔던 체외진단의료기기는 시행일 이후 「체외진단의료기기법」에 따른 규정을 적용받게 되었다. 체외진단의료기기의 표시 · 기재사항은 「체외진단의료기기법」 시행 후 최초로 제조장 또는 보세구역에서 반출되는 체외진단의료기기부터 적용된다. 하지만, 「체외진단의료기기법」 시행 당시 「의료기기법」에 따라 기재사항이 적혀 있는 용기, 포장 또는 첨부문서는 「체외진단의료기기법」 시행일부터 2년까지 사용할 수 있도록 부칙에 경과조치를 두었다.

참고로, 「체외진단의료기기법」에서 규정한 것을 제외하고는 「의료기기법」에 따르도록 규정하고 있으므로, 체외진단용의료기기 표시 · 기재사항 관련 사항 또한 「의료기기법」 관련 규정도 동시에 고려하여야 한다.

※ 관련 규정 : 「체외진단의료기기법」 제4조(다른 법률과의 관계)

4.2 체외진단의료기기 표시·기재사항

가. 체외진단의료기기의 용기 등의 기재사항

「체외진단의료기기법」 제13조에 따라 의료기기의 용기나 외장에 기재하는 사항은 다음 표와 같다. 「의료기기법」에 따르면 사용목적 등은 첨부문서 기재사항이나, 「체외진단의료기기법」에서는 용기나 외장의 기재사항으로 규정되어 있다는 차이가 있다.

〈표 1-12〉 체외진단의료기기 용기나 외장의 기재사항

번호	「체외진단의료기기법」 제13조(용기 등의 기재사항)
1	「의료기기법」 제20조 각 호에 해당하는 사항(같은 조 제6호에 해당하는 사항은 제외한다)
2	사용목적
3	“체외진단의료기기”라는 표시
4	보관 또는 저장방법
5	그 밖에 총리령으로 정하는 사항

* 출처 : 「체외진단의료기기법」, http://www.law.go.kr, 2024. 7.

「의료기기법」 제20조 각 호에 해당하는 사항은 다음과 같다.

① 제조업자 또는 수입업자의 상호와 주소
② 수입품의 경우는 제조원(제조국 및 제조사명)
③ 허가(인증 또는 신고)번호, 명칭(제품명, 품목명, 모델명). 이 경우 제품명은 제품명이 있는 경우만 해당한다.
④ 제조번호와 제조 연월(사용기한이 있는 경우에는 제조 연월 대신에 사용기한을 적을 수 있다)
⑤ 중량 또는 포장단위
⑥ "의료기기"라는 표시
※ **"체외진단의료기기"라는 표시로 대체함**
⑦ 일회용인 경우는 "일회용"이라는 표시와 "재사용 금지"라는 표시
⑧ 식약처장이 보건복지부장관과 협의하여 정하는 의료기기 표준코드
⑨ 첨부문서를 인터넷 홈페이지에서 전자형태로 제공한다는 사실 및 첨부문서가 제공되는 인터넷 홈페이지 주소(제22조제2항에 따라 첨부문서를 인터넷 홈페이지에서 제공하는 경우에 한정한다)

> **참고** [시행일] 제20조의 개정규정은 다음 각 목의 구분에 따른다.
> 가. 4등급 의료기기의 경우 : 2019년 7월 1일
> 나. 3등급 의료기기의 경우 : 2020년 7월 1일
> 다. 2등급 의료기기의 경우 : 2021년 7월 1일
> 라. 1등급 의료기기의 경우 : 2022년 7월 1일

나. 체외진단의료기기의 외부포장 등의 기재사항

제조업자 및 수입업자는 「체외진단의료기기법」 제14조에 따라 체외진단의료기기의 용기나 외장에 적힌 사항이 외부의 용기나 포장에 가려 보이지 아니할 때에는 외부의 용기나 포장에도 같은 사항을 적어야 한다. 이는 「의료기기법」에서 규정된 제도와 유사하다.

다. 체외진단의료기기의 첨부문서의 기재사항

「체외진단의료기기법」 제15조에 따라 첨부문서에 기재하는 사항은 다음 표와 같다.

〈표 1-13〉 체외진단의료기기의 첨부문서의 기재사항

번호	「체외진단의료기기법」 제15조(첨부문서의 기재사항)
1	사용방법과 사용 시 주의사항
2	정도관리(精度管理 : 체외진단의료기기의 품질 확보를 위하여 성능 검사 등을 실시하는 것을 말한다)가 필요한 경우 정도관리에 관한 사항
3	「의료기기법」 제19조에 따른 기준규격에서 기재사항으로 정하는 사항
4	그 밖에 총리령으로 정하는 사항

* 출처 : 「체외진단의료기기법」, http://www.law.go.kr, 2024. 7.

첨부문서의 기재사항 중 총리령으로 정하는 사항이란 「체외진단의료기기법 시행규칙」 제37조의 첨부문서의 기재사항을 말하며, 세부 기재사항은 다음과 같다.

〈표 1-14〉 체외진단의료기기의 첨부문서 기재사항

번호	「체외진단의료기기법 시행규칙」 제37조(첨부문서의 기재사항)
1	1. 임상적 성능시험용 체외진단의료기기의 경우 : 다음 각 목의 사항 가. 제조업자(제조를 위탁하는 경우에는 위탁받은 제조자를 포함한다) 또는 수입업자의 상호 및 주소 나. 수입품의 경우에는 제조국가명과 제조자의 상호 및 주소 다. 제품명과 모델명 라. 보관 또는 저장 방법 마. "임상적 성능시험용"이라는 표시 바. "임상적 성능시험용 외의 목적으로 사용할 수 없음"이라는 표시
2	2. 제1호 외의 체외진단의료기기의 경우 : 다음 각 목의 사항. 다만, 가목 및 나목의 사항을 용기 또는 외장이나 포장에 적은 경우에는 그 사항을 첨부문서에 적지 않을 수 있다. 가. 법 제13조 각 호의 사항(같은 조 제1호의 사항 중 「의료기기법」 제20조제4호 및 제8호는 제외한다) 나. 제조업자가 모든 제조공정을 위탁하여 제조하는 경우에는 위탁자인 제조의뢰자와 수탁자인 제조자의 상호와 주소 다. 체외진단의료기기의 특성·구조 등 기술 정보에 관한 사항 라. 방사선을 방출하는 체외진단의료기기의 경우에는 방사선의 특성·종류 등에 관한 사항 마. 첨부문서의 작성 연월

* 출처 : 「체외진단의료기기법 시행규칙」, http://www.law.go.kr, 2024. 4.

라. 체외진단의료기기의 용기 등의 기재사항 생략

체외진단의료기기의 용기나 외장의 면접이 좁아 기재사항을 모두를 적을 수 없는 경우로서 그 적을 수 없는 기재사항을 외부의 용기나 포장 또는 첨부문서에 적는 경우, 「체외진단의료기기법」 제13조에 따른 기재사항 중 일부를 적지 아니할 수 있다. 다만, 이 경우에도 제조업자 또는 수입업자의 상호 및 주소, 제품의 모델명은 체외진단의료기기의 용기나 외장에 적어야 한다.

이 경우, 「의료기기법 시행규칙」은 모델명과 상호만 기재하도록 요구하고 있으나, 「체외진단의료기기법 시행규칙」은 주소를 추가로 기재하도록 규정하고 있다는 차이가 있다.

추가로, 수출용 체외진단의료기기의 용기나 외장으로서 해당 체외진단의료기기의 수입국의 기준에 따라 그 기재사항을 적어야 하는 경우도 「체외진단의료기기법」 제13조에 따른 기재사항 중 일부를 적지 아니할 수 있다.

5 의료기기 표시 · 기재 위반사항 처분 등

5.1 의료기기 표시·기재 위반사항

「의료기기법」 제24조에 따라 의료기기의 용기, 외장, 포장 또는 첨부문서에는 다음의 사항을 표시하거나 적어서는 아니 된다.

① 거짓이나 오해할 염려가 있는 사항
② 허가 또는 인증을 받지 아니하거나 신고한 사항과 다른 성능이나 효능 및 효과
③ 보건위생상 위해가 발생할 우려가 있는 사용 방법이나 사용 기간

5.2 의료기기 표시·기재 처분사항

「의료기기법」 제36조제1항에 따라, 의료기기의 제조업자 · 수입업자 및 수리업자에 대하여는 식약처장, 판매업자 및 임대업자에 대하여는 특별자치시장 · 특별자치도지사 · 시장 · 군수 또는 구청장이 허가 또는 인증의 취소, 영업소의 폐쇄, 품목류 또는 품목의 제조 · 수입 · 판매의 금지 또는 1년의 범위에서 그 업무의 전부 또는 일부의 정지를 명할 수 있다. 제20조부터 제23조까지의 규정에 따른 각 기재사항을 위반하여 적은 경우, 제24조제1항 및 제2항을 위반하여 의료기기의 용기, 외장, 포장 또는 첨부문서에 표시하거나 적은 경우에 대한 행정처분기준은 다음과 같다.

〈표 1-15〉 위반행위에 대한 행정처분

위반행위	근거 법조문	행정처분의 기준			
		1차 위반	2차 위반	3차 위반	4차 이상 위반
21. 제조업자 또는 수입업자가 법 제20조를 위반하여 의료기기의 용기나 외장에 기재사항을 적지 않은 경우	법 제36조 제1항 제12호				
가. 기재사항의 전부를 적지 않은 경우		해당 품목 판매업무정지 3개월	해당 품목 판매업무정지 6개월	해당 품목 제조 및 수입 허가·인증 취소 또는 제조·수입금지	
나. 기재사항의 일부를 적지 않은 경우		해당 품목 판매업무정지 1개월	해당 품목 판매업무정지 3개월	해당 품목 판매업무정지 6개월	해당 품목 제조 및 수입 허가·인증 취소 또는 제조·수입금지
22. 제조업자 또는 수입업자가 법 제21조를 위반하여 의료기기 외부의 용기나 포장에 기재사항을 적지 않은 경우	법 제36조 제1항 제12호				

위반행위	근거 법조문	행정처분의 기준			
		1차 위반	2차 위반	3차 위반	4차 이상 위반
가. 기재사항의 전부를 적지 않은 경우		해당 품목 판매업무정지 2개월	해당 품목 판매업무정지 4개월	해당 품목 판매업무정지 6개월	해당 품목 제조 및 수입 허가·인증 취소 또는 제조·수입금지
나. 기재사항의 일부를 적지 않은 경우		해당 품목 판매업무정지 15일	해당 품목 판매업무정지 1개월	해당 품목 판매업무정지 3개월	해당 품목 판매업무정지 6개월
23. 제조업자 또는 수입업자가 법 제22조를 위반하여 의료기기 첨부문서에 기재사항을 적지 않은 경우	법 제36조 제1항 제12호				
가. 기재사항의 전부를 적지 않은 경우		해당 품목 판매업무정지 1개월	해당 품목 판매업무정지 3개월	해당 품목 판매업무정지 6개월	해당 품목 제조·수입허가·인증 취소 또는 제조·수입금지
나. 기재사항의 일부를 적지 않은 경우		해당 품목 판매업무정지 7일	해당 품목 판매업무정지 15일	해당 품목 판매업무정지 1개월	해당 품목 판매업무정지 3개월
24. 제조·수입업자가 법 제23조를 위반하여 기재 시 주의사항을 지키지 않은 경우	법 제36조 제1항 제12호	경고	해당 품목 판매업무정지 15일	해당 품목 판매업무정지 1개월	해당 품목 판매업무정지 3개월
25. 제조업자 또는 수입업자가 법 제24조제1항을 위반하여 표시나 기재가 금지된 사항을 표시하거나 적은 경우	법 제36조 제1항 제13호				
가. 제43조제1항제1호, 제2호 또는 제4호의 사항을 허가 또는 인증을 받은 사항과 다르게 표시하거나 적은 경우		해당 품목 판매업무정지 3개월	해당 품목 판매업무정지 6개월	해당 품목 제조·수입허가·인증 취소 또는 제조·수입금지	
나. 법 제22조제1호 또는 제2호의 사항이나 제43조제1항제3호, 제6호 또는 제7호의 사항을 허가 또는 인증을 받은 사항과 다르게 표시하거나 적은 경우		해당 품목 판매업무정지 2개월	해당 품목 판매업무정지 4개월	해당 품목 판매업무정지 6개월	해당 품목 제조 및 수입 허가·인증 취소 또는 제조·수입금지
다. 제43조제1항제8호의 사항을 허가 또는 인증을 받은 사항과 다르게 표시하거나 적은 경우		해당 품목 판매업무정지 1개월	해당 품목 판매업무정지 3개월	해당 품목 판매업무정지 6개월	해당 품목 제조 및 수입허가·인증 취소 또는 제조·수입금지
라. 법 제24조제1항제1호의 거짓이나 오해할 염려가 있는 사항을 표시하거나 적은 경우		해당 품목 판매업무 정지 1개월	해당 품목 판매업무정지 3개월	해당 품목 판매업무정지 6개월	해당 품목 제조 및 수입 허가·인증 취소 또는 제조·수입 금지
마. 그 밖에 법 제20조부터 제22조까지 또는 제43조에 따른 기재사항을 허가 또는 인증을 받은 사항과 다르게 표시하거나 적은 경우		해당 품목 판매업무정지 15일	해당 품목 판매업무정지 1개월	해당 품목 판매업무정지 3개월	해당 품목 판매업무정지 6개월

* 출처 : 「의료기기법 시행규칙」 [별표 8], http://www.law.go.kr. 2024. 9.

5.3 체외진단의료기기 표시·기재 위반사항

체외진단의료기기의 용기, 외부포장 또는 첨부문서의 기재사항은 「체외진단의료기기법」 제13조, 제14조, 제15조에 따라 체외진단의료기기를 취급하여야 한다.

5.4 체외진단의료기기 표시·기재 처분사항

「체외진단의료기기법」 제18조제1항에 따라, 체외진단의료기기의 제조업자 또는 수입업자에 대하여는 식약처장이 허가 또는 인증의 취소, 품목류 또는 품목의 제조 · 수입 · 판매의 금지 또는 1년의 범위에서 그 업무의 전부 또는 일부의 정지를 명할 수 있다. 제13조부터 제15조까지에 따른 각 기재사항을 위반하여 적은 경우에 대한 행정처분의 기준은 다음과 같다.

〈표 1-16〉 위반행위에 대한 행정처분

위반행위	근거 법조문	행정처분의 기준			
		1차 위반	2차 위반	3차 위반	4차 이상 위반
7. 법 제13조에 따른 기재사항을 위반하여 적은 경우	법 제18조 제1항 제6호				
가. 기재사항의 전부를 적지 않은 경우		해당 품목 판매업무정지 3개월	해당 품목 판매업무정지 6개월	해당 품목 제조(수입) 허가·인증 취소 또는 제조(수입) 금지	
나. 기재사항의 일부를 적지 않은 경우		해당 품목 판매업무정지 1개월	해당 품목 판매업무정지 3개월	해당 품목 판매업무정지 6개월	해당 품목 제조(수입) 허가·인증 취소 또는 제조(수입) 금지
8. 법 제14조에 따른 기재사항을 위반하여 적은 경우	법 제18조 제1항 제6호				
가. 기재사항의 전부를 적지 않은 경우		해당 품목 판매업무정지 2개월	해당 품목 판매업무정지 4개월	해당 품목 판매업무정지 6개월	해당 품목 제조(수입) 허가·인증 취소 또는 제조(수입) 금지
나. 기재사항의 일부를 적지 않은 경우		해당 품목 판매업무정지 15일	해당 품목 판매업무정지 1개월	해당 품목 판매업무정지 3개월	해당 품목 판매업무정지 6개월
9. 법 제15조에 따른 기재사항을 위반하여 적은 경우	법 제18조 제1항 제6호				
가. 기재사항의 전부를 적지 않은 경우		해당 품목 판매업무정지 1개월	해당 품목 판매업무정지 3개월	해당 품목 판매업무정지 6개월	해당 품목 제조(수입) 허가·인증 취소 또는 제조(수입) 금지
나. 기재사항의 일부를 적지 않은 경우		해당 품목 판매업무정지 7일	해당 품목 판매업무정지 15일	해당 품목 판매업무정지 1개월	해당 품목 판매업무정지 3개월

* 출처 : 「체외진단의료기기법 시행규칙」 [별표 1], http://www.law.go.kr, 2024. 4.

제 2 장

광 고

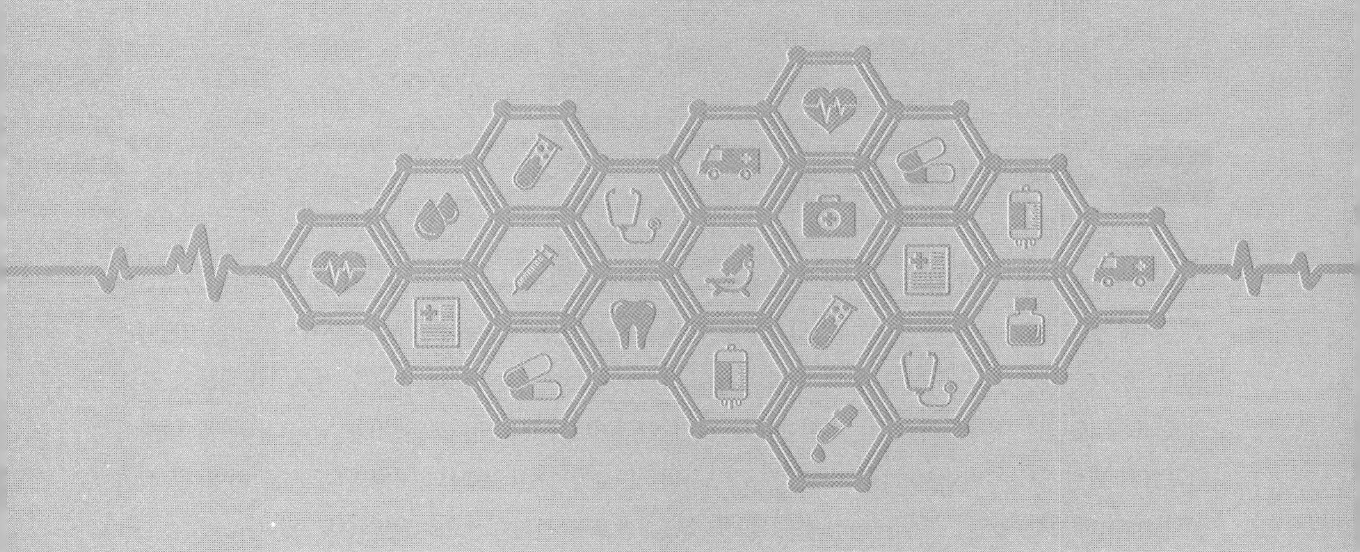

1. 의료기기 광고의 개요

2. 금지되는 광고

02 광 고

학습목표 → 의료기기 광고의 개념, 금지되는 광고의 범위 및 위반 시 처분사항에 대해 알아본다.

NCS 연계 → 해당 없음

핵심 용어 → 의료기기 광고

1 의료기기 광고의 개요

의료기기에 관한 정보를 취급자 또는 사용자에게 제공하는 방법에는 의료기기의 용기나 포장 또는 첨부문서에 이를 기재하는 방법 외에, 언론매체 또는 인터넷 등을 이용하여 관련 정보를 알리는 '광고'가 있다. 광고란 사업자 등이 상품 등에 관한 사항을 신문, 인터넷 신문, 정기간행물, 방송, 전기통신 등의 매체 또는 수단을 이용하여 널리 소비자에게 널리 알리거나 제시하는 모든 것을 말한다. 이에 더하여 의료기기 법령에서는 의료기기취급자(취급자가 고용한 근로자 등을 포함)의 구매권유, 제품 설명 및 시연 등의 방법(매체가 아닌 구두로 설명하는 것)을 통한 광고도 관리대상으로 판단하고 있다.

현재 의료기기 광고는 「의료기기법」(법률 제20220호, 2024. 8. 7. 시행) 제24조 및 25조, 「의료기기법 시행규칙」(총리령 제1982호, 2024. 9. 20. 시행) 제45조에 의해 관리되고 있다. 의료기기 광고를 관리하는 이유는 의료기기의 표시·기재사항과 마찬가지로, 의료기기 취급자 또는 소비자에게 잘못된 정보가 제공되어 발생할 수 있는 부작용·이상사례 등과 같은 문제 및 의료기기 거짓·과대광고로 인한 소비자의 피해를 예방하기 위함이다.

2 금지되는 광고

2.1 금지되는 광고의 범위

우리나라에서는 「의료기기법」 제24조제2항의 의료기기 광고 금지사항 및 「의료기기법 시행규칙」 제45조 [별표 7] 금지되는 광고의 범위에 따라 적절하지 않은 광고를 금지하고 있다.

「의료기기법」 제24조제2항(의료기기 광고 금지 사항)

1. 의료기기의 명칭·제조 방법·성능이나 효능 및 효과 또는 그 원리에 관한 거짓 또는 과대광고
2. 의사·치과의사·한의사·수의사 또는 그 밖의 자가 의료기기의 성능이나 효능 및 효과에 관하여 보증·추천·공인·지도 또는 인정하고 있거나 그러한 의료기기를 사용하고 있는 것으로 오해할 염려가 있는 기사를 사용한 광고
3. 의료기기의 성능이나 효능 및 효과를 암시하는 기사·사진·도안을 사용하거나 그 밖에 암시적인 방법을 사용한 광고
4. 의료기기에 관하여 낙태를 암시하거나 외설적인 문서 또는 도안을 사용한 광고
5. 제6조제2항 또는 제15조제2항에 따라 허가 또는 인증을 받지 아니하거나 신고한 사항과 다른 의료기기의 명칭·제조방법·성능이나 효능 및 효과에 관한 광고. 다만, 제26조제1항 단서에 해당하는 의료기기의 경우에는 식품의약품안전처장이 정하여 고시하는 절차 및 방법, 허용 범위 등에 따라 광고할 수 있다.
6. 삭제 〈2021. 3. 23.〉
7. 제25조제1항에 따른 자율심의를 받지 아니한 광고 또는 심의받은 내용과 다른 내용의 광고

또한, 「의료기기법」 제26조제7항에 따라 의료기기가 아닌 것으로 의료기기와 유사한 성능이나 효능 및 효과 등이 있는 것으로 잘못 인식될 우려가 있는 광고를 금지하고 있다.

「의료기기법」 제26조(일반행위 금지) 제7항

⑦ 누구든지 의료기기가 아닌 것의 외장·포장 또는 첨부문서에 의료기기와 유사한 성능이나 효능 및 효과 등이 있는 것으로 잘못 인식될 우려가 있는 표시를 하거나 이와 같은 내용의 광고를 하여서는 아니 되며, 이와 같이 표시되거나 광고된 것을 판매 또는 임대하거나 판매 또는 임대할 목적으로 저장 또는 진열하여서는 아니 된다.

「의료기기법 시행규칙」 제45조 [별표7] 금지되는 광고의 범위

1. 의료기기의 명칭·제조 방법·성능이나 효능 및 효과 또는 그 원리에 관한 거짓 또는 과대광고
2. 법 제6조제2항 또는 법 제15조제2항에 따라 허가를 받지 않거나 신고를 하지 않은 의료기기의 명칭·제조 방법·성능이나 효능 및 효과에 관한 광고
3. 의료기기의 부작용을 전부 부정하는 표현 또는 부당하게 안전성을 강조하는 표현의 광고
4. 허가 받은 의료기기의 효능 및 효과 등과 관련하여 의학적 임상 결과, 임상시험 성적서, 관련 논문 또는 학술자료를 거짓으로 인용하거나 특허 인증을 받은 것처럼 거짓으로 표시한 광고
5. 의사, 치과의사, 한의사, 수의사 또는 그 밖의 자가 의료기기의 성능이나 효능 및 효과를 보증한 것으로 오해할 염려가 있는 기사를 사용한 광고.
6. 의사, 치과의사, 한의사, 약사, 한약사, 대학교수 또는 그 밖의 자가 의료기기를 지정·공인·추천·지도 또는 사용하고 있다는 내용 등의 광고. 다만, 국가 지방자치단체 그밖에 공공단체가 국민보건의 목적으로 지정하여 사용하고 있는 내용의 광고의 경우에는 그렇지 않다.
7. 외국 제품을 국내 제품으로 또는 국내 제품을 외국 제품으로 오인하게 할 우려가 있는 광고

8. 사용자의 감사장 또는 체험담을 이용하거나 구입·주문이 쇄도한다거나 그 밖에 이와 유사한 표현을 사용한 광고
9. 효능·효과를 광고할 때에 "이를 확실히 보증한다"라는 내용 등의 광고 또는 "최고", "최상" 등의 절대적 표현을 사용한 광고
10. 의료기기를 의료기기가 아닌 것으로 오인하게 할 우려가 있는 광고
11. 특정 의료기관의 명칭과 진료과목 및 연락처 등을 적시하여 의료기관 등이 추천하고 있는 것처럼 암시하는 광고
12. 의료기기의 성능이나 효능 및 효과를 암시하는 기사, 사진, 도안 또는 그 밖의 암시적 방법을 이용한 광고
13. 효능이나 성능을 광고할 때에 사용 전후의 비교 등으로 그 사용 결과를 표시 또는 암시하는 광고
14. 사실 유무와 관계없이 다른 제품을 비방하거나 비방하는 것으로 의심되는 광고
15. 의료기기에 관하여 낙태를 암시하거나 외설적인 문서나 도안을 사용한 광고
16. 의료기기의 효·효과 또는 사용 목적과 관련되는 병의 증상이나 수술 장면을 위협적으로 표시하는 광고
17. 법 제25조제1항에 따라 심의를 받지 않거나 심의 받은 내용과 다른 내용의 광고
18. 법 제25조제1항에 따른 심의의 결과 재심의 요청을 받은 광고

식품의약품안전처는 금지되는 광고 범위와 관련하여 규정 해설 및 각종 예시를 포함한 '의료기기법 위반광고 해설서'를 작성하여 배포하고 있다.

※ 식품의약품안전처 홈페이지(www.mfds.go.kr) → 법령/자료 → 법령정보 → 공무원지침서/민원인안내서

2.2 행정처분 및 벌칙

가. 행정처분

「의료기기법 시행규칙」 [별표 7]에 따른 금지되는 광고행위를 한 경우에는 다음과 같은 행정처분을 받을 수 있다.

① 「의료기기법 시행규칙」 [별표 7] 금지되는 광고의 범위에서 제1호, 제2호, 제5호, 제12호 또는 제15호에 해당하는 광고를 한 경우

〈표 2-1〉 위반행위에 대한 행정처분의 기준(1)

위반행위주체	행정처분의 기준			
	1차 위반	2차 위반	3차 위반	4차 이상 위반
1) 제조업자 또는 수입업자	해당 품목 판매업무 정지 1개월	해당 품목 판매업무 정지 3개월	해당 품목 판매업무 정지 6개월	해당 품목 제조·수입 허가, 인증 취소 또는 제조·수입 금지
2) 판매업자 또는 임대업자	판매·임대 업무 정지 15일	판매·임대 업무 정지 1개월	판매·임대 업무 정지 3개월	판매·임대 업무 정지 6개월

* 출처 : 「의료기기법 시행규칙」 [별표8], http://www.law.go.kr, 2024. 9.

② [별표 7] 금지되는 광고의 범위에서 제3호, 제4호, 제6호부터 제11호까지, 제13호, 제14호, 제16호부터 제18호까지의 어느 하나에 해당하는 광고를 한 경우

〈표 2-2〉 위반행위에 대한 행정처분의 기준(2)

위반행위주체	행정처분의 기준			
	1차 위반	2차 위반	3차 위반	4차 이상 위반
1) 제조업자 또는 수입업자	해당 품목 판매업무 정지 15일	해당 품목 판매업무 정지 1개월	해당 품목 판매업무 정지 3개월	해당 품목 판매업무 정지 6개월
2) 판매업자 또는 임대업자	판매·임대 업무 정지 7일	판매·임대 업무 정지 15일	판매·임대 업무 정지 1개월	판매·임대 업무 정지 3개월

* 출처 : 「의료기기법 시행규칙」 [별표 8], http://www.law.go.kr, 2024. 9.

나. 벌칙

「의료기기법」 제24제2항 및 제26조제7항에 따른 불법 광고행위를 한 경우, 같은 법 제52조(벌칙)에 따라 3년 이하의 징역 또는 3천만 원 이하의 벌금에 처해질 수 있다.

제 3 장

부작용

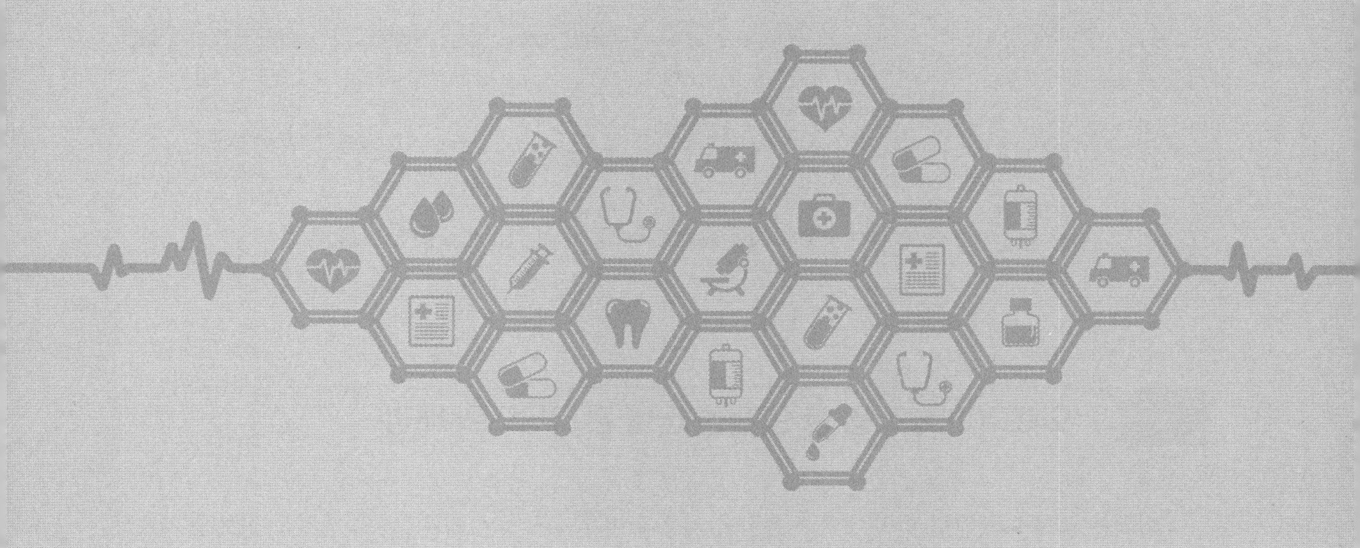

1. 의료기기 부작용 등 안전성 정보 관리제도의 배경
2. 의료기기 부작용 등 안전성 정보에 관한 규정

03 부작용

학습목표 — 의료기기 부작용 등 안전성 정보 관리제도의 배경 및 관련 규정을 알아보고, 의료기기 부작용 등 안전성 정보 수집 시 취급업자별 보고절차와 수집된 안전성 정보의 검토 및 평가절차에 대해 이해한다.

NCS 연계 —

목차	분류 번호	능력단위	능력단위 요소	수준
1. 의료기기 부작용 등 안전성 정보 관리제도의 배경	1903090108_15v1	의료기기 품질 위험관리	위험관리 관련 규격 검토하기	5
2. 의료기기 부작용 등 안전성 정보에 관한 규정	1903090108_15v1	의료기기 품질 위험관리	위험관리 관련 규격 검토하기	5

핵심 용어 — 안전성 정보, 부작용(Side Effect), 이상사례(Adverse Event)

1 의료기기 부작용 등 안전성 정보 관리제도의 배경

식약처는 품목허가(인증)를 받거나 신고되어 시중에 판매되고 있는 의료기기의 안전성 정보를 계속적으로 관리하기 위하여 의료기기 취급자 및 소비자로부터 의료기기 사용에 따른 부작용 정보를 수집하고 기타 외부기관의 자료 등을 검토하여 해당 의료기기에 대한 허가 및 유통관리 등에 필요한 조치를 취하는 "의료기기 부작용 등 안전성 정보 관리제도"를 마련하였다.

이는 본 제도를 통하여 의료기기로 인한 부작용 발생 사례, 자발적 회수 등 의료기기의 취급 · 사용 시 인지되는 안전성 관련 정보를 체계적이고 효율적으로 수집 · 분석 · 평가하여 적절한 안전대책을 강구함으로써 국민보건의 위해를 방지하고 의료기기를 효율적으로 관리하기 위함이다.

2 의료기기 부작용 등 안전성 정보에 관한 규정

2.1 용어 정의

가. 안전성 정보

허가·인증받거나 신고한 의료기기의 안전성 및 유효성과 관련된 자료나 정보로, 부작용 발생사례를 포함한다.

나. 부작용 정보

의료기기의 취급·사용 시 국내외에서 발생한 의료기기의 부작용 또는 부작용 발생이 우려되는 사례를 말한다.

다. 부작용(Side Effect)

부작용 정보 중 정상적인 의료기기 사용으로 인해 발생하거나 발생한 것으로 의심되는 모든 의도되지 아니한 결과를 말하며, 의도되지 않은 바람직한 결과를 포함한다.

라. 이상사례(Adverse Event)

부작용 중 바람직하지 않은 결과를 말하며, 해당 의료기기와 반드시 인과관계를 가져야 하는 것은 아니다.

마. 중대한 이상사례(Serious Adverse Event)

이상사례 중 다음 각 목의 어느 하나에 해당하는 경우를 말한다.

① 사망하거나 생명에 위협을 주는 부작용을 초래한 경우
② 입원 또는 입원기간의 연장이 필요한 경우
③ 회복이 불가능하거나 심각한 불구 또는 기능 저하를 초래하는 경우
④ 선천적 기형 또는 이상을 초래하는 경우

바. 예상하지 못한 이상사례

의료기기의 허가·인증받거나 신고한 사항과 비교하여 위해 정도, 특이사항 또는 그 결과 등에 차이가 있는 이상사례를 말한다.

사. 이상사례 표준코드

의료기기 이상사례를 환자 문제 코드, 의료기기 문제 코드, 구성요소 코드로 구분하여 코드화한 것을 말한다.

아. 의료기기 취급자

의료기기를 업무상 취급하는 다음 중 어느 하나에 해당하는 자로서 법에 따라 허가를 받거나 신고를 한 자, 「의료법」에 따른 의료기관 개설자 및 「수의사법」에 따른 동물병원 개설자를 말한다.

① 의료기기 제조업자
② 의료기기 수입업자
③ 의료기기 수리업자
④ 의료기기 판매업자
⑤ 의료기기 임대업자

2.2 안전성 정보의 관리체계

① 의료기기 취급자는 의료기기 사용 중 사망 또는 심각한 부작용이 발생하였거나 발생할 우려가 있음을 인지한 경우 이를 식약처장에 보고하여야 한다.

② 한국의료기기 안전정보원은 보고된 이상 사례의 수집 · 분석 및 평가를 위한 자료제출을 요구하고, 그 분석 · 평가 결과를 식약처(의료기기안전평가과)에 보고한다.

③ 식약처는 평과 결과에 따라 안전성 정보 제공, 회수, 제조 · 판매업무 정지 등 조치를 취한다.

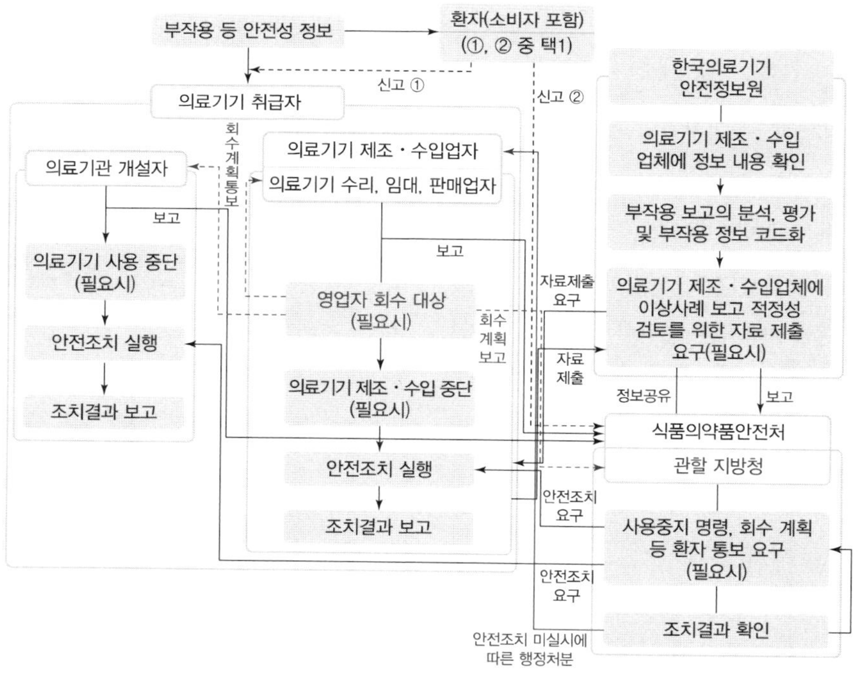

* 출처 : 식품의약품안전처, 의료기기 부작용 등 안전성 정보 업무처리 지침(공무원지침서), 2023. 7.

❙ 그림 3-1 ❙ 안전성 정보의 관리 체계

2.3 부작용 정보 수집 대상 및 방법

가. 수집 대상 정보

보고 대상은 국내에 허가·인증을 받거나 신고한 의료기기를 대상으로 하고, 보고 시점은 '의료기기 취급자'가 인지한 시점을 기준으로 한다.

수집대상 정보는 다음과 같다.

① 중대한 이상사례

② 예상하지 못한 이상사례

③ 중대한 이상사례가 발생하지는 않았으나 재발할 경우 중대한 이상사례를 초래할 수 있는 사례

④ 의료기기와의 연관성이 확실하지 않으나 중대한 이상사례가 발생한 사례

⑤ 외국 정부의 의료기기 안전성 관련 조치에 관한 자료

⑥ 그 밖의 허가·인증받거나 신고한 의료기기의 새로운 안전성 정보

나. 수집방법

1) 의료기기 제조·수입업자 등

구분	수집 방법(예시)
해외 정보	• 제조원 품질경영시스템(모니터링 및 측정)에 따른 정보 수집 ㉮ 고객 불만 보고, 설문 조사, 피드백 카드, 방문 조사, 학술발표(논문 등) 등 • 해당 규제당국의 안전성 정보 수집 ㉮ FDA, MHRA, CFDA, PMDA 등 • 언론 보도, 동영상 채널 및 SNS 모니터링에 따른 정보 수집 ㉮ TV, 신문, 유튜브, 페이스북, 블로그, 인스타그램 등
국내 정보	• 제조원 품질경영시스템(모니터링 및 측정)에 따른 정보 수집 ㉮ 고객 불만 보고, 설문 조사, 피드백 카드, 방문 조사, 학술발표(논문 등) 등 • 언론 보도, 동영상 채널 및 SNS 모니터링에 따른 정보 수집 ㉮ TV, 신문, 유튜브, 페이스북, 블로그, 인스타그램 등

2) 의료기관 개설자 등

구분	수집 방법(예시)
국내 정보	의료기기의 취급·사용 시 발생한 의료기기의 이상사례 또는 이상사례 발생이 우려되는 사례를 수집 ㉮ 환자 진료, 학술발표(논문 등), 진료기록 및 진단서, 의료기기 사용 중 품질과 관련도니 제품의 결함 정보 등

3) 환자(소비자 포함) 등

구분	수집 방법(예시)
국내 정보	의료기관에서 의료기기를 사용한 의료행위 과정이나 가정에서 의료기기 사용 시 발생한 이상사례 또는 이상사례 발생이 우려되는 사례를 수집 ㉮ 진료기록, 진단서 및 의료기관 진료, 의료기기를 이용한 시술 후 이상사례 등

2.4 이상사례의 보고

가. 이상사례 보고 구분

「의료기기법」 제31조제1항 및 「의료기기법 시행규칙」 제27조제1항, 제33조제1항 및 제51조제1항에 따라 이상사례를 보고하고자 하는 의료기기취급자는 그 사실을 안 날부터 「의료기기법 시행규칙」 제51조제1항 또는 다음 각 호에서 정하는 날까지 「의료기기 부작용 등 안전성 정보 관리에 관한 규정」 [별지 제1호 서식]에 따라 의료기기 이상사례 보고서를 식약처장에게 제출하여야 한다. 또한, 의료인은 이상사례를 알게 된 경우 「의료기기 부작용 등 안전성 정보 관리에 관한 규정」 [별지 제1호 서식]에 따라 식약처장 또는 의료기기 취급자에게 보고할 수 있으며, 환자 또는 의료기기 소비자는 「의료기기 부작용 등 안전성 정보 관리에 관한 규정」 [별지 제2호 서식]에 따라 식약처장 또는 의료기기 취급자에게 신고할 수 있다. 이상사례에 관한 보고 및 신고는 우편 · 팩스 · 정보통신망 등의 방법으로 할 수 있다.

〈표 3-1〉 이상사례 보고 구분 및 기간

<table>
<tr><th colspan="2">구분</th><th>보고 기간</th></tr>
<tr><td colspan="2">1) 사망이나 생명에 위협을 주는 부작용을 초래한 경우</td><td>7일 이내 보고(이 경우 상세한 내용을 최초 보고 일부터 8일 이내에 추가로 보고해야 함)</td></tr>
<tr><td colspan="2">2) 입원 또는 입원기간의 연장이 필요한 경우</td><td rowspan="3">15일 이내 보고</td></tr>
<tr><td colspan="2">3) 회복이 불가능하거나 심각한 불구 또는 기능 저하를 초래하는 경우</td></tr>
<tr><td colspan="2">4) 선천적 기형 또는 이상을 초래하는 경우</td></tr>
<tr><td rowspan="2">기타 중대한 정보 또는 그 밖의 이상사례로서 식약처장이 보고를 지시한 경우</td><td>1)~4)에 해당하지 않는 이상사례</td><td>30일 이내 보고(시행규칙 제51조제1항에 해당하지 않는 이상사례)</td></tr>
<tr><td>외국 정부의 발표 등 조치사항</td><td>30일 이내 보고(회수계획을 보고한 경우에는 생략할 수 있음)</td></tr>
</table>

의료기기 취급자는 「의료기기 부작용 등 안전성 정보 관리에 관한 규정」에 따른 의료기기 이상사례 표준코드를 사용하여 보고할 수 있다. 이상사례 표준코드란 의료기기 부작용을 기기와 환자로 각각 구별하여 그 유형과 원인을 코드화한 것을 말한다. 이상사례 표준코드는 환자 문제 코드 641개, 의료기기 문제 코드 495개, 구성요소 코드 578개로 총 1,714개로 분류되어 있다('19. 4. 30. 기준).

〈표 3-2〉 이상사례에 대한 환자·의료기기·구성요소의 표준코드(제5조 관련)

이상사례에 대한 환자·의료기기·구성요소의 표준코드(제5조 관련)

가. 환자 문제 코드

연번	Level 1
1	1688 유산(Abortion)
	⋮
641	3192 결측값에 대한 이유(Missing Value Reason)

나. 의료기기 문제 코드

연번	Level 1	Level 2	Level 3	Level 4	Level 5	Level 6
1	2914 기기의 작동 문제(Device Operational Issue) 기기 작동과 관련된 기준에서의 편향과 관련된 문제(예 배치, 연결, 전기, 컴퓨터 소프트웨어, 주입/흐름, 출력, 보호장구, 부적합 문제); Issue associated with any deviations from specifications relating to device operations(e.g. deployment, connection, electrical, computer software, infusion/flow, output, protective measure, and incompatibility issues)					
		⋮				
494		2993 알려진 기기 문제 없음(No Known Device Problem)				
495		3189 적용 불가능(Not Applicable)				

다. 구성요소 코드

연번	Level 1	Level 2	Level 3	Level 4
1	3028 흡수장치(Absorber) 힘 또는 물질을 줄이거나 빨아들일 수 있도록 설계된 기기 또는 재료; A device or material designed to take in or attenuate a force or substance			
	⋮			
578	3153 요크(Yoke) 다수의 물체를 연결할 수 있도록 설계된 구조적 기기; A structural device designed to connect multiple objects			

* 출처 : 식품의약품안전처, 의료기기 이상사례 표준코드 공고(식약처 공고 제2024-265호), 2024. 5.

나. 이상사례 구분별 보고 예시

1) 사망이나 생명에 위협을 주는 부작용을 초래한 경우

구분	예시
1	가정에서 개인용인공호흡기를 사용중이던 환자가 산소 결핍으로 인한 뇌손상으로 사망하였으며, 장비 로그 기록 확인 결과 내부 배터리 충전량 낮음 알람, 전원 실패 알람, 공기압 측정 오류가 확인됨
2	의료용분리방식임상화학자동분석장치 검사결과 "결과 없음(No Result)"이라는 오류 메시지가 표시되었으며, 대체장비를 통하여 검사를 진행하여 약 5시간 검사가 지연됨. 해당 환자가 사망하였으나, 원인이 검사 지연과 관련되었는지는 확인되지 않음
3	전동식이식형의약품주입펌프 시술 후 환자는 스스로 숨을 쉴 수 없었음. 기관 삽관되었고 긴장성 분열증 상태가 됨. 폐렴이 있는 상태로 인공호흡기를 사용하였고 이후 혼수상태에 빠짐
4	인공심폐기를 사용하여 체외순환 실시 중인 환자가 90분 후 인공폐의 막이 막혀 순환이 정지됨. 교체 과정 중에 사망함

구분	예시
5	결장절제술 중 스태플을 발사하였고 장이 횡행절단되었으나, 스태플이 적절히 형성되지 않아 문합이 그 즉시 분리됨. 이로 인하여 환자의 골반과 복강이 장내물질로 오염되어, 복강세척, 장절제, 재문합을 실시하였으나, 환자는 사망함
6	이식형심장박동기 전극을 우심실에 이식한 환자에서 우심실 천공과 심장 무수축이 발생하였음. 우심실 리드를 제거하고 새로운 우심실 리드를 이식하여 환자는 시술 후 안정적임

2) 입원 또는 입원기간의 연장이 필요한 경우

구분	예시
1	척추용 임플란트의 강도 및 고정력의 문제로 수술 후 신경학적 손상 또는 추가 골절 등이 발생하여 입원 치료
2	내시경 혈관 조영촬영[ERCP, Endoscopic Retrograde Cholangiopancreatography] 시술 중 '일회용손조절식전기수술기용전극'의 오작동으로 인해 십이지장의 췌장 쪽에 천공 및 출혈 발생
3	환자의 요추 통증으로 인해 전신용전산화단층엑스선촬영장치를 이용하여 절차를 수행하던 중 전신용전산화단층엑스선촬영장치 시스템이 작동을 멈춰 환자가 기기 사이에 끼임. 테이블에서 환자를 뺀 후 환자는 허벅지 통증을 호소하였고 환자의 다리를 검사한 결과 골절이 발견되어 환자는 입원 후 깁스 치료를 진행
4	경피적 혈관성형술을 실시하고, 흡수성체내용지혈용품으로 지혈하였으나 다음날 가성동맥류가 확인되어, 입원기간이 연장됨
5	인공엉덩이관절을 시술받은 환자가 시술 3년 후 대퇴금속 스템의 골절로 인하여 재치환술을 시행받음
6	리도카인염산염이 함유된 조직수복용생체재료를 시술받은 환자에게서 즉시형 과민반응(Type I hypersensitivity) 중 아나필락시스가 발생하여 입원함
7	조직수복용(생체)재료를 안면부에 시술한 후 허혈반응으로 인한 뇌경색이 발생

참고 보고대상에 해당되지 않는 경우

- 의료기기는 정상적으로 작동하나, 환자의 선택에 의해 새로운 의료기기로 대체시술 혹은 교체이식을 원하여 입원한 경우
- 인공관절 수술 후 도수치료를 위해 입원한 경우
- ○○ 제품 이식수술 중 의료진의 실수로 제품이 손상되었으며, 대체제품 준비지연으로 입원기간이 연장되는 경우
- 통상적인 제품 수명기간을 10년 넘게 경과한 후 재수술을 시행하기 위해 입원한 경우
- 교통사고 등 의료기기 사용과 관련이 없는 사고에 의해 환자가 상해를 입어 입원한 경우

3) 회복이 불가능하거나 심각한 불구 또는 기능 저하를 초래하는 경우

구분	예시
1	소프트콘택트렌즈 착용 중 통증을 느껴 제거하고 병원에 방문한 결과, 각막 찰과상을 진단받음. 안약 처방을 받았으나 통증이 심해져서 병원에 재방문한 결과 각막궤양 판정을 받았고, 이로 인해 영구적인 시력 감소 및 안구 내 흉터가 남았음
2	인공무릎관절 치환술을 받은 환자가 금속 알러지로 인하여 하지절단술을 시행
3	분만감시장치의 태아파라미터가 실측치와 다르게 출력되어 적절한 조치를 취하지 못하였고, 태아는 분만 후 신생아중환자실에 후송되었으며, 뇌손상 소견을 받음
4	환자가 두부 MRI 검사 후 난청을 호소하여 청력검사를 실시하였고, 고막 손상은 없었지만 양쪽 귀의 이명 및 왼쪽 귀의 골전도 청력 손실이 발생함
5	조직수복용(생체)재료를 시술한 환자가 시술 부위의 심각한 괴사로 인하여 피부조직이 손상되어 피부이식수술 필요

4) 선천적 기형 또는 이상을 초래하는 경우

구분	예시
1	조직수복용재료를 시술받은 환자가 몇 주 후 임신을 확인하였음. 시술 후 통상적인 과정에 따라 항생제 및 소염제를 투약하던 중 산부인과 진료 시 태아 심장 기형이 의심됨을 확인함
2	자궁내피임기구를 시술받은 환자가 이후 임신이 확인되었으며, 태아에 선천성횡경막 탈장을 진단받음(이상사례 경과와 인과관계는 확인되지 않음)

※ 선천적 기형 또는 이상을 초래하는 이상사례가 발생하였으나, 의사의 긴급처치로 해당 이상사례를 경감한 경우에도 향후 발생할 잠재적 가능성을 고려하여 이상사례 보고

5) 기타 중대한 정보로 시행규칙 제51조제1항에 해당하지 않는 이상사례

구분	예시
1	경피카테터를 사용하는 중 팁 분리가 발생하였고, 체내에 삽입되었음. 팁 회수를 시도하였으나, 일부 조각의 회수가 어려워 환자의 기저질환을 고려하여 체내에 남겨두고 수술을 마치게 되었으며, 이후 환자를 지속 모니터링하였으나 별도의 이상사례는 관찰되지 않음
2	엔디야그레이저수술기를 사용하여 신장 결석 추출 시술 도중 파이버 윗부분이 갑자기 돌기 시작하였고 끝에서 타올랐다고 보고됨. 외과의는 경미한 부상이 있었지만 의학적 시술은 필요하지 않았음. 환자의 장기를 천공하지 않았고 두 번째 장치를 사용하여 시술을 완료하여 다음 날 퇴원함
3	팔자주름에 조직수복용생체재료를 시술받았으나, 시술 0일 후 시술 부위에 염증성 반응, 부기, 통증, 발열을 경험하여 항염증 치료 및 히알라제 등을 치료하여 회복되었음. 해당 제품과의 인과관계가 확실하지는 않으나 인과관계 없음으로 배제할 수는 없음
4	거치형 디지털식순환기용 엑스선투시진단장치를 사용하여 환자 색전시술 중 검사실 모니터가 검게 변하여 시술이 중단됨. 환자는 잠시 중환자실로 보내졌으며, 시스템 수리 후 성공적으로 시술을 마침
5	다초점인공수정체를 수술하였으나, 수술 전보다 원거리, 중간거리, 근거리 시력이 떨어져 단초점인공수정체로 교체 수술함. 환자 특이사항 없으며, 빛번짐이나 굴절이상 없어 원인은 명확하지 않으나 의료기기와의 인과관계를 배제할 수 없음
6	인공유방을 이식한 환자가 피로, 관절통, 뇌혼미, 탈모, 불안, 발진, 우울증, 기억 감퇴, 체중 변화, 자가면역질환, 염증 등 인공유방병증을 보임
7	레이저수술기를 사용하던 의사가 제품 출력에 이상이 있다고 느껴 레이저가 발사되는 부분을 살피기 위해 레이저 방어용 안경을 벗고 살피던 중 실수로 레이저 빔을 발사했고, "흐린 시야" 증상에 처함

참고 기타 중대한 정보에 해당되는 사례(수집된 모든 이상사례를 의미하지 않음)
- 중대한 이상사례에는 해당되지 않으나 예상하지 못한 이상사례
- 그간의 이상사례 발생 현황, 문헌 등과 비교하였을 때 발생 양상, 위해 정도 및 결과 등에 차이가 있거나 특이사항이 있는 이상사례

6) 외국 정보의 발표 등 조치사항

구분	예시
1	홍콩 위생성에서 ○○○사 인공심폐장치의 구성기기 중 내부 유량계 결함으로 가스유량 출력이 해당 제품의 중앙제어 모니터(Central Control Monitor)로 전달되는 정보가 부정확할 가능성이 있어 회수 조치함
2	미국 FDA에서 ○○○사 혈관용스텐트(그라프트)가 복부대동맥류 치료에 사용될 경우 혈관 내 누출 위험이 높을 수 있다는 연구결과에 대한 조치로 해당 제품 이식 환자는 평생 추적관찰이 필요하다는 권고사항을 발표함. 이에 국내 이식 환자 및 의료인을 대상으로 해당 권고사항을 알림

제조 및 수입업자

출고된 의료기기의 사용과 관련하여 의료기관(소비자)에게 주의사항 등을 알리려는 경우에는 「의료기기 부작용 등 안전성 정보 관리에 관한 규정」(식품의약품안전처 고시) [별지 제1호의2] 서식의 보고서에 해당 의료기기의 정보, 사용자가 취할 조치 등을 포함한 안내문을 추가로 첨부

※ 회수계획을 보고한 경우, 생략 가능

의료인

이상사례를 알게 된 경우 「의료기기 부작용 등 안전성 정보 관리에 관한 규정」(식품의약품안전처 고시) [별지 1호] 서식에 따라 식약처장 또는 의료기기취급자에게 보고

환자 또는 소비자

이상사례를 알게 된 경우 「의료기기 부작용 등 안전성 정보 관리에 관한 규정」(식품의약품안전처 고시) [별지 2호] 서식에 따라 식약처장 또는 의료기기 취급자에게 신고

다. 이상사례 보고 방법

1) 최초 보고

이상사례 보고는 우편·팩스·정보통신망(의료기기통합정보시스템) 등의 방법으로 한다.

가) 의료기기 취급자

「의료기기법」(이하 "법"이라 한다) 제31조제1항 및 같은 법 시행규칙 제27조제1항, 제33조제1항 및 제51조제1항에 따라 이상사례를 보고하고자 하는 의료기기취급자는 이상사례를 인지한 날부터 정해진 날까지 '의료기기 이상사례 보고서'를 식약처장에게 제출해야 한다.

※ 이상사례는 외국에서 발생한 이상사례를 포함하며, 인과관계가 확인된 경우에만 한정되지 않는다.

출고된 의료기기의 사용과 관련하여 위해 방지를 목적으로 의료기기 취급자 및 사용자에게 주의사항 등을 알려야 하는 경우, 해당 의료기기 정보, 안전성 정보의 세부 내용, 사용자가 취할 조치 등을 포함한 안내문을 추가로 첨부한다.

나) 의료인

「의료법」 제2조에 따른 의료인은 이상사례를 알게 된 경우 「의료기기 부작용 등 안전성 정보 관리에 관한 규정」(식품의약품안전처 고시) 별지 제1호 서식에 따라 시약처장 또는 의료기기 취급자에게 보고한다.

다) 환자 또는 소비자

이상사례를 알게 된 경우 「의료기기 부작용 등 안전성 정보 관리에 관한 규정」(식품의약품안전처 고시) 별지 제2호 서식에 따라 식약처장 또는 의료기기 취급자에게 신고할 수 있다.

〈표 3-3〉 의료기기 이상사례 보고서(의료기기취급자 및 의료인)

[별지 1호 서식]

<table>
<tr><td colspan="2">보고 종류</td><td colspan="4">□ 최초보고 (년 월 일)
□ 추가보고 (년 월 일)
□ 최종보고 (년 월 일)</td></tr>
<tr><td colspan="2">수집 경로</td><td colspan="2">□ 국내 □ 국외</td><td colspan="2">□ 문헌정보 □ 허가 후 임상연구
□ 재심사 보고 □ 기타 ( )
해당되는 경우 작성</td></tr>
<tr><td colspan="2" rowspan="2">보고자 유형</td><td colspan="3">의료기기취급자</td><td>의료기기취급자 외</td></tr>
<tr><td colspan="3">□ 의료기기제조업자 □ 의료기기수입업자
□ 의료기기수리업자 □ 의료기기판매업자
□ 의료기기임대업자 □ 의료기관개설자</td><td>□ 의사·한의사 □ 간호사
□ 기타 ( )</td></tr>
<tr><td rowspan="3">보고자정보</td><td>보고 기관명</td><td></td><td colspan="2">성명</td><td></td></tr>
<tr><td>전화번호</td><td></td><td colspan="2">E-mail</td><td></td></tr>
<tr><td colspan="5">의사, 소비자 등이 식약처에 동일사례 보고 여부 : □유 □무 □불명</td></tr>
<tr><td colspan="2">구분</td><td colspan="4">□ 이상사례 □ 제품문제</td></tr>
<tr><td rowspan="7">의료기기정보</td><td rowspan="2">제품명</td><td>품목명</td><td colspan="3">모델명</td></tr>
<tr><td></td><td colspan="3"></td></tr>
<tr><td>분류번호</td><td></td><td>등급</td><td colspan="2"></td></tr>
<tr><td>허가번호</td><td></td><td>제조번호
(Lot 번호)</td><td colspan="2"></td></tr>
<tr><td>인체이식형
의료기기</td><td colspan="4">□ 예 □ 아니오</td></tr>
<tr><td>회사명/제조원
(수입의 경우)</td><td colspan="4"></td></tr>
<tr style="display:none"></tr>
<tr><td rowspan="4">환자정보</td><td>성명</td><td></td><td>성별</td><td colspan="2">□ 남 □ 여</td></tr>
<tr><td>생년월일</td><td></td><td>나이(발생당시)</td><td colspan="2">세</td></tr>
<tr><td>이식일자</td><td colspan="4">인체이식형 의료기기인 경우 기재(2개 이상인 경우 각각 기재)하고, 미기재 시 사유 기재</td></tr>
<tr><td>기타
특이사항</td><td colspan="4">환자*의 과거병력, 합병증 등
* 의료기기 사용과 관련하여 바람직하지 않은 건강영향 또는 임상영향을 받은 모든 사람</td></tr>
</table>

<table>
<tr><td rowspan="10">이
상
사
례

정
보</td><td>인지 시점 및
발생 시점</td><td colspan="3">인지일 (　　　년　　월　　일)
발생일 (　　　년　　월　　일)</td></tr>
<tr><td>이상사례 결과
1개 선택</td><td colspan="3">□ 사망
□ 생명에 위협
□ 입원 또는 입원기간의 연장
□ 회복이 불가능하거나 심각한 불구 또는 기능저하
□ 선천적 기형 또는 이상 초래
□ 기타 임상적으로 중요한 이상사례
□ 의학적 중재를 통해 중대한 이상사례를 방지한 경우
□ 경미한 결과(㉮ 즉각적인 해가 발생하지 않았으나 관찰이 필요한 경우, 사건이 발생하였지만 환자에게 해가 없는 경우, 사건이 일어날 뻔 했으나 환자에게 적용되기 전에 발견되어 사건이 일어나지 않은 경우 등)</td></tr>
<tr><td>이상사례
원인분류</td><td colspan="3">□ 의료기기로 인한 이상사례
□ 시술상의 문제로 인한 이상사례
□ 환자의 상태에 기인한 이상사례
□ 평가불능
□ 기타(담당 의사 등 전문가 의견(이상사례와 해당 의료기기와의 인과관계에 대한 소견 등))</td></tr>
<tr><td>세부내용</td><td colspan="3">이상사례와 관련된 환자상태, 진행과정, 특이사항 등</td></tr>
<tr><td>경과</td><td colspan="3">추가, 최종 보고 시 기재</td></tr>
<tr><td>환자 문제 코드 *</td><td></td><td></td><td></td></tr>
<tr><td>의료기기
문제 코드 *</td><td></td><td></td><td></td></tr>
<tr><td>구성요소 코드</td><td></td><td></td><td></td></tr>
<tr><td rowspan="2">조치계획</td><td>조치 사유</td><td colspan="2"></td></tr>
<tr><td>조치 방법</td><td colspan="2">□ 회수　□ 수리　□ 조사(inspection)
□ 교환　□ 제품개선　□ 환자상태 모니터링
□ 안내문 전달　□ 허가사항 변경
□ 기타(사용자 또는 작업자 교육 등)</td></tr>
<tr><td colspan="2">첨부자료</td><td colspan="3"></td></tr>
</table>

※ 작성 시 참고사항

1. 환자 및 보고자의 개인정보는 식약처에 의해 엄격히 보호됩니다.
2. 보고 종류
   2-1. 추가보고는 사망 또는 생명에 위협을 선택한 경우, 8일 이내에 추가로 보고하는 것을 말합니다.
   2-2. 그 밖의 이상사례의 경우 최초보고 이후 관련 이상사례와 관련하여 환자의 상태, 제조사의 추가조치사항 등 추가정보가 있을 경우 추가보고를 할 수 있으며, 추가보고의 횟수에는 제한이 없습니다.
   2-3. 향후 이상사례와 관련된 추가정보가 없을 것으로 판단되는 경우 최종보고를 선택하여 작성할 수 있습니다.
3. 구분
   이상사례는 환자에게 증상이 발생한 경우이며, 제품문제는 발생시점에 환자에게 건강영향 또는 임상영향은 없었으나 잠재적으로 바람직하지 않은 영향을 미칠 우려가 있는 의료기기 결함, 오작동 등의 문제가 발생한 경우를 말합니다.
4. 의료기기정보
   의료기관개설자, 의사 등 의료인의 경우 회사명에 의료기기판매업자를 병기할 수 있습니다.
5. 환자정보
   5-1. 환자란 의료기기 사용과 관련하여 바람직하지 않은 건강영향 또는 임상영향을 받은 모든 사람을 의미합니다(예 의료인 등 의료기기 시술자 포함).
   5-2. 환자의 성명은 개인 식별이 불가능한 형태로 기입하시면 됩니다(예 홍길동 → ㅎㄱㄷ, HGD 등).
   5-3. 환자정보 중 성별, 생년월일을 정확히 알 수 없는 경우 기입하지 않으셔도 되며, 나이를 정확히 알 수 없는 경우 연령대 기재가 가능합니다.
   5-4. 이식일자 : 환자정보 중 이식일자를 정확히 알 수 없는 경우 기입하지 않으셔도 됩니다. 미 기입 시 사유를 기재합니다.
6. 이상사례 정보
   6-1. 인지일은 이상사례를 처음으로 알게 되었거나 원보고자로부터 보고받은 일자를 말합니다.
   6-2. [이상사례 결과]는 제품문제일 경우 선택하지 않습니다.
   6-3. [이상사례 원인분류]는 의료기기와의 인과관계를 고려하여 선택하며, 복수 선택 가능합니다.
   6-4. * 표시된 부분의 작성은 의료기기취급자 외에게는 선택사항이나, 의료기기취급자는 필수사항입니다.
   6-5. [환자 문제 코드], [의료기기 문제 코드], [구성요소 코드]는 식약처장이 공고한 의료기기 부작용 표준코드를 참조하여 작성하시면 됩니다.
   6-5. [의료기기 문제 코드], [환자 문제 코드]는 필수사항이며 [구성요소 코드]는 선택사항입니다. [의료기기 문제 코드]없이 [구성요소 코드]만 제출할 수 없습니다.
   6-6. [환자 문제 코드]는 사건의 결과로 환자에게 발생한 일을 설명한 코드를 선택합니다. 제품문제를 선택하였을 경우, 다음 3가지 코드 중 하나를 선택합니다.

   - 2645(환자와 관련 없음) : 환자에게 적용하기 전인 경우
   - 2199(환자에 대한 결과 또는 영향 없음) : 환자에게 어떠한 영향을 미치지 않은 경우
   - 3190(정보 없음) : 어떠한 정보도 없는 경우

   6-7. [의료기기 문제 코드]는 사건 발생동안 생긴 의료기기 고장, 문제 또는 오작동을 상세히 설명한 [의료기기 문제 코드] 중 가장 낮은 레벨(즉, 최대한 상세한) 코드를 선택합니다.
   6-8. [구성요소 코드]는 [의료기기 문제 코드]를 설명할 때 유용합니다. 사건 발생 동안 생긴 기기문제와 연관된 부품을 최대한 정확하게 설명한 [구성요소코드] 중 가장 낮은 레벨(즉, 최대한 상세한) 코드를 선택합니다.
   6-9. [조치계획]은 이상사례 발생에 따라 제조·수입업체 등이 해당 이상사례 확산 방지 및 예방을 위해 조치할 구체적인 계획에 대하여 선택합니다. 의사, 소비자 등의 경우 기재하지 않으셔도 됩니다.
7. 불분명한 사항에 대해서는 기입하지 않으셔도 됩니다.
8. 기입란이 부족한 경우에는 별지에 기입하여 주십시오.

※ 작성 시 참고사항

---

* 출처 : 식품의약품안전처 고시 제2022-34호, 의료기기 부작용 등 안전성 정보 관리에 관한 규정, 2022. 5. 9.

〈표 3-4〉 의료기기 이상사례 신고서(소비자용)

[별지 2호 서식]

<table>
<tr><th colspan="5">의료기기 이상사례 신고서(소비자용)</th></tr>
<tr><td colspan="2" rowspan="3">신고자 정보</td><td>성명</td><td colspan="2"></td></tr>
<tr><td>전화번호</td><td colspan="2"></td></tr>
<tr><td>E-mail</td><td colspan="2"></td></tr>
<tr><td colspan="2" rowspan="3">의료기기
정보</td><td>회사명</td><td colspan="2"></td></tr>
<tr><td>제품명(모델명)</td><td colspan="2"></td></tr>
<tr><td>허가번호</td><td colspan="2">아는 경우에만 작성하세요.</td></tr>
<tr><td rowspan="3">환
자
정
보</td><td>성 명</td><td></td><td>성 별</td><td>□ 남 □ 여</td></tr>
<tr><td>생년월일</td><td></td><td>나이(발생당시)</td><td>세</td></tr>
<tr><td>기타
특이사항</td><td colspan="3">환자의 과거병력, 합병증, 임신 여부 등</td></tr>
<tr><td colspan="2" rowspan="3">의료기기
사용 정보</td><td>사용 시기</td><td colspan="2">년 월
해당 의료기기를 사용한 시기를 작성하세요.</td></tr>
<tr><td>취득(또는 구매) 시기</td><td colspan="2">년 월
해당 의료기기를 구매, 임대, 인수한 시기 등을 작성하세요.</td></tr>
<tr><td>기기 사용 경험</td><td colspan="2">□ 처음 사용
□ 동일 목적 기기 사용 경험 있음
□ 해당기기 지속 사용하고 있음</td></tr>
<tr><td rowspan="2">이
상
사
례
정
보</td><td>이상사례 발생일</td><td colspan="3">발생일 (년 월 일)
보고일 (년 월 일)</td></tr>
<tr><td>세부
내용</td><td colspan="3">이상사례와 관련된 환자 상태, 진행 과정, 특이사항 등</td></tr>
<tr><td colspan="2">첨부자료
(선택사항)</td><td colspan="3">(예) 진단서, 피해사진, 의료기기 사진 등</td></tr>
</table>

※ 작성 시 참고사항
1. 환자 및 신고자의 개인정보는 식약처에 의해 엄격히 보호됩니다.
2. 의료기기정보
소비자의 경우 회사명에 의료기기 판매업자를 기재할 수 있습니다.
3. 환자정보
3-1. 환자란 의료기기 사용과 관련하여 바람직하지 않은 건강영향 또는 임상영향을 받은 모든 사람을 의미합니다(예 의료인, 소비자 등 의료기기 사용자와 간병인, 보호자 포함).
3-2. 환자의 성명은 개인 식별이 불가능한 형태로 기입할 수 있습니다(예 홍길동 → ㅎㄱㄷ, HGD 등).
3-3. 환자정보 중 성별, 생년월일을 정확히 알 수 없는 경우 기입하지 않으셔도 되며, 나이를 정확히 알 수 없는 경우 연령대 기재가 가능합니다.
4. 이상사례 정보
4-1. 발생일은 이상사례가 발생한 일자를 말하여, 신고일은 신고자가 이상사례를 신고한 일자를 말합니다.
4-2. 세부내용은 이상사례가 발생하기까지의 경과와 환자 상태를 의미합니다.
5. 첨부자료는 이상사례 정보와 의료기기 정보를 파악하는 데 도움이 될 수 있는 진단서, 피해사진, 의료기기 사진 등을 의미합니다.
6. 불분명한 사항에 대해서는 기입하지 않으셔도 됩니다.
7. 기입란이 부족한 경우에는 별지에 기입하여 주십시오.

* 출처 : 식품의약품안전처고시 제2022-34호, 의료기기 부작용 등 안전성 정보 관리에 관한 규정, 2022. 5. 9.

2) 추가 보고(필요시)

① 사망이나 생명에 위협을 주는 부작용을 초래한 경우, 최초 보고일로부터 8일 이내

② 그 외 취급자가 추가 정보를 수집한 경우

3) 최종 보고(필요시)

① 부작용 조사 결과 및 제조원 자체 품질조사 결과 위주로 보고서 작성

② 향후 부작용 또는 이상사례 관련 추가정보가 없을 것으로 판단되는 경우도 최종보고 가능(예 원보고자로부터 민감정보 수집 및 활용에 동의를 얻지 못하여 추가정보를 입수할 수 없을 경우, 부작용 등과 관련된 상세정보가 충분히 입수되어 더 이상 보고할 정보가 없을 경우 등)

2.5 이상사례의 검토 및 평가

식약처장은「의료기기 부작용 등 안전성 정보 관리에 관한 규정」제7조에 따라 한국의료기기안전정보원장에게 다음과 같은 절차 등으로 부작용 등 안전성 정보를 수집 · 분석 및 평가하도록 할 수 있고, 필요한 경우 의료기기위원회 등 전문가의 자문을 받을 수 있다.

가. 정보의 신뢰성, 인과관계, 위해 정도의 평가 등

① 보고자 정보, 환자정보, 이상사례 세부내용 등이 구체적으로 기술되어 있는지 검토(필요시 의사 소견서 등 확인)

② 의료기기와의 인과관계 및 이상사례의 위해정도 등 평가기준은「의료기기 부작용 등 안전성 정보 관리에 관한 규정」[별표 3]에 따라 평가

③ 이상사례 표준코드가 세부 내용에 부합하여 적절한지, 기존의 동일사례와 비교하여 일관성 있게 부여되었는지 검토

나. 국내·외의 허가 및 사용 현황 등 조사·비교

① 국내 품목 허가사항(사용 목적, 사용 방법 등) 확인

② 수입품의 경우 제조국에서 허가된 사용 목적 및 사용 방법 확인

③ 연구 논문, 해외 사례 등 추가적 조사(필요시)

다. 외국의 조치 및 근거 확인(필요시)

외국 정부 또는 해외 제조원의 서한, 회수 등의 조치 사항과 이에 대한 정보 확인

라. 관련 부작용 등 안전성 정보 자료의 수집·조사

유사한 부작용 등 이상 사례 보고 여부 및 관련 정보 조사

마. 보고자의 후속조치 적절성 평가

의료기기 취급자 및 소비자 등 보고자가 해당 제품에 대하여 취한 후속조치 사항

① 제조 · 수입업자 : 위해 평가 및 시정조치 사항 등 적절성 평가

② 판매 · 임대업자 : 제조 · 수입업체 보고 및 고객 불만 사항을 기록 · 관리하였는지

③ 의료기관 개설자(의사 등) : 제조 · 수입업체에 신고 및 환자에 대한 조치를 실시하고 기록하였는지

④ 소비자 : 해당 제품 이상사례를 판매업체나 제조 · 수입업체에 신고

바. 추가 조사 필요 여부

원인 파악 분석 및 시정조치 또는 검사 명령 필요 여부 검토

사. 종합 검토

후속조치 필요 여부 검토

2.6 이상사례 보고서 검토 처리 절차

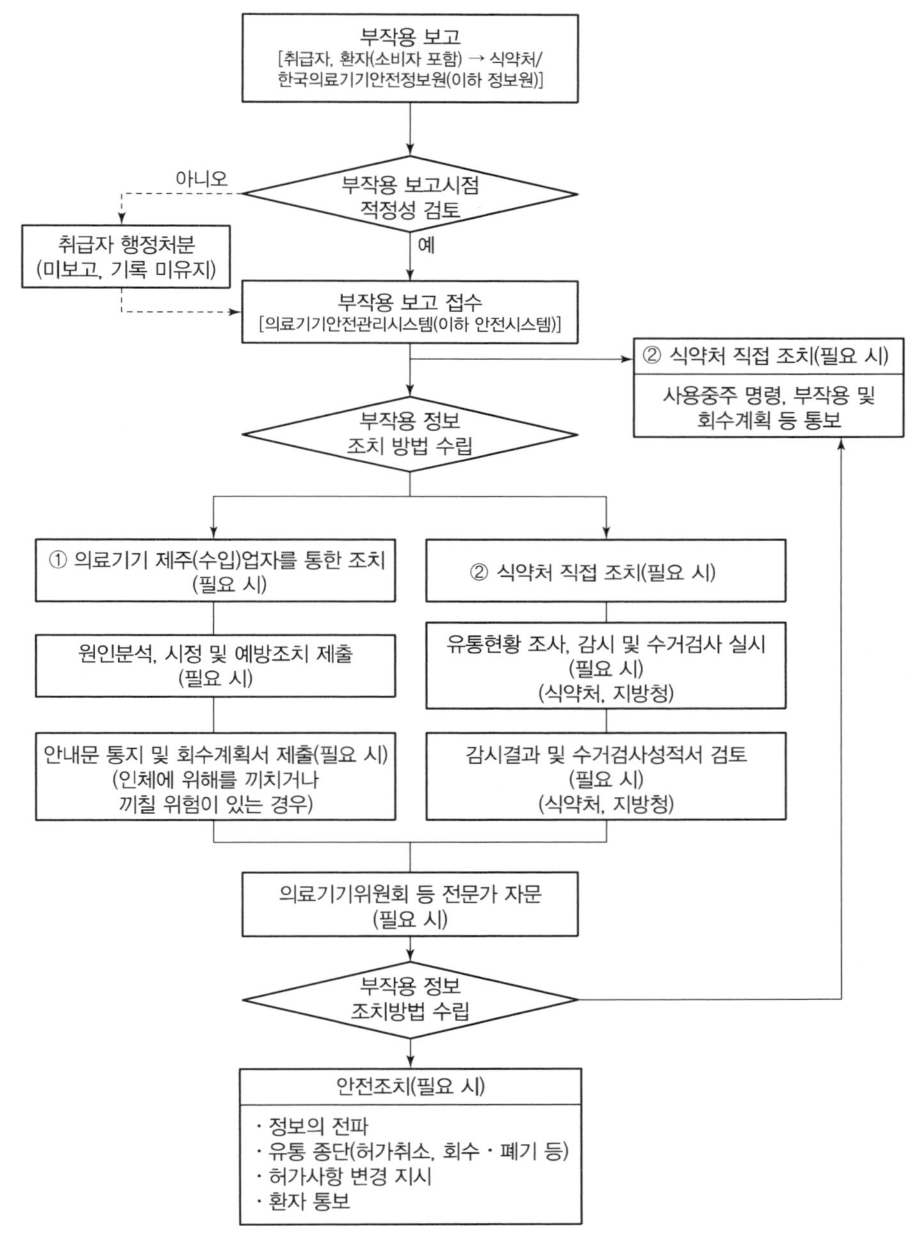

* 출처 : 식품의약품안전처, 의료기기 부작용 등 안전성 정보 업무처리 지침(공무원지침서), 2023. 7.

▌그림 3-2▐ 이상사례 보고서 검토 처리 절차

가. 부작용 보고 적정성 검토

1) 국내 발생 이상사례

보고된 부작용의 위해 정도 · 발생 가능성 · 민감도 · 잠재요인 · 예상된 이상사례 여부, 인과관계 등을 평가하여, 한국의료기기안전정보원은 즉시, 주간, 월간, 분기 제공 형태로 식품의약품안전처에 보고한다.

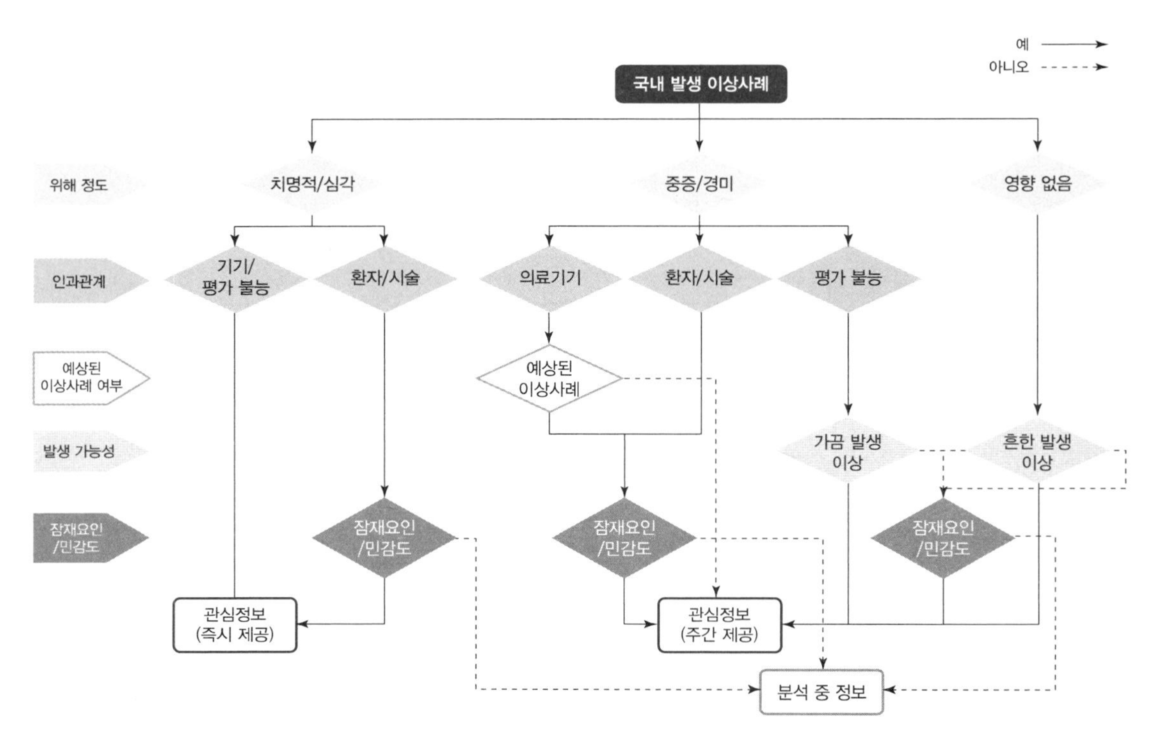

❙ 그림 3-3 ❙ 국내 발생 이상사례 보고 인과 관계 등 적정성 검토 절차

2) 해외 발생 이상사례

보고된 부작용의 위해 정도 · 최초 발생 여부 · 발생 가능성 · 이상사례 평가위원회 자문 결과 등을 평가하여 한국의료기기안전정보원은 주간, 월간 단위로 식약처에 보고한다.

3) 추세 분석

국내/외 발생 이상사례를 대상으로 품목별, 제품별 보고 건의 증가 정도 등 경향을 분석하여 한국의료기기안전정보원은 반기별로 식약처에 보고한다.

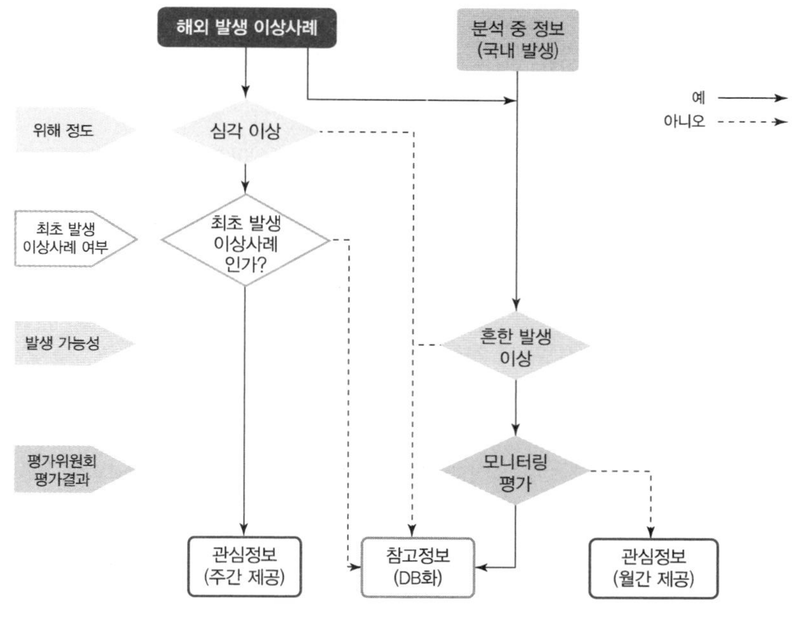

| 그림 3-4 | 해외 발생 이상사례 보고 인과관계 등 적정성 검토 절차

2.7 부작용 보고 조치 방법 수립

식약처로 보고된 '안전성 정보'는 '긴급 정보', '관심 정보', '참고 정보'로 분류한다.

가. 긴급 정보

긴급한 대응이 필요한 정보

나. 관심 정보

긴급한 대응은 필요 없지만 국내 허가 유통 제품의 점검이 필요한 정보

다. 참고 정보

긴급 및 관심 정보에는 해당하지 않지만 업무수행에 참고가 되는 정보

분류명	안전성 정보 내용
긴급 정보	• 특정 의료기기를 사용한 환자에게서 집단적으로 중대한 부작용이 발생하거나 발생할 것으로 예상되는 경우 • 주요국에서 안전성 문제를 이유로 제조금지, 사용중지, 회수 등의 조치를 한 의료기기가 국내에 유통되어 중대한 부작용이 발생하거나 발생할 것으로 예상되는 경우 • 대량 유통된 무허가 의료기기가 다수 병·의원 등에서 사용되어 중대한 부작용이 발생한 경우 • 안전성 문제로 사용 금지된 원재료를 사용한 의료기기가 중대한 부작용을 발생하거나 발생할 것으로 예상되는 경우 • 언론 등에서 특정 의료기기의 부작용 문제를 집중적으로 보도하여 사회적 파급 효과가 예상되는 경우 • 기타 그간의 사례를 고려했을 때 긴급 정보로 판단되는 경우

분류명	안전성 정보 내용
관심 정보	• 특정 의료기기를 사용한 환자에게서 비집단으로 중대한 부작용이 발생하거나 발생할 것으로 예상되는 경우 • 발생 또는 발생할 것으로 의심되는 중대한 부작용에 대해, 제조원에서 관련 의료기기를 이미 회수하여 분석하고 있는 경우 • 해외에서 발생한 긴급성이 낮은(예 부작용 발생 시점과 인지 시점에 차이가 큼) 중대한 부작용으로, 관련 정보가 부족하여 제조원 등의 추가 정보가 필요한 경우 • 발생 또는 발생할 것으로 의심되는 중대한 부작용 중, 환자가 완치 또는 호전되어 제품과의 인과관계가 명백하여 제조원의 원인분석 및 시정 및 예방조치가 필요한 경우 • 기타 그간의 사례를 고려했을 때 관심 정보로 판단되는 경우
참고 정보	• 중대한 부작용의 원인 분석 및 시정 및 예방조치가 종료된 상태에서 보고되어, 추가적인 조치가 필요하지 않은 경우 • 긴급 또는 관심 정보에 해당되지 않으며, 부서에 업무수행에 참고가 되는 정보 등

* 출처 : 식품의약품안전처, 의료기기 부작용 등 안전성 정보 업무처리 지침(공무원지침서), 2022. 7.

참고 한국의료기기안전정보원은 식약처에 보고된 이상사례 제공 시(즉시, 주간, 월간, 반기) 이상사례의 분류명(긴급, 관심, 참고정보)과 안전성 정보의 내용을 포함한 분석 및 평가 결과를 제출한다.

라. (긴급정보 등) 식약처 직접 조치

1) 유통 현황 조사[식약처]

생산 및 수출·수입·수리 실적 등 유통 현황 조사

※ 의료기기관리과 협조(필요시)

2) 감시 및 수거검사 실시 요청[식약처 → 지방청]

식약처(지방청) 감시 요청 및 유통 의료기기 수거검사 요청

※ 지방청 협조(필요시)

3) 감시 결과 및 수거검사성적서 검토[지방청, 시험검사기관 → 식약처]

해당 의료기기취급자에 대한 감시 결과(지방청) 및 유통 의료기기 수거검사 성적서(시험검사기관) 검토

4) 감시 결과 및 수거검사성적서 검토[지방청, 시험검사기관 → 식약처]

동일 제품불량 이상사례가 여러 번 보고된 의료기기에 대하여 필요시 품질관리 등 적정성 여부 확인을 위한 점검 등 요청

※ 점검대상 : 의료기기로 인한 국내 발생 이상사례로서 위해도가 중증 이상인 이상사례 중 동일 제품불량이 여러 번 발생한 의료기기에서 대상 선정

마. (관심정보) 의료기기 업체를 통한 조치

1) 이상사례보고 적정성 검토를 위한 자료제출 요구[정보원 → 의료기기제조(수입)업자]

이상사례에 대한 원인분석, 시정사항, 시정 및 예방조치 및 근거자료 등 제출 요청

※ 보고된 부작용의 위해도·인과관계·발생빈도·허가사항 등을 평가하여 부작용 등 안전성 정보의 분석결과 조치가 필요한 경우에 한함

2) 안내문 통지 또는 회수계획서 제출 요청[식약처 → 의료기기제조(수입)업자]

※ 의료기기가 품질 불량 등으로 인체에 위해를 끼치거나 끼칠 위험이 있음을 알게 된 경우

가) 안내문 전달

안전성 정보를 보고하려는 의료기기 제조(수입)업자가 출고된 의료기기의 사용과 관련하여 위해 방지를 목적으로 의료기기 취급자 및 사용자에게 주의사항 등을 알려야 하는 경우

나) 회수 계획서 제출

① 의료기기의 사용으로 완치될 수 없는 중대한 부작용을 일으키거나 사망에 이르게 하거나, 그러한 부작용 또는 사망을 가져올 우려가 있는 의료기기(5일 이내)

② 의료기기의 사용으로 완치될 수 있는 일시적 또는 의학적인 부작용을 일으키거나 그러한 부작용을 가져올 수 있는 의료기기(15일 이내)

③ 의료기기의 사용으로 부작용은 거의 일어나지 아니하나 법 제19조에 따른 기준규격에 부적합하여 안전성 및 유효성에 문제가 있는 의료기기(15일 이내)

바. (참고정보) 데이터베이스(DB) 기록 및 모니터링

① 보고된 이상사례 DB화 및 한국의료기기안전정보원을 통한 모니터링

② 향후 유사 이상사례의 위해성, 발생 빈도 및 경향성 분석 등에 활용

※ 모니터링 결과 조치가 필요한 경우 후속조치 실시

2.8 의료기기 업체의 후속 조치

가. 후속 조치

식약처장은 제7조의 검토 및 평가 결과에 따라 다음 중 필요한 조치를 할 수 있다.

① 법 제33조에 따른 검사명령

② 법 제34조에 따른 회수, 폐기 및 봉함·봉인

③ 법 제35조에 따른 사용중지 또는 수리 등 필요한 조치

④ 법 제36조에 따른 허가의 취소, 영업소의 폐쇄, 품목류 또는 품목의 제조·수입 및 판매의 금지 또는 시행규칙 제58조에 따른 기간의 범위에서 해당 업무의 전부 또는 일부 정지

나. 위해 의료기기의 회수 기준 및 절차

회수의무자는 그가 제조 또는 수입하여 판매·임대한 의료기기 중 회수대상 의료기기로 의심되는 의료기기와 의료기기 수리업자·판매업자 및 임대업자로부터 통보받은 의료기기가 다음 중 어느 하나에 해당하는 의료기기인지를 확인하여야 한다.

① 의료기기의 사용으로 완치될 수 없는 중대한 부작용을 일으키거나 사망에 이르게 하거나, 그러한 부작용 또는 사망을 가져올 우려가 있는 의료기기
② 의료기기의 사용으로 완치될 수 있는 일시적 또는 의학적인 부작용을 일으키거나, 그러한 부작용을 가져올 수 있는 의료기기
③ 의료기기의 사용으로 부작용은 거의 일어나지 아니하나 법 제19조에 따른 기준규격에 부적합하여 안전성 및 유효성에 문제가 있는 의료기기

회수의무자는 확인 결과 해당하면 즉시 해당 의료기기의 판매를 중지하는 등의 조치를 하고, 확인된 날부터 5일 이내에 「의료기기법 시행규칙」 [별지 제43호 서식]의 회수계획서(전자문서로 된 계획서를 포함한다)를 회수의무자의 소재지를 관할하는 지방식품의약품안전청장에게 제출하여야 한다. 회수의무자가 회수계획서를 제출할 경우에는 다음의 서류(전자문서로 된 서류를 포함한다)를 첨부하여야 한다.
① 해당 품목의 제조·수입 기록서 사본 및 판매처별 판매량·판매일, 임대인별 임대량·임대일 등의 기록
② 회수계획통보서
③ 회수대상 의료기기가 의료기기의 사용으로 완치될 수 없는 중대한 부작용을 일으키거나 사망에 이르게 하거나, 그러한 부작용 또는 사망을 가져올 우려가 있는 의료기기에 해당하는 경우에는 해당 의료기기를 사용한 의료기관 명칭, 소재지 및 개설자 성명 등 의료기관 개설자에 관한 정보

회수의무자는 회수계획서를 작성할 경우 회수 종료 예정일을 아래의 구분에 따라 정하여야 한다. 다만, 그 기한 내에 회수하기 어렵다고 판단되는 경우에는 그 사유를 밝히고 회수기한을 초과하여 정할 수 있다.
① 의료기기의 사용으로 완치될 수 없는 중대한 부작용을 일으키거나 사망에 이르게 하거나, 그러한 부작용 또는 사망을 가져올 우려가 있는 의료기기 : 회수를 시작한 날부터 15일 이내
② 의료기기의 사용으로 완치될 수 있는 일시적 또는 의학적인 부작용을 일으키거나, 그러한 부작용을 가져올 수 있는 의료기기 : 회수를 시작한 날부터 30일 이내
③ 의료기기의 사용으로 부작용은 거의 일어나지 아니하나 법 제19조에 따른 기준규격에 부적합하여 안전성 및 유효성에 문제가 있는 의료기기 : 회수를 시작한 날부터 30일 이내

다. 회수 계획의 공표 등

회수의무자는 「의료기기법」 제31조제3항에 따라 지방식품의약품안전청장으로부터 회수 계획 공표 명령을 받으면 다음의 구분에 따라 그 회수 계획을 공표하여야 한다.
① 의료기기의 사용으로 완치될 수 없는 중대한 부작용을 일으키거나 사망에 이르게 하거나, 그러한 부작용 또는 사망을 가져올 우려가 있는 의료기기 : 「방송법」 제2조제1호에 따른 방송, 「신문 등의 진흥에 관한 법률」 제9조제1항에 따라 등록한 전국을 보급지역으로 하는 일반 일간신문[당일

인쇄 · 보급되는 해당 신문의 전체 판(版)을 말한다] 또는 이와 같은 수준 이상의 대중매체(회수대상 의료기기의 사용목적, 사용방법 등을 고려하여 식품의약품안전처장이 인정하는 매체를 포함한다)에 공고

② 의료기기의 사용으로 완치될 수 있는 일시적 또는 의학적인 부작용을 일으키거나, 그러한 부작용을 가져올 수 있는 의료기기 : 의학 · 의공학 전문지 또는 이와 같은 수준 이상의 매체에 공고

③ 의료기기의 사용으로 부작용은 거의 일어나지 아니하나 법 제19조에 따른 기준규격에 부적합하여 안전성 및 유효성에 문제가 있는 의료기기 : 회수의무자의 인터넷 홈페이지 또는 이와 같은 수준 이상의 매체에 공고

지방식품의약품안전청장은 회수의무자의 상호, 제품명, 제조번호, 제조일, 사용기한 · 유효기한 및 회수 사유를 인터넷 홈페이지에 게재할 수 있다.

회수의무자는 회수대상 의료기기를 취급하는 수리업자 · 판매업자 · 임대업자 또는 의료기관의 개설자(이하 "회수대상 의료기기의 취급자"라 한다)에게 방문, 우편, 전화, 전보, 전자우편, 팩스 또는 언론매체를 통한 공고 등을 통하여 회수 계획을 알려야 하며, 그 통보 사실을 증명할 수 있는 자료를 회수종료일부터 2년간 보관하여야 한다.

회수 계획을 통보받은 회수대상 의료기기의 취급자는 회수대상 의료기기를 반품하는 등의 조치를 하고, 「의료기기법 시행규칙」 [별지 제44호 서식]의 회수확인서를 작성하여 회수대상 의료기기의 회수의무자에게 송부하여야 한다.

라. 회수 대상 의료기기의 폐기

회수의무자는 회수하거나 반품받은 의료기기를 폐기하거나 그 밖에 위해를 방지할 수 있는 조치를 하고, 그에 대하여 [별지 제45호 서식]의 회수평가보고서를 작성하여야 한다.

회수의무자는 회수대상 의료기기를 폐기하는 경우에는 「의료기기법 시행규칙」 [별지 제46호 서식]의 폐기신청서(전자문서로 된 신청서를 포함한다)에 필요한 서류(전자문서로 된 서류를 포함한다)를 첨부하여 관할 특별자치시장 · 특별자치도지사 · 시장 · 군수 · 구청장에게 제출하고 관할 특별자치시 · 특별자치도 · 시 · 군 · 구 관계 공무원의 참관하에 환경 관련 법령으로 정하는 바에 따라 폐기해야 하며, [별지 제47호 서식]의 폐기확인서(전자문서로 된 확인서를 포함한다)를 작성하여 2년간 보관해야 한다.

회수의무자는 회수가 끝난 경우에는 「의료기기법 시행규칙」 [별지 제48호 서식]의 회수종료보고서(전자문서로 된 보고서를 포함한다)에 다음 각 호의 서류(전자문서로 된 서류를 포함한다)를 첨부하여 회수의무자의 소재지를 관할하는 지방식품의약품안전청장에게 제출하여야 한다. 이 경우 회수의무자는 식품의약품안전처장이 정하는 전산프로그램을 이용하여 해당 회수종료보고서를 제출할 수 있다.

지방식품의약품안전청장은 회수종료보고서를 받으면 다음 각 호에서 정하는 바에 따라 조치하여야 한다.

① 회수계획서에 따라 회수대상 의료기기의 회수를 적절하게 이행하였다고 판단되는 경우에는 회수가 끝났음을 확인하고 회수의무자에게 그 사실을 서면으로 알릴 것
② 회수가 효과적으로 이루어지지 아니하였다고 판단되는 경우에는 회수의무자에게 회수에 필요한 추가 조치를 명할 것

특별자치시장・특별자치도지사・시장・군수・구청장은 제2항에 따른 폐기가 완료되면 그 사실을 회수의무자의 소재지를 관할하는 지방식품의약품안전청장에게 알려야 한다.

2.9 행정처분

부작용 발생 사실을 보고하지 않거나 기록을 유지하지 않은 경우, 의료기기 제조업자 또는 수입업자는 전제조・수입업무 정지 또는 해당 품목 판매 업무정지 1개월의 행정처분을 받을 수 있다. 보고 명령에 따르지 않거나 관계 공무원의 출입・검사・질문 또는 수거를 거부・방해 또는 기피한 경우, 의료기기 제조업자 또는 수입업자는 전 제조・수입 업무정지 1개월 또는 해당 품목 제조・수입 업무정지 2개월의 행정처분을 받을 수 있다. 부작용 발생사례 등에 대한 필요한 안전조치를 실시하지 않은 경우, 의료기기 제조업자 또는 수입업자는 전 제조・수입 업무정지 1개월 또는 해당 품목 제조・수입 업무정지 1개월의 행정처분을 받을 수 있다.

〈표 3-5〉 부작용보고 위반에 대한 행정처분 기준

위반행위	근거 법조문	행정처분의 기준			
		1차 위반	2차 위반	3차 위반	4차 이상 위반
28. 의료기기취급자가 법 제31조제1항을 위반하여 부작용 발생 사실을 보고하지 않거나 기록을 유지하지 않은 경우	법 제36조 제1항 제16호				
가. 제조업자 또는 수입업자		전제조·수입 업무정지 또는 해당 품목 제조·수입 업무 정지 1개월	전제조·수입 업무정지 또는 해당 품목 제조·수입 업무 정지 3개월	전제조·수입 업무정지 또는 해당 품목 제조·수입 업무 정지 6개월	해당 품목 제조 및 수입 허가·인증 취소 또는 제조·수입 금지
나. 수리업자, 판매업자 또는 임대업자		수리·판매·임대 업무정지 15일	수리·판매·임대 업무정지 1개월	수리·판매·임대 업무정지 3개월	수리·판매·임대 업무정지 6개월
30. 법 제32조제1항에 따른 보고명령에 따르지 않거나 관계 공무원의 출입·검사·질문 또는 수거를 거부·방해 또는 기피한 경우	법 제36조 제1항 제18호				
가. 제조업자 또는 수입업자		전제조·수입 업무정지 1개월 또는 해당 품목 제조·수입업무 정지 2개월	전제조·수입업무정지 3개월 또는 해당 품목 제조·수입업무 정지 5개월	전제조·수입업무정지 6개월 또는 해당 품목 제조·수입업무 정지 8개월	제조·수입업 허가취소

위반행위	근거 법조문	행정처분의 기준			
		1차 위반	2차 위반	3차 위반	4차 이상 위반
나. 수리업자, 판매업자 또는 임대업자		수리·판매·임대 업무정지 1개월	수리·판매·임대 업무정지 3개월	수리·판매·임대 업무정지 6개월	수리업소 또는 영업소 폐쇄
9. 제조업자가 법 제13조제1항을 위반하여 제27조제1항에 따른 제조 및 품질관리 또는 생산관리에 관한 준수사항을 지키지 않은 경우	법 제36조 제1항 제9호				
아. 제27조제1항제9호를 위반하여 필요한 안전조치를 실시하지 않은 경우		전제조 업무정지 또는 해당 품목 제조 업무 정지 1개월	전제조 업무정지 또는 해당 품목 제조 업무 정지 3개월	전제조 업무정지 또는 해당 품목 제조 업무 정지 6개월	제조업 허가취소 또는 해당 품목 제조허가·인증 취소 또는 제조 금지
12. 수입업자가 법 제15조제6항에 따라 준용되는 법 제13조제1항을 위반하여 수입 및 품질관리 또는 수입관리에 관한 준수사항을 지키지 않은 경우	법 제36조 제1항 제9호				
사. 제33조제1항제14호를 위반하여 필요한 안전조치를 실시하지 않은 경우		전수입 업무정지 또는 해당 품목 수입 업무 정지 1개월	전수입 업무정지 또는 해당 품목 수입 업무 정지 3개월	전수입 업무정지 또는 해당 품목 수입 업무 정지 6개월	수입업 허가취소 또는 해당 품목 수입허가·인증 취소 또는 수입 금지

* 출처 : 「의료기기법 시행규칙」 [별표 8], http://www.law.go.kr, 2024. 9.

제 4 장

의료기기 이물 발견 보고 제도

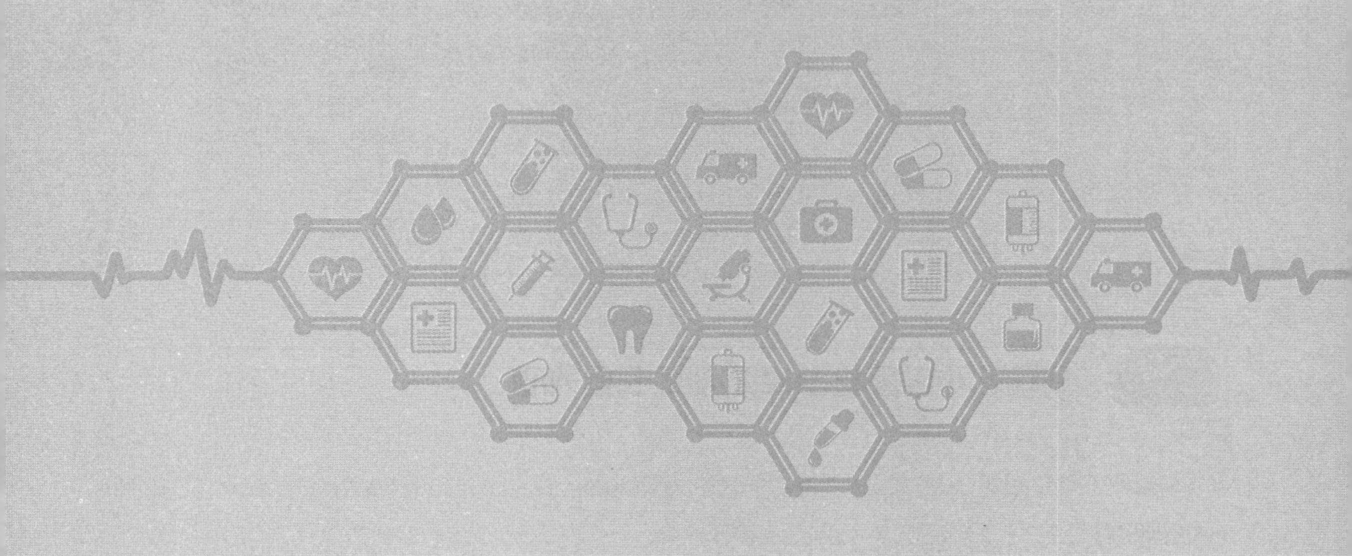

1. 의료기기 이물 발견 보고 제도 도입 배경
2. 의료기기 이물 발견 보고 관련 규정
3. 이물 발견 보고 관련 과태료 및 행정처분

04 의료기기 이물 발견 보고 제도

학습목표 — 의료기기 이물 발견 보고 제도가 도입된 배경을 알아보고, 이물의 정의, 이물 보고 대상 및 절차 등에 대해 이해하고 학습한다.

NCS 연계 —

목차	분류 번호	능력단위	능력단위 요소	수준
1. 의료기기 이물 발견 보고 제도 도입 배경	1903090108_15v1	의료기기 품질 위험관리	위험관리 관련 규격 검토하기	5
2. 의료기기 이물 발견 보고 관련 규정	1903090108_15v1	의료기기 품질 위험관리	위험관리 관련 규격 검토하기	5

핵심 용어 — 이물, 이물 발견 보고서, 이물 혼입 원인 조사

1 의료기기 이물 발견 보고 제도 도입 배경

의료기기 이물 발견 보고 제도는 「의료기기법」 개정(2018. 12. 11.)에 따라 도입되어 2019. 6. 12.에 시행되었다.

「의료기기법」 개정에 따른 이물 발견 보고 제도 도입 이전에도, 식약처는 이물 발견 시 의료기기 이상사례 보고서를 통해 이물 발견을 보고하도록 안내해 왔다. 수액세트, 수액백, 주사기 등에 날벌레 등이 포함되는 사례가 2017년에 연이어 발생하였는데, 이를 언론 등이 대대적으로 기사화하면서 이물 보고 제도에 대한 개선 필요성이 공론화되었다.

〈표 4-1〉 주사기 및 수액세트 이물 혼입 보고 건수(이물 발견 보고 제도 도입 이전)

구분	주사기					수액세트					주사기·수액세트 합계				
연도	합계	머리카락	파편	벌레	기타	합계	머리카락	파편	벌레	기타	합계	머리카락	파편	벌레	기타
'13	15	6	2	0	7	19	3	4	1	11	34	9	6	1	18
'14	34	6	1	0	27	23	1	9	0	13	57	7	10	0	40
'15	40	2	12	1	25	34	0	7	0	27	74	2	19	1	52
'16	41	8	5	0	24	27	3	6	0	18	68	11	11	0	42
'17	51	6	4	4	37	43	10	2	5	26	94	16	6	9	63
'18.8	101	15	47	0	39	55	11	16	1	27	156	26	63	1	66

* 출처 : 식품의약품안전처, 김승희 의원실 재정리

식약처는 의료기기 이상사례 보고서를 통해 이물 발견 사항을 보고하도록 이물 발견 보고 제도 도입 이전인 2017. 12. 29.에 '의료기기 GMP 이물관리 민원인 안내서'를 발간하였다.

의료기기 이상사례 보고서는 「의료기기법」 제31조제1항에 따른 부작용 보고 제도에 근거한 서식이다. 따라서 부작용 발생과 직접적인 관계가 없는 이물을 발견한 경우에도, 그 보고를 「의료기기법」에 따라 강제하는 것이 가능한지에 대한 의문이 제기되었다. 법적인 문제를 해결하기 위해 보건의료 관계법령인 식품위생법에 이물 발견보고 제도를 참고하여, 이와 유사한 제도를 「의료기기법」에도 도입하여야 한다는 의견이 제시되었다.

[식품위생법 제46조]

제46조(식품등의 이물 발견보고 등) ① 판매의 목적으로 식품등을 제조·가공·소분·수입 또는 판매하는 영업자는 소비자로부터 판매제품에서 식품의 제조·가공·조리·유통 과정에서 정상적으로 사용된 원료 또는 재료가 아닌 것으로서 섭취할 때 위생상 위해가 발생할 우려가 있거나 섭취하기에 부적합한 물질[이하 "이물(異物)"이라 한다]을 발견한 사실을 신고받은 경우 지체 없이 이를 식품의약품안전처장, 시·도지사 또는 시장·군수·구청장에게 보고하여야 한다.

②「소비자기본법」에 따른 한국소비자원 및 소비자단체와 「전자상거래 등에서의 소비자보호에 관한 법률」에 따른 통신판매중개업자로서 식품접객업소에서 조리한 식품의 통신판매를 전문적으로 알선하는 자는 소비자로부터 이물 발견의 신고를 접수하는 경우 지체 없이 이를 식품의약품안전처장에게 통보하여야 한다.

③ 시·도지사 또는 시장·군수·구청장은 소비자로부터 이물 발견의 신고를 접수하는 경우 이를 식품의약품안전처장에게 통보하여야 한다.

④ 식품의약품안전처장은 제1항부터 제3항까지의 규정에 따라 이물 발견의 신고를 통보받은 경우 이물혼입 원인 조사를 위하여 필요한 조치를 취하여야 한다.

⑤ 제1항에 따른 이물 보고의 기준·대상 및 절차 등에 필요한 사항은 총리령으로 정한다.

의원입법 절차를 통해 의료기기 이물 발견 보고 제도 도입을 위한 「의료기기법」 일부개정 법률안이 발의되었으며, 그 결과 「의료기기법」이 다음과 같이 개정(2018. 12. 11.)되었다.

[의료기기법 제31조의5]

제31조의5(의료기기 이물 발견 보고 등) ① 의료기기취급자는 의료기기 내부나 용기 또는 포장에서 정상적으로 사용된 원재료가 아닌 것으로서 사용 시 위해가 발생할 우려가 있거나 사용하기에 부적합한 물질[이하 "이물(異物)"이라 한다]을 발견한 경우에는 지체 없이 이를 식품의약품안전처장에게 보고하여야 한다.

② 식품의약품안전처장은 제1항에 따라 이물 발견의 사실을 보고받은 경우에는 이물 혼입 원인 조사 및 그 밖에 필요한 조치를 취하여야 한다.

③ 식품의약품안전처장은 국민건강에 대한 위해를 방지하기 위하여 필요한 경우에는 의료기기에서 이물이 발견된 사실, 제2항에 따른 조사 결과 및 조치 계획을 공표할 수 있다.

④ 제1항에 따른 이물 보고의 기준·대상 및 절차, 제2항에 따른 조치 및 제3항에 따른 공표의 기준·방법·절차 등에 필요한 사항은 총리령으로 정한다.

* 출처 : 「의료기기법」, http : //www.law.go.kr, 2024. 8.

2 의료기기 이물 발견 보고 관련 규정

2.1 이물의 정의

「의료기기법」 제31조의5제1항에 따라 의료기기 취급자(의료기기 제조업자, 수입업자, 수리업자, 판매업자, 임대업자 및 의료기관개설자, 동물병원개설자)는 의료기기 내부나 용기 또는 포장에서 정상적으로 사용된 원재료가 아닌 것으로 사용 시 위해가 발생할 우려가 있거나 사용하기에 부적합한 물질인 이물(異物)을 식약처장에게 지체없이 보고하여야 한다.

「의료기기법 시행규칙」 제54조의4에는 식약처장에 보고해야 하는 이물(異物)의 범위를 다음과 같이 규정하고 있다.

① 금속, 플라스틱 등 의료기기 제조공정 중 사용된 원재료가 아닌 다른 물질로서 의료기기의 사용과정에서 인체에 직·간접적인 위해나 손상을 줄 수 있거나 사용하기에 부적합한 아래의 물질. 다만, 다음 각 목의 물질이 의료기기 원재료에 혼입되어 고정된 형태로 박혀 있어 인체에 위해가 발생할 우려가 거의 없는 물질 제외

㉮ 제조설비 등 원재료 이외의 물질에서 떨어진 파편

㉯ 작업복 등에서 분리된 섬유물질, 고무류 등

㉰ 정전기로 인해 발생한 먼지

㉱ 그 밖에 위에 준하는 것으로서 식품의약품안전처장(이하 "식약처장"이라 한다)이 인정하는 물질

② 곤충 및 그 알, 기생충 및 그 알, 동물의 사체 등 생명체와 관련된 것으로서 의료기기의 사용 과정에서 인체에 직·간접적인 위해나 손상을 줄 수 있는 물질

㉮ 파리, 바퀴벌레 등 곤충류 및 그 알

㉯ 기생충 및 그 알

㉰ 쥐 등 동물의 사체

㉱ 머리카락, 눈썹 등 인체 유래 물질

㉲ 그 밖에 의에 준하는 것으로서 식약처장이 인정하는 물질

③ 금속, 플라스틱 등 의료기기 제조공정 중 사용된 원재료 파편이 의료기기의 내부에 들어가 있거나 묻어 있어 사용 시 인체에 위해가 발생할 우려가 있는 물질

㉮ 원재료 파편 중 인체에 유입될 가능성이 있는 물질

㉯ 그 밖에 위에 준하는 것으로서 식약처장이 인정한 물질

④ 그 밖에 위에 준하는 물질로서 의료기기의 사용에 따른 위해 방지를 위해 식품의약품안전처장이 정하여 고시하는 물질

※ 의료기기 이물 보고대상 및 절차 등에 관한 규정(식약처 고시 201-84호, 2021. 10.) 제3조(보고대상 이물의 범위 등)에 별도 고시함

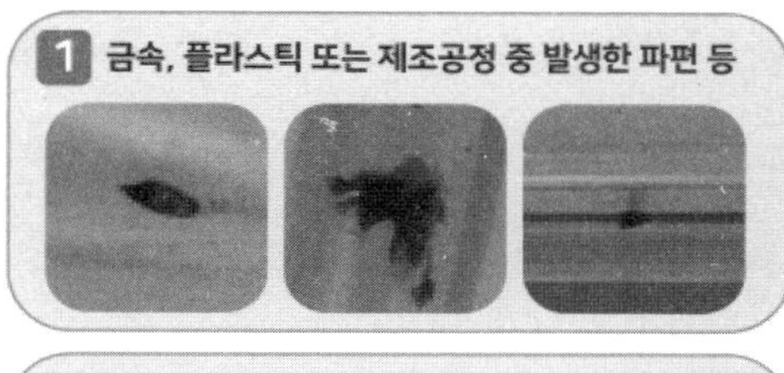

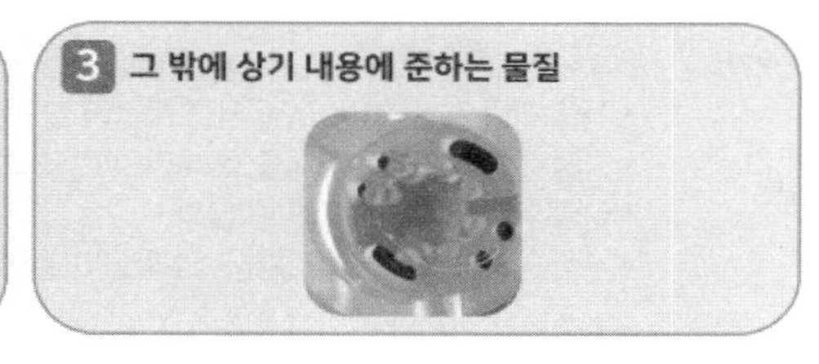

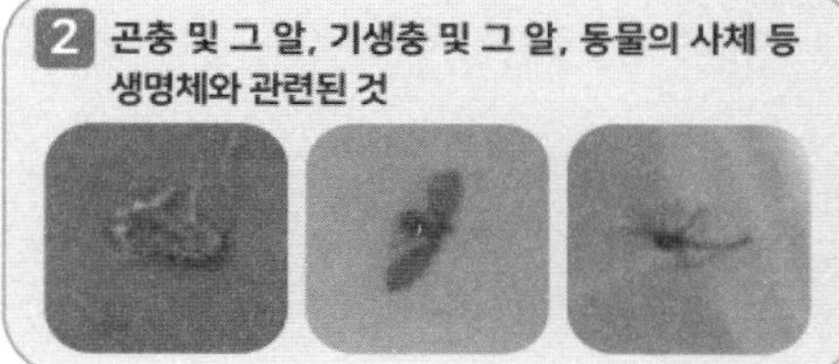

* 출처 : 식품의약품안전처, 이물 발견 보고 리플릿

❙그림 4-1❙ 의료기기 이물 종류

2.2 발생 가능한 주요 이물 사례

〈표 4-2〉 주사기에서 발생 가능한 이물 사례

이물 종류	원인	비고
머리카락	• 정전기로 인하여 작업자의 머리카락이 유입 • 외통 사출 시 작업자에서 유래된 머리카락 • 사출 및 조립공정에서 작업자의 헤어캡 착용 불량 • 정전기 및 작업자의 개인위생 부주의로 인하여 발생한 이물 • 공정 중 복장 착용 불량	공정 중 사출 시
미상의 물체	• 금형 분할면에 찌꺼기가 붙어 성형 시 발생 • 사출 시 조건이 잘못 설정되어 생긴 불량 • 수입검사 미비로 인해 불량을 파악하지 못함 • 주사기 포장공정 중 발생한 불량 • 컨베이어 벨트 일부 파손에 따른 이물이 공급기 내부로 유입 • 블리스터 포장 시 사용하는 필름이 뜯겨 포장 과정 중 유입 • 포장재 파손에 따른 이물 유입 • 정전기로 인하여 이물질이 유입	공정 중 원자재 유통
플라스틱	• 조립라인의 설비 노후화(진동에 의한 불량) • 사출 시 파편 조각이 외통 내부로 유입 • 외통의 TIP 부분이 파손 • 부분품에 사출품이 붙어 생긴 불량	원자재
잉크	• 주사기 인쇄공정 중 설비에 순간적인 오작동 • 사출 과정에서 열이 응축되어 검은색 탄화체로 변한 이물 • 외통 표면에 인쇄 가루가 묻어 생긴 불량 • 프린터의 청소 및 점검 불량으로 유입	공정 중
이물질	• 롤러에 경화된 분진이 떨어져 조립품 표면에 유입 • 수입검사 미비로 인해 불량을 파악하지 못함 • 포장 시 사용하는 필름이 뜯겨 포장 과정 중 유입 • 가스켓 조각이 밀대에 유입	공정 중

이물 종류	원인	비고
파편	• 사출 작업 시 사출 온도 및 사출 조건이 불충분 • 정전기로 인하여 원자재를 호퍼 안으로 넣을 때 이물질이 유입 • 실리콘 과량 주입으로 인한 불량 • 부품 공급 기계에 부품 일부분의 파편이 발생하여 유입	원자재 공정 중
벌레	• 방충방서 미흡으로 인한 제조소로 유입되어 발생 • 원자재 사출 시 외통에 유입	원자재 공정 중
고무	• 사출 시 압력 부족으로 인하여 일부 물질 흡착 • 외통 시 사출 과정에서 이물질 유입	사출
테이프	• 포장 작업 시 테이프 조각이 제품 내부로 유입 • 포장 작업 시 설비 운전 후 주변 정리 소홀 및 청소 불량	포장

〈표 4-3〉 수액세트에서 발생 가능한 이물 사례

이물 종류	원인	비고
머리카락	• 정전기로 인하여 작업자의 머리카락이 유입 • 외통 사출 시 작업자에서 유래된 머리카락 • 사출 및 조립공정에서 작업자의 헤어캡 착용 불량 • 정전기 및 작업자의 개인위생 부주의로 인하여 발생된 이물 • 공정 중 복장 착용 불량 • 수액세트 조립과정에서 작업자의 머리카락 유입 추정	공정 중 사출 시
미상의 물체	• 금형 분할면에 찌꺼기가 붙어 성형 시 발생 • 사출 시 조건이 잘못 설정되어 생긴 불량 • 수입검사 미비로 인해 불량을 파악하지 못함 • 수액세트 포장 공정 중 발생된 불량 • 고무전의 일부가 떨어져 유입 • 사출 설비의 문제 • 블리스터 포장 시 사용하는 필름이 뜯겨 포장 과정 중 유입 • 사출 원료 관리 미흡으로 이물질 혼입 • 포장재 파손에 따른 이물 유입 • 정전기로 인하여 이물질이 유입 • 입고검사 시 불량을 발견하지 못함 • 사출원료에서 이물질 유입으로 인한 수출부품 이물 발생	공정 중 원자재 유통
플라스틱	• 사출 시 파편조각의 유입 • TIP 부분 파손 물질의 유입 • 부분품에 사출품이 붙여 생긴 불량 • 사출 시 긁힘 현상이 발생되어 플라스틱 유입	원자재
잉크	• 외통 표면에 인쇄 가루가 묻어 생긴 불량 • 프린터의 청소 및 점검 불량으로 유입 • 사출 시 작동유 과다로 기름이 묻어서 원자재에 공급됨	공정 중
이물질	• 롤러에 경화된 분진이 떨어져 조립품 표면에 유입 • 수입검사 미비로 인해 불량을 파악하지 못함 • 포장 시 사용하는 필름이 뜯겨 포장 과정 중 유입 • 수액의 고무마개 찌꺼기 유입 • 수입검사 진행 시 발견되지 않은 상태로 생산에 투입 • 사출기에 남아있던 원료가 부품에 붙어 유입	원자재 공정 중

이물 종류	원인	비고
파편	• 사출작업 중 발생된 탄화물 • 부품 공급기계에 부품의 일부분의 파편이 발생되어 유입 • 냉각시간 조절 실패에 따른 파편	원자재 공정 중
벌레	• 방충방서 미흡으로 인한 제조소로 유입되어 발생 • 원자재 사출 시 점적통에 유입	원자재 공정 중
고무전	• 사출 시 원재료의 탄화물질이 함께 사출 • 점적통 사출 과정에서 이물질 유입 • 수액의 고무마개 찌꺼기 유입	사출 사후활동

〈표 4-4〉 주사침에서 발생 가능한 이물 사례

이물 종류	원인	비고
머리카락	• 정전기로 인하여 작업자의 머리카락이 유입 • 사출 및 조립공정에서 작업자의 헤어캡 착용 불량	공정 중 사출 시
미상의 물체	• 금형과 설비의 청결 불량 • 사출 시 조건이 잘못 설정되어 생긴 불량 • 수입검사 미비로 인해 불량을 파악하지 못함 • 블리스터 포장 시 사용하는 필름이 뜯겨 포장 과정 중 유입	공정 중 원자재 유통
파편	• 사출작업 중 원재료의 탄화 물질 • 주사침 커버 사출 또는 니들 제조 공정의 원재료 파편	원자재 공정 중
벌레	• 방충방서 미흡으로 인한 제조소로 유입되어 발생 • 원자재 사출 시 점적통에 유입	원자재 공정 중

〈표 4-5〉 수술용 장갑에서 발생 가능한 이물 사례

이물 종류	원인	비고
머리카락	포장 시 작업자의 머리카락 유입	공정 중
미상의 물체	• dipping 기계의 오작동으로 글러브에 덩어리가 생김 • dipping 탱크 표면에 라텍스가 굳어서 발생 • 건조공정 시 검은 재가 제품에 묻음 • 포장기계의 잉크 얼룩이 묻음 • 작업자 업무 미숙으로 장갑 몰더에 물이 튀어 흡착현상 발생	공정 중
잉크	• 컨베이어 벨트의 윤활유에 접촉 • 생산 라인 형성 틀에 윤활유 공정 중 잔여물이 떨어짐 • 성형 공정 중 설비로부터 기름이 떨어져 묻음	공정 중
이물질	• 침수탱크에 발생한 먼지 잔유물 부착 • dipping 기계가 멈춰 있는 동안 몰드가 움직이면서 덩어리가 붙음 • dipping 탱크 유지보수 미흡으로 인한 덩어리 발생 • 공정 중 라텍스를 입히는 과정에서 원재료의 뭉침 현상 • 세척공정 중 이물질 세척이 잘 안 된 현상	공정 중
파편	포장이 실링되기 전 플라스틱 컨테이너의 파손	원자재 공정 중
벌레	• 포장 공정 중 날벌레 유입 • 제조 공정 중 벌레가 혼입 • 보관 중 벌레가 포장 안으로 유입 추정	원자재 공정 중

〈표 4-6〉 의약품직접주입기구에서 발생 가능한 이물 사례

이물 종류	원인	비고
머리카락	• 정전기로 인하여 작업자의 머리카락이 유입 • 외통 사출 시 작업자에서 유래된 머리카락 • 사출 및 조립공정에서 작업자의 헤어캡 착용 불량 • 정전기 및 작업자의 개인위생 부주의로 인하여 발생된 이물 • 공정 중 복장 착용 불량	공정 중 사출 시
미상의 물체	• 금형 분할면에 찌꺼기가 붙어 성형 시 발생 • 사출 시 조건이 잘못 설정되어 생긴 불량 • 수입검사 미비로 인해 불량을 파악하지 못함 • 의약품직접주입기구 포장공정 중 발생한 불량 • 컨베이어 벨트 일부 파손에 따른 이물이 공급기 내부로 유입 • 블리스터 포장 시 사용하는 필름이 뜯겨 포장 과정 중 유입 • 사출 원료 관리 미흡으로 이물질 혼입 • 포장재 파손에 따른 이물 유입 • 정전기로 인하여 이물질이 유입	공정 중 원자재 유통
플라스틱	• 조립라인의 설비 노후화(진동에 의한 불량) • 사출 시 파편조각이 외통 내부로 유입 • 외통의 TIP 부분이 파손 • 부분품에 사출품이 붙여 생긴 불량	원자재
잉크	• 의약품직접주입기구 인쇄공정 중 설비에 순간적인 오작동 • 사출 과정에서 열이 응축되어 감은색 탄화체로 변한 이물 • 외통 표면에 인쇄 가루가 묻어 생긴 불량 • 프린터의 청소 및 점검 불량으로 유입	공정 중
이물질	• 롤러에 경화된 분진이 떨어져 조립품 표면에 유입 • 수입검사 미비로 인해 불량을 파악하지 못함 • 포장 시 사용하는 필름이 뜯겨 포장 과정 중 유입 • 가스켓 조각이 밀대에 유입	공정 중
파편	• 사출 작업 시 사출 온도 및 사출 조건이 불충분 • 정전기로 인하여 원자재를 호험 안으로 넣을 때 이물질이 유입 • 실리콘 과량 주입으로 인한 불량 • 부품 공급 기계에 부품 일부분의 파편이 발생하여 유입	원자재 공정 중
벌레	• 방충방서 미흡으로 인한 제조소로 유입되어 발생 • 원자재 사출 시 외통에 유입	원자재 공정 중
고무전	• 사출 시 압력 부족으로 인하여 일부 물질 흡착 • 외통 사출 과정에서 이물질 유입	사출
테이프	• 포장 작업 시 테이프 조각이 제품 내부로 유입 • 포장 작업 시 설비 운전 후 주변 정리 호흡 및 청소 불량	포장

* 출처 : 식품의약품안전처, 의료기기 이물관리 저감화 매뉴얼, 2019. 12.

2.3 이물 발견 시 보고 방법

이물의 발견 사실을 보고하려는 의료기기 취급자는 「의료기기법 시행규칙」 [별지 제48호의3 서식]의 이물발견보고서(전자문서로 된 보고서를 포함한다)에 증거자료를 첨부하여 식품의약품안전처장에게 제출해야 한다.

보고자는 이물의 발견 사실을 보고하는 경우 이물 발견 증거자료를 제출 또는 보관하여야 한다. 다만, 사용기록이 없는 경우에는 사용기록을 제출하지 않을 수 있다.

① 이물이 발견된 제품

② 사진/동영상 등 이물 발견 사실을 확인할 수 있는 자료

③ 사용기록(사용으로 인하여 환자에게 위해가 발생하거나 발생할 우려가 있는 경우에는 의사의 소견서 등을 포함한다)

식약처장은 제출된 자료에 대한 제품 상세 정보 또는 추가 자료 제출 등이 필요한 경우 보완을 요구할 수 있다. 또한, 보고받은 이물의 발견 사실을 지방식품의약품안전청장에게 지체없이 그 내용을 알려야 한다.

지방식품의약품안전청장은 「의료기기법」 제31조의5제2항에 따라 지체없이 이물 혼입원인 조사를 실시해야 한다. 이 경우 지방식품의약품안전청장은 이물 혼입 원인 조사를 위해 관계중앙행정기관, 지방자치단체, 공공기관, 법인·단체 또는 전문가 등에게 필요한 협조를 요청할 수 있다.

■ 의료기기법 시행규칙 [별지 제48호의3서식] <개정 2019. 10. 22.>

이물 발견 보고서

※ [ ]에는 해당되는 곳에 √표를 합니다.

보고자 정보	명칭(상호)	성명(법인의 경우에는 대표자 성명)
	소재지	전화번호

보고자 유형	[ ] 의료기기제조업자 [ ] 의료기기수입업자 [ ] 의료기기수리업자 [ ] 의료기기판매(임대)업자 [ ] 의료기관개설자 [ ] 동물병원개설자

의료기기 정보	제조원/수입원(수입한 경우만 기재합니다)
	품목명(모델명)
	분류번호(등급)
	허가번호/ 승인번호/ 신고번호
	제조번호

이물 발생 정보				
	보고일	년 월 일	발생일자	년 월 일
			인지일자	년 월 일
	이물발견 시점	[ ] 환자에게 적용 전 [ ] 환자에게 적용 후		
	이물발견 위치	[ ] 제품 내부 [ ] 제품 외부		
	이물 종류	[ ] 금속, 플라스틱 또는 제조공정 중 발생한 파편 등 ( ) [ ] 곤충 및 그 알, 기생충 및 그 알, 동물의 사체 등 ( ) [ ] 식품의약품안전처장이 정하여 고시하는 물질 ( )		
	세부 내용			
	이물 혼입 제품 처리 상태			

「의료기기법」 제31조의5 및 같은 법 시행규칙 제54조의4제2항에 따라 위와 같이 이물 발견 보고서를 제출합니다.

년 월 일

신청인 (서명 또는 인)

식품의약품안전처장 귀하

신청인 제출서류	증거자료

유의사항

1. 이물 발생 정보란의 세부 내용란에는 이물과 관련된 상세 내용을 기재합니다.
2. 이물 발생 정보란의 이물 혼입 제품 처리 상태란에는 제품 관련(교환) 및 업체 수거, 현장 폐기 등 처리 상태를 기재합니다.

210㎜ × 297㎜[백상지 80g/㎡ 또는 중질지 80g/㎡]

2.4 이물 혼입 조사의 절차

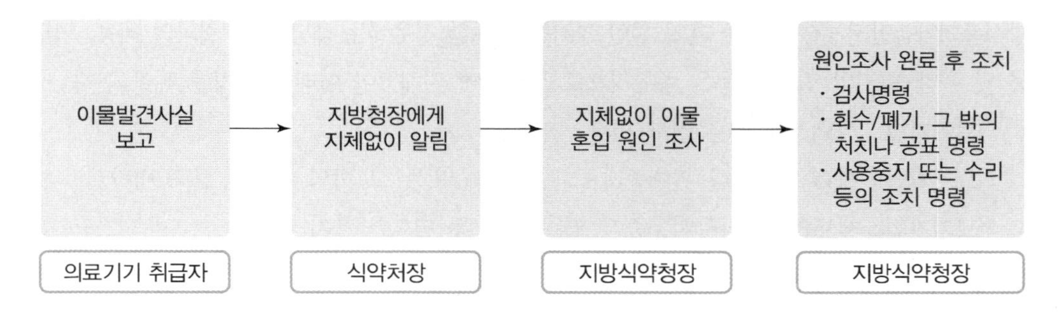

| 그림 4-2 | 이물 발견 사실 보고 이후 처리 절차

식약처장은 보고된 이물의 발견 사실을 해당 제품의 제조·수입업자가 소재한 지역을 관할하는 지방식품의약품안전청장(이하 "지방식약청장")에게 지체없이 통보하여야 한다.

지방식약청장은 이물의 발견 사실을 통보받으면 의료기기의 제조·수입업자(법 제32조의2에 따른 해외제조소를 포함한다)를 대상으로 이물 혼입 원인 조사를 「의료기기 이물 보고 대상 및 절차 등에 관한 규정」 [별표 1]의 이물 혼입 조사방법 등에 따라 실시하여야 한다.

위 항목에도 불구하고 지방식약청장은 다음 각 호의 어느 하나에 해당하는 경우에는 이물 혼입 원인 조사를 실시하지 않을 수 있다.

① 동일한 의료기기 품목의 유사한 사례에 대하여 이미 이물 혼입 원인 조사가 이루어진 경우로 지방식약청장이 제6조에 따른 필요한 조치를 한 경우

② 해당 의료기기에 대한 증거자료 부족 등으로 제품을 특정할 수 없거나 이물이 아닌 경우

③ 제조·수입업체가 폐업 등을 하여 현실적으로 원인 조사가 불가능한 경우

이물 혼입 원인 조사는 이물의 종류, 위치 및 이물이 인체에 미치는 영향 등을 종합적으로 고려하여 현장조사 또는 서류 조사로 실시하여야 한다.

조사를 실시한 결과 의료기기 판매·임대업체 및 의료기관 등에 대하여도 추가적인 조사가 필요하다고 판단되는 경우에는 해당 의료기기 취급자에 대하여 추가조사를 실시할 수 있다. 이 경우 지방식약청장은 효율적인 조사의 실시를 위하여 「시행규칙」 제54조의4에 따라 조사 대상 의료기기 취급자가 소재한 지역의 시장·군수·구청장에게 현장조사 등 필요한 협조를 요청할 수 있다.

지방식약청장은 이물 혼입 조사를 완료한 경우 그 결과를 지체없이 식약처장에게 보고하여야 한다.

2.5 이물 혼입에 대한 조치

지방식품의약품안전청장은 이물 혼입 원인 조사를 완료한 경우에는 해당 조사 결과의 내용, 의료기기 안정성 및 위해 방지의 필요성 등을 종합적으로 고려하여 지체없이 아래의 조치를 해야 한다.

① 「의료기기법」 제33조에 따른 검사 명령
② 「의료기기법」 제34조에 따른 판매중지 · 회수 · 폐기 또는 그 밖의 처치나 공표 명령
③ 「의료기기법」 제35조에 따른 사용중지 또는 수리 등 필요한 조치의 명령

이와 같은 조치 이외에도 식약처장은 「의료기기법」 제32조의2(해외제조소에 대한 현지실사 등) 규정에 근거하여 의료기기 제조업자, 의료기기 수입업자, 해외제조소(의료기기의 제조 및 품질관리를 하는 해외에 소재하는 시설)의 관리자 또는 수출국 정부와 사전에 협의를 거쳐 해외제조소에 대한 출입 및 검사를 할 수 있다. 식약처장이 해외제조소에 대한 현지실사를 실시하는 경우는 다음과 같다.

① 해외에서 위탁 제조되거나 수입되는 의료기기의 위해 방지를 위하여 현지실사가 필요하다고 식품의약품안전처장이 인정하는 경우
② 국내외에서 수집된 수입 의료기기등의 안전성 및 유효성 정보에 대한 사실 확인이 필요하다고 식품의약품안전처장이 인정하는 경우

3 이물 발견 보고 관련 과태료 및 행정처분

3.1 과태료

「의료기기법」 제56조(과태료)제1항제3호에 따라, 「의료기기법」 제31조의5를 위반하여 이물 발견 사실을 보고하지 아니하거나 거짓으로 보고한 경우 100만 원 이하의 과태료를 부과한다.

※ 과태료에 대한 세부 내용은 제9장(벌칙, 과징금, 과태료, 행정처분) 참조

실제 부과하는 과태료 금액은 「의료기기법 시행령」 [별표 2] 과태료의 부과기준에 다음과 같이 규정되어 있다.

〈표 4-7〉 이물 발견 보고 관련 과태료 부과 기준

위반행위	근거 법조문	과태료 금액(단위 : 만 원)		
		1차 위반	2차 위반	3차 이상 위반
바. 법 제31조의3제3항을 위반하여 의료기기통합정보관리기준을 준수하지 않은 경우	법 제56조 제1항 제2호의3	50	80	100

3.2 행정처분

「의료기기법」 제36조(허가 등의 취소와 업무의 정지 등) 제1항제18호에 따라, 「의료기기법」 제31조의5를 위반하여 이물 발견 사실을 보고하지 아니하거나 거짓으로 보고한 경우에 대해 업무정지를 명할 수 있다.

「의료기기법 시행규칙」 [별표 8] 행정처분 기준에는 다음과 같이 이물 발견 보고에 대한 행정처분 기준을 규정하고 있다.

〈표 4-8〉 이물 발견 보고 관련 행정처분 기준

위반행위	근거 법조문	행정처분의 기준			
		1차 위반	2차 위반	3차 위반	4차 이상 위반
29의4. 의료기기취급자가 법 제31조의5제1항을 위반하여 이물 발견 사실을 보고하지 않거나 거짓으로 보고한 경우	법 제36조 제1항 제18호				
가. 제조업자 또는 수입업자		해당 품목 판매 업무정지 15일	해당 품목 판매 업무정지 1개월	해당 품목 판매 업무정지 3개월	해당 품목 판매 업무정지 6개월
나. 수리업자, 판매업자 또는 임대업자		수리·판매·임대 업무정지 7일	수리·판매·임대 업무정지 15일	수리·판매·임대 업무정지 1개월	수리·판매·임대 업무정지 3개월

제 5 장

재평가

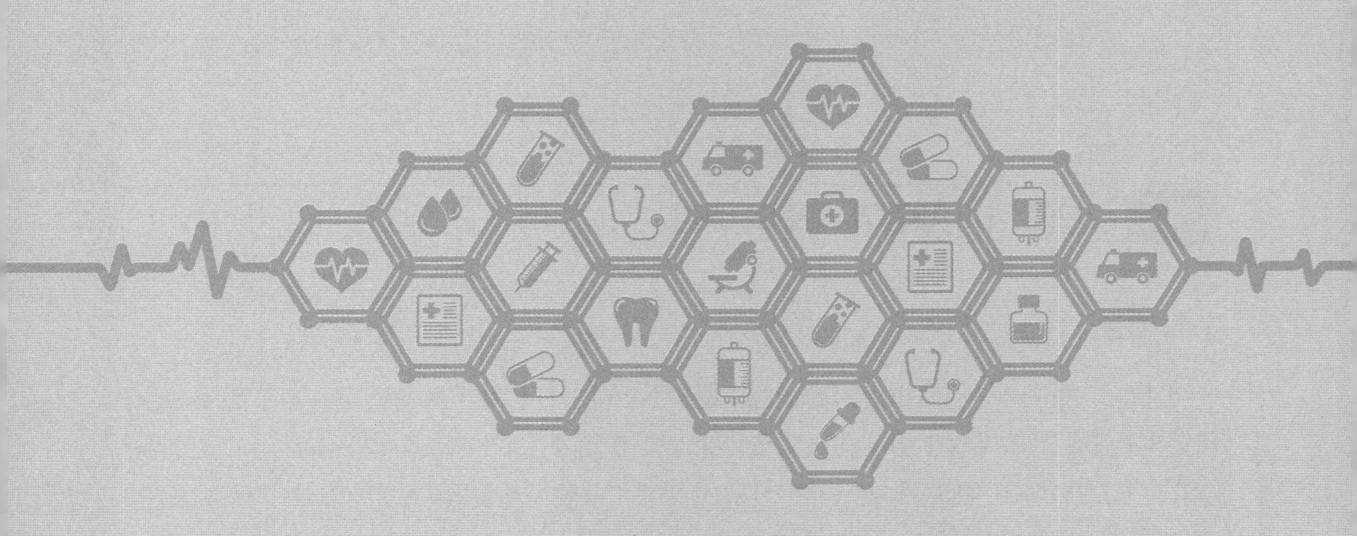

1. 의료기기 재평가 제도의 배경
2. 재평가 방법 및 절차
3. 행정처분 기준

05 재평가

학습목표 —• 의료기기 재평가의 개념, 방법 및 절차를 이해한다. 재평가 관련 규정 위반 시 행정처분 사항을 알아본다.

NCS 연계 —• 해당 없음

핵심 용어 —• 재평가, 안전성 정보, 이상사례(Adverse Event), 이상사례 분석 보고서

1 의료기기 재평가 제도의 배경

1.1 배경

의료기기 재평가는 품목허가(인증)를 받거나 신고한 의료기기 중 시판 후 정보 등에 의해 문제가 발생하였거나 문제 발생 우려가 있어 안전성 및 유효성에 관한 재검토가 필요하다고 식약처장이 인정하는 의료기기를 평가하는 제도이다. 의료기기 사용 시 발생 가능한 위해상황을 예방하고 안전하고 효율적인 사용 환경을 마련하기 위하여 시행되고 있다.

지난 2009년부터 2012년까지 공통 기준규격 미적용 허가품목을 대상으로 시험검사 성적서(공통 기준규격)를 제출받아 재평가하였으며, 2013년부터는 시판 후 발생하는 이상 사례 등 안전성 정보를 수집 · 평가하여 허가/인증에 반영하는 의료기기 재평가를 시행하고 있다.

추가로, 2018년에는 1등급 의료기기에 대한 재평가를 공고하였으며, 2015년에는 체외진단용 방사성 의약품에서 체외진단의료기기로 전환된 10개 품목을, 2019년과 2020년에는 공산품 및 의약품에서 전환된 3등급 및 4등급 체외진단의료기기에 대한 재평가를 공고한 바 있다.

1.2 용어의 정의

"재평가"라 함은 품목허가 · 인증 · 신고된 의료기기 중 최신의 과학수준에서 안전성 및 유효성에 대한 검증 필요성이 인정되는 의료기기에 대해 재검토하는 제도를 말한다.

"재평가 대상"이라 함은 품목허가 · 인증 · 신고된 의료기기 중 시판 후 정보 등에 의해 안전성 및 유효성에 대한 재검토가 필요하다고 식약처장이 인정하는 의료기기를 말한다.

"예시기간"이라 함은 재평가에 필요한 제출자료 등을 수집 및 준비하는 기간으로 재평가 신청일 이전 1년의 기간이 주어지며, 임상시험성적에 관한 자료 등 재평가에 필요한 제출자료의 내용이 1년 이내에 확보될 가능성이 낮다고 판단되는 품목에 대하여 예시기간을 3년으로 연장할 수 있다.

"시안"이라 함은 제출된 재평가 신청서 및 자료를 근거로 재평가 방법 및 판정기준에 따라 심사하고 종합평가한 결과의 초안으로, 재평가 결과 공고 이전 1개월 이상 열람하여 대상품목 제조·수입업자의 의견을 수렴한다.

"후속조치"라 함은 재평가 결과에 따라 수거·폐기, 허가변경 등 식약처장이 명할 수 있는 행정적인 조치사항을 말한다.

"이상사례"라 함은 의료기기 사용으로 인해 발생하거나 발생한 것으로 의심되는 모든 의도되지 아니한 결과 중 바람직하지 아니한 결과를 말한다.

"안전성 정보"라 함은 허가받거나 인증, 신고한 의료기기의 안전성 및 유효성과 관련된 새로운 자료나 정보로 부작용 발생사례를 포함한다.

2 재평가 방법 및 절차

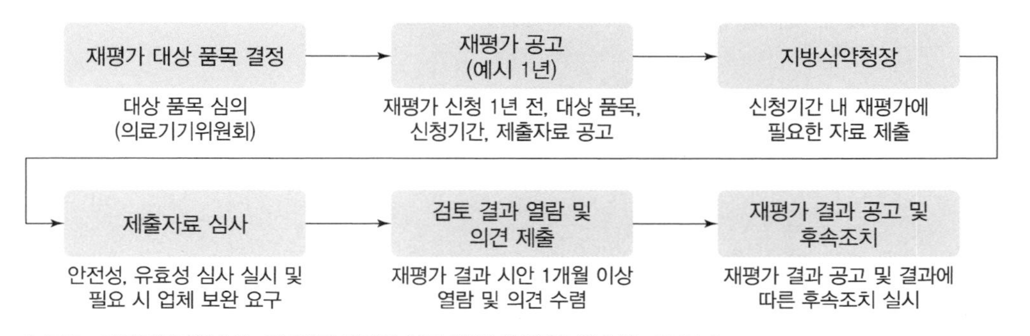

* 출처 : 식품의약품안전처, 의료기기 재평가 업무 해설서(민원인 안내서), 2015. 9.

❙그림 5-1❙ 재평가의 방법 및 절차

2.1 재평가 대상

재평가 대상은 「의료기기법」 제6조 및 제15조에 따라 허가·인증 또는 신고된 의료기기 중 시판 후 정보 등에 의해 문제가 발생하거나 문제 발생 우려가 있어 안전성 및 유효성에 대하여 재검토가 필요하다고 식약처장이 인정하는 의료기기로 한다. 단, 「의료기기법」 제8조의 규정에 의한 시판 후 조사 기간 중인 의료기기, 재평가 기간 중 취하·취소된 의료기기, 수출만을 목적으로 허가, 인증 또는 신고된 의료기기, 희소의료기기 및 국내에 대체 가능한 의료기기가 없고 국민보건상 안정적 공급 지원이 필요하다고 식약처장이 인정하는 의료기기(국내 대체 가능 의료기기가 신규 허가 · 인증 · 신고되거나 수급상황이 개선되어 공급 문제가 해소된 의료기기 제외)는 재평가 대상에서 제외된다.

2.2 재평가 실시 대상 등에 대한 공고

식약처장은 「의료기기법」 제9조에 따라 의료기기에 대한 재평가를 하려는 경우에는 의료기기위원회의 심의를 거쳐 재평가 대상품목을 결정한 후 재평가 대상품목, 재평가 신청기간, 재평가에 필요한 제출자료의 내용을 식약처의 인터넷 홈페이지에 공고하여야 하며, 재평가 신청일로부터 1년 전까지 예시하여야 한다. 다만, 안전성 및 유효성에 대하여 시급히 재평가할 필요성이 인정되는 경우 그러하지 아니할 수 있다. 임상 시험성적에 관한 자료 등 재평가에 필요한 제출자료의 내용이 1년 이내에 확보될 가능성이 낮다고 판단되는 품목에 대하여 예시기간을 3년으로 연장할 수 있다. 재평가 공고 내용을 확인하는 방법은 다음과 같다.

① 식약처 홈페이지(www.mfds.go.kr)에 접속한다.

② 상단 메뉴 '알림' → '공고' → '의료기기 재평가'로 검색(체외진단 의료기기에 대한 재평가는 '체외진단'으로 검색)한다.

③ 해당 연도의 재평가 공고 제목을 클릭하면 재평가 대상품목, 재평가 신청 기간, 재평가에 필요한 제출자료 등 공고 내용을 상세히 확인할 수 있다.

④ 첨부파일을 클릭하면 업체별 재평가 대상 제품을 확인할 수 있다.

* 출처 : http://www.mfds.or.kr, 2023. 3.

❙ 그림 5-2 ❙ 식품의약품안전처 홈페이지 – 재평가 실시 공고 예시

2.3 재평가 제출 자료

가. 재평가 신청 시 제출 자료

식약처장은 재평가를 하려는 경우 재평가 대상 품목, 재평가 신청 기간, 재평가에 필요한 제출 자료의 내용을 공고하여야 한다. 재평가 신청 시 제출 자료는 식약처장이 추진하고자 하는 재평가의 목적에 따라 달라지므로 구체적인 사항은 개별 공고문을 참고하여야 한다. 현재까지 진행되었던 재평가를 그 목적별로 다음과 같이 구분해 볼 수 있는데, 재평가 신청 시 제출 자료도 목적에 따라 다르다는 것을 확인할 수 있다.

1) 일반적인 재평가

현재까지 가장 많이 공고되었던 의료기기 재평가로, 허가 또는 인증을 받은 후 일정 기간이 지난 품목을 대상으로 하거나 수거검사 결과 품질부적합이 많은 생활밀착형 의료기기 등을 대상으로 진행된다.

재평가 신청 시 제출 자료로는 '재평가 신청서', '이상사례 분석 보고서', '안전성 정보 자료' 등이 주로 요구된다. 본서의 재평가 신청, 접수, 제출 자료의 심사 등 사항은 일반적인 재평가를 기준으로 설명되고 있다.

2) 체외진단 의료기기 재평가

공산품 또는 의약품에서 전환된 체외진단 의료기기를 대상으로 진행되는 재평가이다. 체외진단 제품을 의료기기로 전환시킬 때, 현행 규정과 같은 기술문서 심사자료를 충분히 확보하고자 진행되는 재평가이다.

재평가 신청 시 제출 자료로는 '재평가 신청서', 「체외진단의료기기 허가·신고·심사 등에 관한 규정」 제3장 허가·인증 신청서 및 신고서 항목 기재 세부사항 등에 따른 작성 자료, 「체외진단의료기기 허가·신고·심사 등에 관한 규정」 제25조, 제27조에 적합한 근거자료 등 기술문서 심사자료가 주로 요구되고 있다.

3) 공통기준규격 미적용 의료기기 재평가

식약처 공통기준규격 고시인 「의료기기의 전기·기계적 안전에 관한 공통기준규격」, 「의료기기의 전자파안전에 관한 공통기준규격」, 「의료기기의 생물학적 안전에 관한 공통기준규격」 시행 이전에 허가받은 제품을 대상으로 진행되었던 재평가이다.

재평가 신청 시 제출 자료로는 제품 허가 시 미적용된 공통기준규격에 대한 시험검사성적서 등 실측치 자료, 유효성 자료, 안전성 정보(시판 후 수집 사례, 문헌정보 등) 등이다.

4) 1등급 의료기기 재평가 등 그 밖의 재평가

식약처장은 1등급 의료기기 중 해당 여부 판단이 어려운 제품에 대한 재평가를 2018. 5. 2. 자로 공고하였다. 이는 2012년부터 2016년까지 1등급으로 신고된 제품 중 1등급에 해당되는지 여부를 다시 평가하기 위해 진행되었다.

1등급 의료기기 재평가 신청 시 제출 자료는 다음과 같다.

① 의료기기 재평가 신청서「의료기기법 시행규칙」[별지 제18호 서식]

② 「의료기기 허가·신고·심사 등에 관한 규정」 제60조(의료기기 해당 여부 검토 신청 등)에 따른 자료 : 사용목적, 모양 및 구조, 원재료, 성능, 사용 방법, 작용 원리 및 규격에 관한 자료

③ 의료기기 제품설명서 등 첨부문서

④ 재평가 대상 제품과 유사한 의료기기가 이미 신고되어 있는 경우, 이미 신고된 유사 제품 신고번호

⑤ 1등급 의료기기 해당품목으로 판단한 사유 및 근거 자료

1등급 의료기기 재평가 이외에도 식약처장은 안전성 및 유효성에 관한 재검토가 필요하다고 인정하는 경우 재평가 실시를 공고할 수 있으므로, 앞서 설명한 재평가 분류 이외에도 다양한 종류의 재평가가 진행될 수 있다.

나. 재평가 제외 대상

식약처장은「의료기기 재평가에 관한 규정」 제2조(재평가 대상)에 따라「의료기기법」 제8조의 규정에 의한 시판 후 조사 기간 중인 의료기기, 재평가 기간 중 취하 또는 취소된 의료기기, 수출만을 목적으로 허가, 인증 또는 신고된 의료기기, 희소의료기기, 국내에 대체 가능한 의료기기가 없고 국민보건상 안정적 공급 지원이 필요하다고 식약처장이 인정하는 의료기기(국내 대체가능 의료기기가 신규 허가·인증·신고되거나 수급 상황이 개선되어 공급 문제가 해소된 의료기기 제외)를 제외대상으로 하고 있다.

다. 재평가 제출 자료 작성 방법

재평가 시 제출하여야 할 자료의 요건과 작성요령은「의료기기 허가·신고·심사 등에 관한 규정」, 「체외진단의료기기 허가·신고·심사 등에 관한 규정」에 준하며, 부작용 등 안전성 정보(시판후 수집사례, 문헌 정보, 시정 및 예방조치 등)에 관한 자료를 포함한다.

외국의 자료는 원칙적으로 주요 사항을 발췌한 한글 요약문 및 원문을 첨부하여야 하며, 필요한 경우에 한하여 전체 번역문을 첨부한다.

1) 이상사례 작성 방법

재평가 대상 의료기기 사용으로 인해 발생하거나 발생한 것으로 의심되는 모든 의도되지 아니한 결과 중 바람직하지 아니한 결과에 대하여 '의료기기 재평가 업무 해설서'의 이상사례 분석 보고서 양식에 맞춰 작성한다. 또한 이상사례 분석 보고서는 재평가 대상 제품과 관련된「시정 및 예방조치(CAPA)*」 자료를 보고서에 반영하여 제출하되, CAPA 자료를 면밀히 분석하여 허가사항에 반영할 필요가 있는 '사용 시 주의사항', '사용방법'을 작성하여 제출한다. 이상사례 분석보고서 양식 및 작성 방법은 다음과 같다.

① 의료기기 정보(허가·인증·신고별) : 의료기기 품목허가·인증·신고증에 기재된 해당 품목의 품목명, 모델명, 품목허가·인증·신고번호(일자) 및 등급을 기재하고 모델명이 여러 개인 경우에는 별도로 첨부

② 업체 정보 : 해당 의료기기 제조(수입)업자의 현재 업체명, 소재지, 연락처 기재

③ 세부 모델명, 접수일자 : 해당 이상사례의 제품 모델명과 접수일자를 기재하며, 모델명이 다수인 경우 '○○○ 외 ○건'으로 허가·인증·신고증과 동일하게 표기

④ 유형, 연령, 이상사례(요약) 및 원인 : 이상사례 대상의 연령을 기재하고 내용을 분석하여 이상사례의 원인(제품 결함, 사용법 미숙, 그 밖의 원인)을 찾고, 원인 분석 내용에 맞는 제시 유형을 선택

※ 유형 : 사용자(환자) 피해, 제품 손상, 기타

⑤ 반영 가능 허가 항목 및 반영 내용 : 이상사례의 원인 분석 결과가 일관성 있게 반복되어 허가·인증·신고증 변경을 통해 소비자에게 알려야 하는 경우에 작성하며, 반영 가능한 허가·인증·신고 항목 중 해당되는 내용을 선택

※ 반영 가능 허가 항목 : 사용방법, 사용 시 주의사항 중 선택

⑥ 기타란에는 이상사례의 총 발생 횟수를 기재

〈표 5-1〉 이상사례 분석 보고서 작성양식

☐ 이상사례 분석 보고서(※ 품목허가번호별 또는 동일제품군별 작성)

의료기기 정보	품목명	모델명	품목허가·인증·신고번호(일자)	등급
업체 정보	업체명(연락처)		소재지	

연번	세부 모델명	접수 일자	유형	연령	이상사례(요약)	원인	반영 가능 항목	반영 내용	기타
1	AAA-01	20-00-00	☐ 사용자(환자)피해 ☐ 제품 손상 ☐ 기타	00			☐ 사용 방법 ☐ 사용 시 주의사항		반복 횟수 기재
2	AAA-02	20-00-00	☐ 사용자(환자)피해 ☐ 제품 손상 ☐ 기타	00			☐ 사용방법 ☐ 사용 시 주의사항		반복 횟수 기재
3									
4									

※ 해당 허가·인증·신고번호 품목의 이상사례 분석 결과가 일관성 있게 반복되어 허가증(사용 방법, 사용 시 주의사항)에 반영될 수 있는 경우 종합하여 간략히 작성(여러 제품의 원인분석 결과 도출 시 별도 작성 첨부 가능)

* 출처 : 식품의약품안전처, 의료기기 재평가 업무 해설서(민원인안내서), 2015. 9.

〈표 5-2〉 이상사례 분석 보고서 예시

<table>
<tr><td rowspan="2">의료기기 정보</td><td colspan="2">품목명</td><td>모델명</td><td colspan="2">품목허가·인증·신고번호(일자)</td><td>등급</td></tr>
<tr><td colspan="2">직접주입용의약품주입용기구</td><td>BB-00</td><td colspan="2">제허08-BB</td><td>2</td></tr>
<tr><td>업체 정보</td><td>업체명(연락처)</td><td colspan="2">****(031-BBB-BBBB)</td><td>소재지</td><td colspan="2">경기도 군포시 BB구 BB동 123-11</td></tr>
</table>

연번	세부 모델명	접수 일자	유형	연령	이상사례(요약)	원인	반영가능 항목	반영내용	기타
1	BBB-01	2011-10-13	□ 사용자(환자) 피해 □ 제품 손상 ■ 그밖의 이상 사례	45	약물충전주입구 밸브(T-Valve)에 주사액 용기인 앰플(Ample) 조각이 걸려 주사액 및 약물이 약물충전주입구로 역류됨(부천순천향 병원)	이물을 걸러낼 수 있는 필터 주사기 사용이 아닌 일반 주사기 사용으로 앰플조각이 약물에 투입 충전 밸브에 끼어 약물이 역류됨	□ 사용방법 ■ 사용 시 주의사항 □ 그밖의 항목 (　　)	주사액 주입할 때 앰플(Ample) 조각 등이 밸브에 걸릴 경우 주사액이 역류될 수 있음 앰플(Ample) 주사액 주입 시 필터(Filter) 주사기 사용을 권장	2회
	BBB-02	2011-10-25	□ 사용자(환자) 피해 □ 제품 손상 ■ 그밖의 이상 사례	52	약물충전주입구 밸브(T-Valve)에 주사액 용기인 앰플(Ample) 조각이 걸려 주사액 및 약물이 약물충전주입구로 역류됨(강남성심병원)	이물을 걸러낼 수 있는 필터 주사기 사용이 아닌 일반 주사기 사용으로 앰플조각이 약물에 투입 충전 밸브에 끼어 약물이 역류됨	□ 사용방법 ■ 사용 시 주의사항 □ 그밖의 항목 (　　)	주사액 주입할 때 앰플(Ample) 조각 등이 밸브에 걸릴 경우 주사액이 역류될 수 있음 앰플(Ample) 주사액 주입 시 필터(Filter) 주사기 사용을 권장	

* 출처 : 식품의약품안전처, 의료기기 재평가 업무 해설서(민원인 안내서), 2015. 9.

2) 재평가 관련 CAPA 자료

CAPA(Corrective action and preventive action)란 제조자가 일련의 프로세스를 통하여 정보를 수집 및 분석하고, 이를 통하여 실질 및 잠재적으로 내재하는 제품, 품질상의 문제를 식별 및 예방하는 시스템을 말한다.

① 소비자 불만 및 요구사항

② 이상사례 및 부작용에 관한 사항

③ 품질부적합에 관한 사항

④ 제품 리콜(회수) 관련 사항

3) 안전성 정보 작성 방법

재평가 대상 의료기기의 학술자료, 안전성 분석 자료 등(허가·인증)받거나 신고한 의료기기의 안전성·유효성과 관련된 국내외의 새로운 자료나 정보를 의료기기 재평가 업무 해설서(민원인 안내서) ⓐ부터 ⓔ까지의 양식에 맞춰 작성한다.

〈표 5-3〉 안전성 정보 작성 순서도

재평가 대상의 동일 제품 해당 여부 검토(※ 허가, 인증, 신고번호별 작성 원칙)	
1)	대상 제품이 동일 제품에 해당되는 경우 여러 허가·인증·신고번호의 제품을 한 〈양식〉에 작성
2)	동일 제품에 해당되지 않는 경우 허가·인증·신고번호별 작성
※ 동일 제품군 : 제조국, 제조사, 품목명이 동일한 의료기기 중 사용 목적, 사용 방법, 제조 방법 및 색소나 착향제를 제외한 원재료(기구·기계는 제외한다)가 동일한 것으로 색상, 치수 등에 차이가 있거나 구성 부분품이 변경 또는 추가되는 일련의 모델(시리즈 제품)들로 구성된 제품군	

작성하고자 하는 자료를 선택					
ⓐ	국내외 학술논문	ⓑ	임상시험 자료	ⓒ	제조원의 제품설명서
ⓓ	국내외 정부기관 발표 자료	ⓔ	위험관리 분석 보고서		
※ 안전성 정보 : 허가·인증·신고된 의료기기의 안전성 및 유효성과 관련된 새로운 자료나 정보					

선택한 사항의 제출 자료					
1)	양식ⓐ, 입증 자료	2)	양식ⓑ, 입증 자료	3)	양식ⓒ, 입증 자료
4)	양식ⓓ, 입증 자료	5)	양식ⓔ, 입증 자료		
※ 입증 자료 제출 시 해당 부분을 발췌하여 제출 가능하며, 해당 부분에 한하여 번역본 제출(논문 자료 제외)					

이상사례 및 안전성 정보가 없는 경우의 보고 방법
자사 공문 제출(※ 제출 자료가 없는 사유를 간략히 기재)

* 출처 : 식품의약품안전처, 의료기기 재평가 업무 해설서(민원인 안내서), 2015. 9.

〈표 5-4〉 ⓐ 국내·외 학술논문 작성 양식

업체명		대상 품목		허가·인증· 신고번호	
모델명				유형	

※ 유형 : 1) 전기·기계,　2) 치과재료,　3) 의료용품

구분	□ SCI	□ SCIE	□ 그 외의 학술지에 게재된 자료

학술지명	
논문 제목	
발표 연도	20　. 00. 00.

구분	안전성 정보(허가증에 반영할 내용)
□ **사용 시 주의사항**	
□ **사용방법**	
기타항목	□ 허가 반영이 불필요한 경미한 사항

첨부자료 : 논문 원문

* 출처 : 식품의약품안전처, 의료기기 재평가 업무 해설서(민원인 안내서), 2015. 9.

※ 작성 시 참고사항

- 제품 정보 : 대상 제품의 업체명, 품목명, 허가·인증·신고번호, 모델명, 유형을 품목 허가·인증·신고증을 참고하여 작성한다.
  ※ 유형은 전기·기계, 치과재료, 의료용품 중 대상 품목이 해당되는 사항 선택
- 구분 : 해당 논문이 SCI, SCIE 등재 또는 그 외의 학술지에 등재된 논문인지 구분하여 기재한다.
- 학술지명 : 해당 논문이 발표된 학술지의 이름을 기재한다.
- 논문 제목 및 발표 연도 : 해당 논문의 제목과 발표 연도를 기재한다.
- 안전성 정보(허가증에 반영할 내용) : 논문을 통해 새롭게 확인된 사실로, 허가증 변경 시 반영해야 할 항목(사용 시 주의사항, 사용방법)을 선택하고 추가되거나 변경되는 사항을 기재
  ※ 기존 허가 내용이 변경되는 경우 변경 전후 대비표 별도 작성 첨부하며, 단순 추가 시는 제외
- 기타 항목 : 경미한 사항으로 허가증의 반영 여부 결정이 불확실한 경우에 체크
  ※ 해당 사항은 의료기기 심사부의 허가 변경 타당성 검토 후 후속조치(변경 명령) 여부 결정
- 첨부 자료 : 안전성 정보를 입증할 '논문 원문'을 첨부한다.
  ※ 외국 자료는 주요 사항을 발췌한 한글 요약문 및 원문을 첨부하며, 필요 시 전체 번역문 첨부

〈표 5-5〉 ⓐ 국내·외 학술논문 작성 예시

업체명	*****	대상 품목	레이저수술기	허가·인증· 신고번호	제허10-000
모델명	*****			유형	1)

※ 유형 : 1) 전기·기계, 2) 치과재료, 3) 의료용품

구분	□ SCI	□ SCIE	☑ 그 외의 학술지에 게재된 자료

학술지명	대한피부과학회지
논문 제목	피부과 영역에서의 레이저
발표 연도	2011. 01. 01.

구분	안전성 정보(허가증에 반영할 내용)
☑ 사용 시 주의사항	1) 조직이 기화될 때 수증기와 함께 탄화된 조직이 남게 되는데 레이저광 조사 시 탄화조직을 제거해 주지 않으면 레이저 에너지가 탄소를 500℃ 이상으로 가열하여 주변 조직에 열 손상을 주게 된다. 2) 알코올, 가연성 마취제가 레이저 치료실에 있을 때 화재와 폭발의 위험성이 있으므로 주의하여야 하며 항상 치료 부위에는 젖은 거즈를 비치하는 것이 좋다.
□ 사용방법	
기타항목	□ 허가 반영이 불필요한 경미한 사항
첨부자료 : 논문 원문	

* 출처 : 식품의약품안전처, 의료기기 재평가 업무 해설서(민원인 안내서), 2015. 9.

〈표 5-6〉 ⓑ 임상시험 자료 작성 양식

업체명		대상 품목		허가·인증· 신고번호	
모델명				유형	
※ 유형 : 1) 전기·기계,　2) 치과재료,　3) 의료용품					

임상시험 목적(기간)	(20　.00.00. ~20　.00.00.(*년간))
시 험 군	
대 조 군	
평가방법	

구분	안전성 정보(허가증에 반영할 내용)
□ 사용 시 주의사항	 ▶ 개정 사유(요약) :
□ 사용방법	 ▶ 개정 사유(요약) :
기타항목	□ 허가 반영이 불필요한 경미한 사항
첨부 자료 : 임상시험 자료 첨부(외국 자료의 경우 번역본 첨부)	

* 출처 : 식품의약품안전처, 의료기기 재평가 업무 해설서(민원인 안내서), 2015. 9.

※ 작성 시 참고사항

- 제품 정보 : 대상 제품의 업체명, 품목명, 허가번호, 모델명, 유형을 품목 허가·인증·신고증을 참고하여 작성한다.
  ※ 유형은 전기·기계, 치과재료, 의료용품 중 대상 품목이 해당되는 사항을 선택
- 임상시험 정보 : 임상시험의 목적(기간), 시험군, 대조군, 평가방법을 대상 품목의 승인된 임상시험계획서를 참고하여 작성한다.
- 안전성 정보(허가증에 반영할 내용) : 임상시험자료를 통해 새롭게 확인된 사실로, 허가증 변경 시 반영해야 할 항목(사용 시 주의사항, 사용방법)을 선택하고 추가되거나 변경되는 사항과 개정 사유를 기재한다.
  ※ 기존 허가 내용이 변경되는 경우 변경 전후 대비표 별도 작성 첨부하며, 단순 추가 시는 제외
- 기타 항목 : 경미한 사항으로 허가증의 반영 여부 결정이 불확실한 경우에 체크
  ※ 해당 사항은 의료기기 심사부의 허가 변경 타당성 검토 후, 후속조치(변경 명령) 여부 결정
- 첨부 자료 : 안전성 정보를 입증할 '임상시험 자료'를 첨부한다.
  ※ 외국 자료는 주요 사항을 발췌한 한글 요약문 및 원문을 첨부하며, 필요 시 전체 번역문 첨부

〈표 5-7〉 ⓑ 임상시험 자료 작성 예시

업체명	*****	대상 품목	광선조사기	허가·인증·신고번호	제허10-000
모델명	*****			유형	1)

※ 유형 : 1) 전기·기계, 2) 치과재료, 3) 의료용품

임상시험 목적(기간)	경증에서 중증도에 해당되는 염증성 여드름 환자를 대상으로 **광선조사기를 이용한 염증성 치료에 대한 안전성과 유효성을 평가하기 위한 다기관, 이중맹검, 무작위 배정, 평행 설계 임상시험(2010. 01. 01. ~2011. 01. 01.(1년간))
시 험 군	**광선조사기 적용군(00명)
대 조 군	**대조조사기(ahrm 기기) 적용군(00명)
평가방법	시험군과 대조군의 치료율을 각각 산출하여 두 군 차이를 **분석법을 이용하여 분석한다.

구분	안전성 정보(허가증에 반영할 내용)
□ 사용 시 주의사항	1) 피부가 빛에 민감하다면 민감한 피부에 소량의 감응 테스트를 한 후 사용하시고, 광 과민증 환자는 본 제품을 사용하지 마십시오.
	▶ 개정 사유(요약) : 시험군 중 빛에 민감한 피부를 가진 대상의 경우 출력을 **로 설정 후 *분 이후 피부가 붉게 변하고 소양감 발생(※ 중도 포기자 3명)
□ 사용방법	
	▶ 개정 사유(요약) :
기타항목	□ 허가 반영이 불필요한 경미한 사항
첨부 자료 : 임상시험 자료 첨부(외국 자료의 경우 번역본 첨부)	

* 출처 : 식품의약품안전처, 의료기기 재평가 업무 해설서(민원인 안내서), 2015. 9.

〈표 5-8〉 ⓒ 제조원의 제품설명서(수입업자에 한하여 작성) 자료 작성 양식

업체명		대상 품목		허가·인증· 신고번호	
모델명				유형	
※ 유형 : 1) 전기·기계, 2) 치과재료, 3) 의료용품					
최근 개정 버전(일자)	ver.(20 .00.00.)				

구분	안전성 정보(허가증에 반영할 내용)
□ 사용 시 주의사항	
	▶ 개정 사유(요약) :
□ 사용방법	
	▶ 개정 사유(요약) :
기타항목	□ 허가 반영이 불필요한 경미한 사항
첨부 자료 : 개정된 제조원 제품 설명서 첨부(해당 부분을 발췌하여 첨부)	

* 출처 : 식품의약품안전처, 의료기기 재평가 업무 해설서(민원인 안내서), 2015. 9.

※ 작성 시 참고사항

- 제품 정보 : 대상 제품의 업체명, 품목명, 허가번호, 모델명, 유형을 품목 허가·인증·신고증을 참고하여 작성한다.
  ※ 유형은 전기·기계, 치과재료, 의료용품 중 대상 품목이 해당되는 사항을 선택
- 최근 개정 버전(일자) : 제조원의 제품설명서의 최근 개정 버전과 일자를 기재한다.
- 안전성 정보(허가증에 반영할 내용) : 외국 제조원의 제품설명서 중 「사용 시 주의사항」과 「사용 방법」의 개정(renewal) 내용을 대상으로 하며, 최신 개정본의 개정 사유를 간략히 작성한다.
  ※ 기존 허가 내용이 변경되는 경우 변경 전후 대비표를 별도 작성하여 첨부하며, 단순 추가 시에는 제외
- 기타 항목 : 경미한 사항으로 허가증의 반영 여부 결정이 불확실한 경우에 체크
  ※ 해당 사항은 의료기기 심사부의 허가 변경 타당성 검토 후, 후속조치(변경 명령) 여부 결정
- 첨부 자료 : 안전성 정보를 입증할 '개정된 제조원 제품설명서'의 발췌본을 첨부한다.
  ※ 외국 자료는 주요 사항을 발췌한 한글 요약문 및 원문을 첨부하며, 필요 시 전체 번역문 첨부

〈표 5-9〉 ⓒ 제조원의 제품설명서(수입업자에 한하여 작성) 자료 작성 예시

업체명	*****	대상 품목	매일착용소프트 콘택트렌즈	허가·인증·신고번호	수허 100-100
모델명	*****			유형	3)
※ 유형 : 1) 전기·기계, 2) 치과재료, 3) 의료용품					
최근 개정 버전(일자)	ver.(2013. 01. 01.)				

구분	안전성 정보(허가증에 반영할 내용)
☑ 사용 시 주의사항	1) 미생물 오염과 이로 인한 눈 손상이 우려되므로 살균되지 않은 물(수돗물 포함)로 렌즈를 세척하지 않는다. 2) 만일 보관 중 렌즈가 공기에 노출되었을 경우, 렌즈가 건조해져 깨지기 쉬운 상태가 될 수 있다. 이 경우 새로운 렌즈를 착용해야 한다. 3) 렌즈 착용 상태 및 착용 후 안구의 상태를 잘 확인하는 것이 안구 건강을 돕는다.
	▶ 개정 사유(요약) : 제조원 제품설명서 개정에 따름
☑ 사용방법	1) 렌즈의 상태 등을 육안으로 확인하고, 이상이 없을 시 착용한다.
	▶ 개정 사유(요약) : 제조원 제품설명서 개정에 따름
기타항목	□ 허가 반영이 불필요한 경미한 사항
첨부 자료 : 개정된 제조원 제품 설명서 첨부(해당 부분을 발췌하여 첨부)	

* 출처 : 식품의약품안전처, 의료기기 재평가 업무 해설서(민원인안내서), 2015. 9.

〈표 5-10〉 ⓓ 국내·외 정부기관 발표자료 작성 양식

업체명		대상 품목		허가·인증· 신고번호	
모델명				유형	
※ 유형 : 1) 전기·기계, 2) 치과재료, 3) 의료용품					

발표국가	□ 식약처 □ 국제기구 □ FDA □ 캐나다 □ 오스트리아 □ 뉴질랜드 □ 덴마크 □ 아일랜드 □ 영국 □ 프랑스 □ 독일 □ 스위스 □ 호주 □ 일본 □ 중국(홍콩) □ 대만 □ 그 밖의 국가기관( )			
종 류	□ warning letter	□ recalls&Alerts	□ safety notice	□ News & events
	□ 그 밖의 정보 종류(레이저 의료기기 안전하게 사용하는 방법 리플렛)			
발 표 일	20 .00. 00.			
제 목				

구분	안전성 정보(허가증에 반영할 내용)
□ 사용 시 주의사항	
□ 사용방법	
기타항목	□ 허가 반영이 불필요한 경미한 사항
첨부 자료 : 발표 자료 첨부(외국 자료의 경우 번역본 첨부)	

* 출처 : 식품의약품안전처, 의료기기 재평가 업무 해설서(민원인안내서), 2015. 9.

※ 작성 시 참고사항

- 제품 정보 : 대상 제품의 업체명, 품목명, 허가번호, 모델명, 유형을 품목 허가·인증·신고증을 참고하여 작성한다.
  ※ 유형은 전기·기계, 치과재료, 의료용품 중 대상 품목이 해당되는 사항을 선택
- 발표국가 : 안전성 정보를 해당 국가를 선택한다.
- 종류 : 수집된 해당 정보가 Warning letter(경고성 서한), Recalls & alerts(리콜 및 경고), Safety notice(안전성 안내), New & event(새 소식) 중 어떤 항목에 맞는 성격의 정보인지 판단 후 선택한다.
- 발표일 : 수집된 정보가 발표된 날짜를 기재한다.
- 제목 : 수집된 정보의 발표된 제목을 기재한다.
- 안전성 정보(허가증에 반영할 내용) : 발표된 국외 안전성 정보 중 '사용 시 주의사항'과 '사용 방법'에 새로 추가하거나 변경해야 하는 등 정부기관의 발표 자료를 통해 새롭게 확인된 사실을 기재
  ※ 기존 허가 내용이 변경되는 경우 변경 전후 대비표를 별도 작성 첨부하며, 단순 추가 시에는 제외
- 기타 항목 : 경미한 사항으로 허가증의 반영 여부 결정이 불확실한 경우에 체크
  ※ 해당 사항은 의료기기 심사부의 허가 변경 타당성 검토 후, 후속조치(변경 명령) 여부 결정
- 첨부 자료 : 안전성 정보를 입증할 '국내외 정부기관 발표 자료'를 첨부한다.
  ※ 외국 자료는 주요 사항을 발췌한 한글 요약문 및 원문을 첨부하며 필요 시 전체 번역문 첨부

〈표 5-11〉 ⓓ 국내·외 정부기관 발표자료 작성 예시

업체명	*****	대상 품목	레이저수술기	허가·인증· 신고번호	제허 11-000
모델명	*****			유형	1)
※ 유형 : 1) 전기·기계, 2) 치과재료, 3) 의료용품					

발표국가	☑ 식약처 □ 국제기구 □ FDA □ 캐나다 □ 오스트리아 □ 뉴질랜드 □ 덴마크 □ 아일랜드 □ 영국 □ 프랑스 □ 독일 □ 스위스 □ 호주 □ 일본 □ 중국(홍콩) □ 대만 □ 그 밖의 국가기관( )			
종 류	□ warning letter	□ recalls&Alerts	□ safety notice	□ News & events
	☑ 그 밖의 정보 종류(레이저 의료기기 안전하게 사용하는 방법 리플렛)			
발 표 일	2011 .01. 01.			
제 목	레이저 의료기기 안전하게 사용하는 방법			

구분	안전성 정보(허가증에 반영할 내용)
□ 사용 시 주의사항	1) 망막, 각막, 백내장이 손상 및 유발될 수 있으니 반드시 파장에 맞는 보안경을 착용하여야 한다. 2) 홍반 또는 가려움증, 화상이 유발될 수 있으니 수술부위 이외의 피부는 노출되지 않아야 한다.
□ 사용방법	
기타항목	□ 허가 반영이 불필요한 경미한 사항
첨부 자료 : 발표 자료 첨부(외국 자료의 경우 번역본 첨부)	

* 출처 : 식품의약품안전처, 의료기기 재평가 업무 해설서(민원인 안내서), 2015. 9.

〈표 5-12〉 ⓔ 위험관리 분석보고서(제조업자에 한하여 작성) 작성 양식

<table>
<tr><td>업체명</td><td></td><td>대상품목</td><td></td><td>허가·인증·
신고번호</td><td></td></tr>
<tr><td>모델명</td><td colspan="3"></td><td>유형</td><td></td></tr>
<tr><td colspan="6">※ 유형 : 1) 전기·기계, 2) 치과재료, 3) 의료용품</td></tr>
<tr><td rowspan="2">위험분석</td><td rowspan="2" colspan="3">잔여위험 평가 결과</td><td colspan="2">□ 적합(acceptable)</td></tr>
<tr><td colspan="2">□ 부적합(unacceptable)</td></tr>
<tr><td colspan="6">※ 식별된 해저드의 잔여위험 평가 결과, "적합"인 경우에 한하여 작성</td></tr>
</table>

<table>
<tr><td colspan="2">위험통제 수단이 적용된 후에도 남는 잔여위험의 경우 수락(acceptable)으로 판정되는 경우 잔여위험을 설명하는 데 필요한 모든 관련 정보를 제조자가 공급하는 적합한 부속문서에 기재해야 한다(ISO 14971).</td></tr>
<tr><td>구분</td><td>안전성 정보(허가증에 반영할 내용)</td></tr>
<tr><td rowspan="2">☑
사용 시
주의사항</td><td></td></tr>
<tr><td>▶ 위험감소 대책 :</td></tr>
<tr><td rowspan="2">□
사용방법</td><td></td></tr>
<tr><td>▶ 위험감소 대책 :</td></tr>
<tr><td>기타항목</td><td>□ 허가 반영이 불필요한 경미한 사항</td></tr>
<tr><td colspan="2">첨부 자료 : 위험관리 분석보고서 첨부(해당 부분 발췌)</td></tr>
</table>

* 출처 : 식품의약품안전처, 의료기기 재평가 업무 해설서(민원인 안내서), 2015. 9.

※ 작성 시 참고사항

- 제품 정보 : 대상 제품의 업체명, 품목명, 허가번호, 모델명, 유형을 품목 허가·인증·신고증을 참고하여 작성한다.
  ※ 유형은 전기·기계, 치과재료, 의료용품 중 대상 품목이 해당되는 사항을 선택
- 위험분석 : 잔여위험 평가 결과를 표시하며 잔여위험의 이득이 위험보다 커서 수락(Acceptable)으로 판정된 경우에 한하여 작성한다.
- 안전성 정보(허가증에 반영할 내용) : 위험요인 분석을 통해 대상 제품의 잔여위험 평가 결과가 위험보다 이득이 더 커 수락(acceptable)으로 판정된 경우로, 위험감소 대책과 대책에 따른 '사용 시 주의사항'이나 '사용 방법'을 통해 소비자에게 알리는 정보를 작성한다.
  ※ 기존 허가 내용이 변경되는 경우 변경 전후 대비표를 별도 작성 첨부하며, 단순 추가 시는 제외
- 기타 항목 : 경미한 사항으로 허가증의 반영 여부 결정이 불확실한 경우에 체크
  ※ 해당 사항은 의료기기 심사부의 허가 변경 타당성 검토 후, 후속조치(변경 명령) 여부 결정
- 첨부 자료 : 안전성 정보를 입증할 '위험관리 분석 보고서'의 해당 부분을 발췌하여 첨부한다.

〈표 5-13〉 ⓔ 위험관리 분석보고서(제조업자에 한하여 작성) 작성 예시

<table>
<tr><td>업체명</td><td>*****</td><td>대상품목</td><td>기도형보청기</td><td>허가·인증·
신고번호</td><td>제허 10-000</td></tr>
<tr><td>모델명</td><td colspan="3">*****</td><td>유형</td><td>3)</td></tr>
<tr><td colspan="6">※ 유형 : 1) 전기·기계,　2) 치과재료,　3) 의료용품</td></tr>
<tr><td rowspan="2">위험분석</td><td rowspan="2" colspan="2">잔여위험 평가 결과</td><td colspan="3">☐ 적합(acceptable)</td></tr>
<tr><td colspan="3">☐ 부적합(unacceptable)</td></tr>
<tr><td colspan="6">※ 식별된 해저드의 잔여위험 평가 결과, “적합”인 경우에 한하여 작성</td></tr>
<tr><td colspan="6">위험통제 수단이 적용된 후에도 남는 잔여위험의 경우 수락(acceptable)으로 판정되는 경우 잔여위험을 설명하는 데 필요한 모든 관련 정보를 제조자가 공급하는 적합한 부속문서에 기재해야 한다(ISO 14971).</td></tr>
<tr><td>구분</td><td colspan="5">안전성 정보(허가증에 반영할 내용)</td></tr>
<tr><td rowspan="2">☑
사용 시
주의사항</td><td colspan="5">1) 최대음압레벨이 132db을 초과하는 보청기를 선택할 때, 휘팅할 때, 사용할 때는 사용자의 잔존 청각을 손상시킬 수 있으므로 전문가와 상의 하십시오.</td></tr>
<tr><td colspan="5">1. 배터리전원의 소진으로 이상음향의 발생(과도한 크기의 삐~소리-피드백)
▶ 위험감소 대책 : 사용 시 주의사항에 기재</td></tr>
<tr><td rowspan="2">☐
사용방법</td><td colspan="5"></td></tr>
<tr><td colspan="5">▶ 위험감소 대책 :</td></tr>
<tr><td>기타항목</td><td colspan="5">☐ 허가 반영이 불필요한 경미한 사항</td></tr>
<tr><td colspan="6">첨부 자료 : 위험관리 분석보고서 첨부(해당 부분 발췌)</td></tr>
</table>

* 출처 : 식품의약품안전처, 의료기기 재평가 업무 해설서(민원인 안내서), 2015. 9.

라. 이상사례 및 안전성 정보 부재 시 보고방법

공고된 자료수집 기간(3년) 중 발생한 이상사례 및 안전성 정보를 수집할 수 없는 경우 이상사례, 안전성 정보 또는「이상사례」및「안전성 정보」가 없다는 내용을 자사 공문에 기재한 후, 재평가 신청 시 첨부파일로 업로드한다.

이상사례 및 안전성 정보를 '제출자료 없음'으로 제출한 업체는 GMP 국내 정기 현장심사 시, 업체방문을 통해 CAPA 시스템의 적정운영 및 재평가 반영사항의 유무 등을 면밀히 검토할 예정이며, 검토결과 허가 반영이 가능한 이상사례, 안전성 정보가 확인되는 경우 '재평가를 받지 않은 경우'로 갈음하여 행정처분할 예정이다.

참고

재평가 관련「시정 및 예방조치(CAPA)」의 범위

제품에 대한 소비자 불만 및 요구사항
제품에 대한 이상사례 및 부작용에 관한 사항
품질부적합에 관한 사항
제품 리콜(회수) 관련 사항
※ 행정처분 기준 : (1차) 해당 품목 판매업무정지 2개월

〈표 5-14〉 이상사례 및 안전성 정보 부재 시 작성 예시

M 메디칼(주)

서울특별시 강남구 서초동 ***로 ○○○빌딩 ○○○-○○ 담당자 : 최**(02-***-****)

문서번호 : M - 001호
수 신 : 식품의약품안전처 의료기기안전평가과
일 자 : 20**.**.**.
제 목 : 20**년도 의료기기 재평가 작성자료 제출

당사는 20**년도 재평가 대상 제조(수입) 업체로, 자료 수집 기간(3년)동안 발생한 아래 품목에 대한 이상사례 및 안전성 정보 자료를 조사하였으나 해당되는 사항이 없음을 보고합니다.

- 아 래 -

가. 대상 품목 : 개인용조합자극기(제허 100 - ****호)
---〉 ※ 대상 품목은 모두 기재하며, 다수인 경우 별지 사용 가능

나. 대상 자료 : 이상사례분석보고서 및 안전성 정보. 끝.

M 메디칼(주) 대표 이**

* 출처 : 식품의약품안전처, 의료기기 재평가 업무 해설서(민원인 안내서), 2015. 9.

2.4 재평가의 신청

의료기기 재평가 신청은 전자문서로 접수·처리하는 것을 원칙으로 하며, 공고된 재평가 실시 대상 제품들은 신청기간 내에 허가증별로 의료기기 재평가 신청서(전자 문서로 된 신청서)와 재평가에 필요한 제출자료(전자문서로 된 첨부자료)를 첨부하여 식약처 의료기기정보포털 사이트(https://udiportal.mfds.go.kr/)에 신청한다. 동일제품군인 경우 공통으로 작성하며, 재평가 접수·처리에 별도의 수수료는 없다.

〈표 5-15〉 의료기기 재평가 신청서 양식

■ 「의료기기법 시행규칙」 [별지 제18호 서식]

<table>
<tr><td colspan="3">의료기기 재평가 신청서</td></tr>
<tr><td>접수번호</td><td>접수일</td><td>처리기간</td></tr>
<tr><td rowspan="2">신청인
(대표자)</td><td>성명</td><td>생년월일</td></tr>
<tr><td colspan="2">주소</td></tr>
<tr><td rowspan="2">제조(수입)
업소</td><td>명칭(상호)</td><td>업허가번호</td></tr>
<tr><td colspan="2">소재지</td></tr>
<tr><td rowspan="2">제조원
(수입 또는
제조공정 전부
위탁의 경우)</td><td>명칭(상호)</td><td>제조국</td></tr>
<tr><td colspan="2">소재지</td></tr>
<tr><td colspan="3">재평가 대상 명칭(제품명, 품목명 및 모델명)</td></tr>
<tr><td colspan="2">분류번호(등급)</td><td>재평가 실시연도</td></tr>
<tr><td colspan="2">허가 · 인증 · 신고 연월일</td><td>허가 · 인증 · 신고번호</td></tr>
<tr><td colspan="3">「의료기기법」 제9조 · 제15조 및 같은 법 시행규칙 제19조제2항 · 제34조에 따라 위와 같이 의료기기의 재평가를 신청합니다.

년 월 일
신청인 (서명 또는 인)
담당자 성명
담당자 전화번호
식품의약품안전처장 귀하</td></tr>
<tr><td>첨부서류</td><td colspan="2">식약처장이 공고한 재평가에 필요한 자료를 제출합니다.</td></tr>
<tr><td colspan="3">처리절차
신청서 작성 (신청인) → 접수 (식품의약품안전처) → 검토 (식품의약품안전처) → 결재 (식품의약품안전처) → 열람 및 공시 (식품의약품안전처) → 결과공고 (식품의약품안전처)</td></tr>
</table>

* 출처 : 식품의약품안전처, 「의료기기법 시행규칙」 [별지 제18호 서식], 2024. 7. 8.

2.5 재평가의 자료의 요청 및 보완

제출한 재평가 자료에 보완이 필요한 경우에는 상당한 기간을 정하여 민원인에게 보완을 요구하여야 한다.

식약처장은 보완요구를 받은 민원인이 보완 요구를 받은 기간 내에 보완을 할 수 없음을 이유로 보완에 필요한 기간을 분명하게 밝혀 기간 연장을 요청하는 경우에는 이를 고려하여 다시 보완 기간을 정하여야 한다. 이 경우 민원인의 기간 연장 요청은 2회로 한정한다. 보완 기간 내에 자료를 보완하지 아니한 경우에는 10일 이내의 기간을 정하여 다시 보완을 요구할 수 있다.

2.6 재평가 검토 결과 열람 및 의견 제출

재평가 신청서 및 첨부자료를 근거로 '재평가 방법 및 판정기준'에 따라 심사하고 종합평가한 재평가 시안이 작성된다. 재평가 시안은 1개월 이상 의료기기 전자민원 사이트에서 열람 가능하며, 열람한 재평가 시안에 대하여 의견이 있는 경우 열람 종료일부터 1월 이내에 자료 등을 첨부하여 의견을 제출한다.

2.7 재평가 결과 확정

재평가 시안에 대하여 재평가 대상품목의 제조업자 또는 수입업자가 제출한 의견을 참고하여 의료기기 위원회가 심의한 후 재평가 결과를 확정하여야 한다.

2.8 재평가 결과 공고

식약처장은 심의된 재평가 결과를 식약처 홈페이지에 게재하여 공고하여야 한다.

2.9 후속조치

식약처장은 안전성 및 유효성에 대한 재평가 결과에 의하여 대상 품목의 의료기기 제조업자 및 수입업자에게 품목허가 변경 등 후속조치를 명할 수 있다.

가. 「의료기기법」 제36조제2항의 규정에 의하여 허가사항의 변경이 필요한 경우

공고일로부터 다음에 해당하는 기일 이내에 허가사항의 변경. 이 경우 허가사항의 변경은 「의료기기법」 제12조 및 제15조 규정에 의한다.

① 변경 내용이 「의료기기 허가 · 신고 · 심사 등에 관한 규정」 제19조제4항제2호 또는 「체외진단의료기기 허가 · 신고 · 심사 등에 관한 규정」 제19조제6항에 따른 경미한 변경에 해당하는 경우에는 공고일로부터 2개월 이내

② 변경 내용이 상기 이외의 경우에는 공고일로부터 1개월 이내

변경허가일 이후 출고되는 모든 제품은 별도의 변경 내용을 첨부(부착)하여 유통하도록 하고, 이미 유통 중인 제품에 대하여는 당해 품목의 의료기기취급자에게 재평가 결과를 통보한 후 이를 당해 제조업자 또는 수입업자의 홈페이지에 게재한다.

나. 안전성 및 유효성이 인정되지 아니한 품목으로서 해당 의료기기의 사용이 국민건강에 중대한 피해를 주거나 치명적 영향을 줄 가능성이 있는 것으로 인정되는 경우

재평가 결과 공고일로부터 2월 이내에 시중 유통품을 수거・폐기하고 식약처장에게 수거・폐기 결과 보고서와 품목허가증을 제출한다.

3 행정처분 기준

「의료기기법」 제9조 및 「의료기기법 시행규칙」 제19조에 따른 의료기기 재평가 규정을 위반한 행위에 대한 행정처분 기준은 다음 표와 같다.

〈표 5-16〉 의료기기 재평가 행정처분 기준

위반행위	행정처분의 기준			
	1차 위반	2차 위반	3차 위반	4차 이상 위반
재평가를 받지 않은 경우	해당 품목 판매업무 정지 2개월	해당 품목 판매업무 정지 6개월	해당 품목 제조·수입허가, 인증 취소 또는 제조·수입 금지	
재평가 결과에 따른 조치(표시·기재 및 수거·폐기 조치는 제외한다)를 하지 않은 경우	해당 품목 판매업무 정지 1개월	해당 품목 판매업무 정지 3개월	해당 품목 판매업무 정지 5개월	해당 품목 제조·수입허가, 인증 취소 또는 제조·수입 금지
재평가 결과 안전성 또는 유효성을 갖추지 못한 경우	해당 품목 제조·수입허가, 인증 취소 또는 제조·수입 금지			

* 출처 : 「의료기기법 시행규칙」 [별표 8], http://www.law.or.kr, 2024. 7. 8.

제 6 장

시판 후 조사

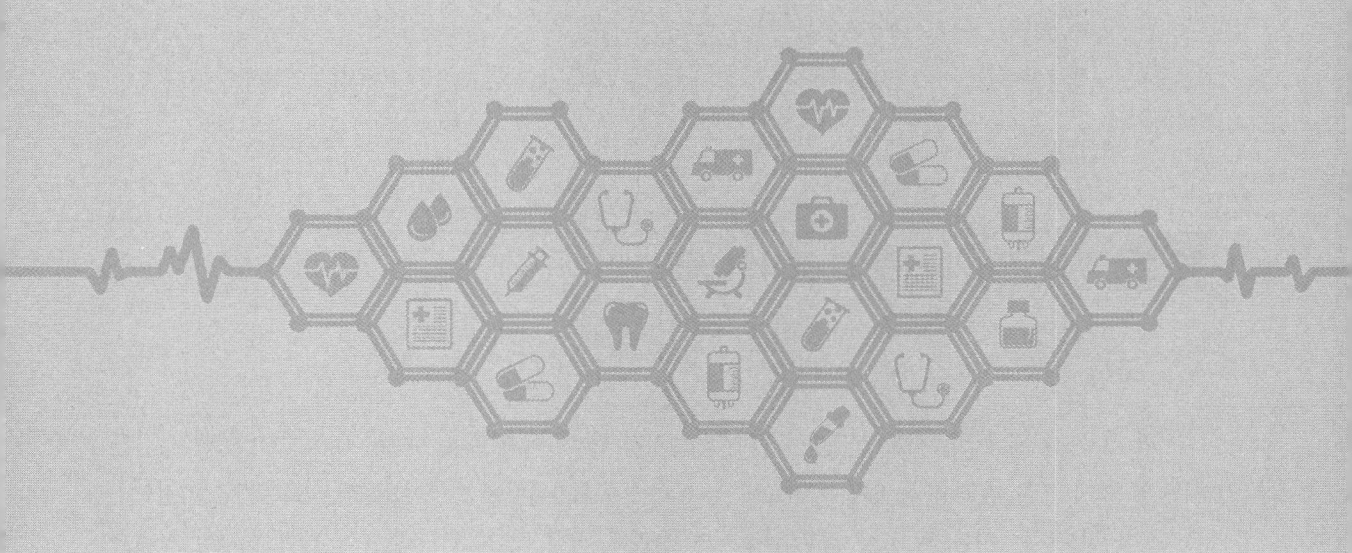

06 시판 후 조사

학습목표 — 의료기기 시판 후 조사의 개념 및 관련 규정을 이해하고, 의료기기 시판 후 조사 방법 및 절차를 학습한다. 의료기기 시판 후 조사 관련 규정 위반 시 행정처분 사항에 대해 알아본다.

NCS 연계 — 해당 없음

핵심 용어 — 신개발 의료기기, 희소 의료기기, 재심사, 시판 후 조사, 의료기기 이상사례

1 의료기기 시판 후 조사의 배경

1.1 목적

시판 후 조사 대상 의료기기(신개발 및 희소의료기기 등)의 허가 이후 지정된 일정 기간 동안 수집된 시판 후 조사 결과, 부작용 등 안전성 자료 등을 분석하여 허가사항에 반영함으로써 의료기기의 안전성·유효성을 확보하는 시판 후 조사 업무의 절차, 제출자료 작성 및 보고 방법 등에 대한 상세한 안내를 제공하기 위함이다.

의료기기 시판 후 조사는 「의료기기법」 제8조, 제8조의2 및 「의료기기법 시행규칙」 제18조, 제18조의2, 제18조의3, 제18조의의4, 제18조의5 및 「의료기기 시판 후 조사에 관한 규정」(식품의약품안전처고시 제2022-14호, 2022. 2. 18., 전부개정)에서 규정하고 있다. 특이사항으로는 「의료기기 재심사에 관한 규정」([식품의약품안전처고시 제2020-29호, 2020. 5. 1., 타법개정)이 「의료기기법」 및 「의료기기법 시행규칙」 개정에 따라 '재심사'를 '시판 후 조사'로 용어를 변경하고, 법령 인용 조항 등을 정비함(안 제1조, 제2조, 제7조, 제8조, 제9조, 제10조, 제11조)으로 인해 2022년 2월 「의료기기 시판 후 조사에 관한 규정」(식품의약품안전처고시 제2022-14호, 2022. 2. 18., 전부개정)으로 전부 개정되었다.

1.2 용어의 정의

이 규정에서 정의하지 아니한 것은 "의료기기 부작용 등 안전성 정보 관리에 관한 규정"(식품의약품안전처 고시)에 의한다.

"조사표"라 함은 시판 후 조사를 위하여 해당 의료기기가 적용된 대상에 대한 관찰기록을 작성하기 위한 표를 말한다.

"기초자료"라 함은 조사표에 기재된 대상에 대한 관찰기록을 의미하며 필요한 경우 근거자료를 포함할 수 있다.

[의료기기 부작용 등 안전성 정보 관리에 관한 규정(식품의약품안전처 고시) 제2조(정의)]

1. "안전성 정보"란 허가・인증받거나 신고한 의료기기의 안전성 및 유효성과 관련된 자료나 정보로 부작용 발생사례를 포함한다.
2. "부작용 정보"란 의료기기의 취급・사용 시 국내외에서 발생한 의료기기의 부작용 또는 부작용 발생이 우려되는 사례를 말한다.
3. "부작용(Side Effect)"이란 부작용 정보 중 정상적인 의료기기 사용으로 인해 발생하거나 발생한 것으로 의심되는 모든 의도되지 아니한 결과를 말하며, 의도되지 않은 바람직한 결과를 포함한다.
4. "이상사례(Adverse Event)"란 부작용 중 바람직하지 않은 결과를 말하며, 해당 의료기기와 반드시 인과관계를 가져야 하는 것은 아니다.
5. "중대한 이상사례(Serious Adverse Event)"란 이상사례 중 다음 각 목의 어느 하나에 해당하는 경우를 말한다.
   가. 사망이나 생명에 위협을 주는 부작용을 초래한 경우
   나. 입원 또는 입원기간의 연장이 필요한 경우
   다. 회복이 불가능하거나 심각한 불구 또는 기능 저하를 초래하는 경우
   라. 선천적 기형 또는 이상을 초래하는 경우
6. "예상하지 못한 이상사례"란 의료기기의 허가・인증받거나 신고한 사항과 비교하여 위해정도(severity), 특이사항 또는 그 결과 등에 차이가 있는 이상사례를 말한다.
7. "이상사례 표준코드"란 의료기기 이상사례를 의료기기 문제, 이상사례의 원인 및 환자의 건강상태로 구분하고 단계별로 세분화하여 코드화한 것을 말한다.

2 의료기기 시판 후 조사 방법 및 절차

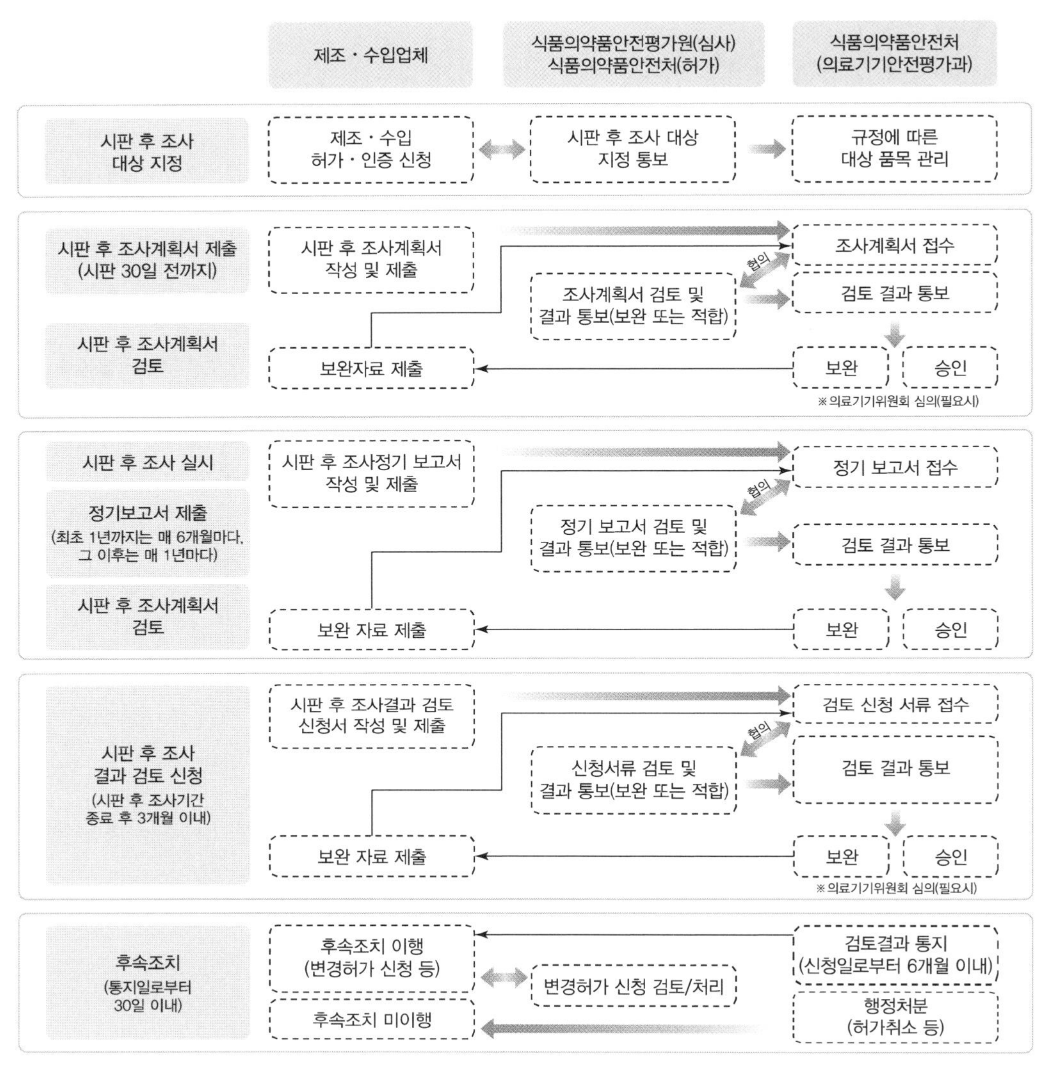

※ 허가부서 : 첨단제품허가담당관
※ 심사부서 : 첨단의료기기과, 체외진단기기과 , 심혈영상기기과, 정형재활기기과, 구강소화기기과

* 출처 : 식품의약품안전처, 의료기기 시판 후 조사 업무 가이드라인(민원인 안내서), 2023. 9.

❙ 그림 6-1 ❙ 의료기기 시판 후 조사 운영 절차도

2.1 대상 및 기간

의료기기 시판 후 조사의 대상은 「의료기기법」 제8조에서 규정한 다음의 의료기기가 포함된다.

① 작용원리, 원재료의 종류 또는 분량(인체에 접촉하는 의료기기인 경우), 시술 방법, 사용 부위 등 사용방법, 성능 또는 사용목적 중 어느 하나 이상이 이미 허가 또는 인증을 받거나 신고한 품목류 또는 품목과 비교하여 완전히 새로운 신개발의료기기

② 국내에 대상 질환 환자 수가 적고 용도상 특별한 효용가치를 갖는 의료기기로서 식약처장이 지정하는 희소의료기기

③ ①에 해당하는 신개발의료기기(시판 후 조사가 완료되지 아니한 신개발의료기기로 한정)와 동등한 의료기기

〈표 6-1〉 의료기기 시판 후 조사 증례수 및 기간

<table>
<tr><th>대상</th><th>기간</th><th>증례수</th></tr>
<tr><td>• 신개발 의료기기</td><td rowspan="2">4년</td><td>제품의 특성에 따라 별도 산정</td></tr>
<tr><td>- 추적관리대상 의료기기</td><td rowspan="2">별도의 증례수 산정 없이 사용한 모든 증례 조사</td></tr>
<tr><td>• 희소 의료기기</td><td>6년</td></tr>
</table>

※ 추적관리대상 의료기기 : 인체에 1년 이상 삽입되거나, 생명 유지용 의료기기 중 의료기관 외의 장소에서 사용이 가능한 의료기기로서, 사용 중 부작용 또는 결함이 발생하여 인체에 치명적인 위해를 줄 수 있어 그 소재를 파악해 둘 필요가 있는 의료기기(식약처장이 별도로 정하여 관리)

* 출처 : 식품의약품안전처, 의료기기 시판 후 조사 업무 가이드라인(민원인 안내서), 2023. 9.

2.2 시판 후 조사의 운영 절차

제조 · 수입 허가 시 시판 후 조사 대상임을 통보받은 경우, 해당 업체는 「의료기기법 시행규칙」 [별지 제16호 서식]과 시판 후 조사계획서를 시판 30일 전까지 식약처장에게 제출하여야 한다.

계획서 승인일로부터 최초 1년간은 6개월마다, 그 이후는 1년마다 그 기간 만료 후 2개월 이내에 「의료기기법 시행규칙」 [별지 제16호의3 서식]과 ① 시판 후 조사대상에 대한 관찰기록 등 기초자료, ② 시판 후 조사에 대한 분석 · 평가 결과에 관한 자료, ③ 시판 후 조사 의료기기의 부작용에 관한 자료를 정기적으로 보고하여야 한다.

시판 후 조사 기간이 끝난 날부터 3개월 이내에 「의료기기법 시행규칙」 [별지 제16호의4 서식]과 ① 국내 시판 후의 안전성 및 유효성에 관한 조사자료. ② 부작용 및 안전성에 관한 국내 · 외 자료, ③ 국내 · 외 판매현황 및 외국의 허가현황에 관한 자료를 제출하여 검토받아야 한다.

2.3 시판 후 조사 결과 검토 및 후속 조치

식약처장은 시판 후 조사 결과에 대한 검토 신청자료를 심사하고 신청일로부터 6개월 이내에 의료기기 위원회 심의를 거쳐 그 결과를 「의료기기법 시행규칙」 [별지 제17호 서식]에 따라 대상 품목의 신청인(제조 · 수입업자)에게 통지한다.

식약처장은 결과를 통지할 때 사용목적, 사용방법, 사용 시 주의사항, 의료기기 품목분류 등 허가사항 변경 등의 시정사항이 있는 경우 그 후속 조치에 관한 세부 사항을 상세히 명시한다.

「의료기기법」 제8조의2제2항에 따라 판매중지, 회수 · 폐기 등의 조치를 명령받은 제조 · 수입업자는 통지일로부터 30일 이내에 필요한 조치를 하고 그 결과를 식약처장에게 알려야 한다.

2.4 시판 후 조사 (변경)계획서 작성

가. 시판 후 조사의 유형

① 「의료기기법 시행규칙」 제18조의2제1항에 따른 시판 후 조사 계획서는 고시 제4조제2항에 따라 시판 후 조사의 유형을 선택하여 작성한다.

㉮ 시판 후에 조사 대상 의료기기를 사용한 환자들의 자료를 지속적으로 수집하여 활용하는 조사 · 연구(이하 '시판 후 사용성적조사'라 한다)

㉯ 의무기록, 보험청구자료 등 이미 수집된 환자의 의료데이터를 활용한 조사 · 연구(이하 '환자 의료데이터 활용 조사'라 한다)

㉰ 시판 전 임상시험에 참여한 피험자에 대한 추가 조사 · 연구(이하 '기존 임상시험 대상자 추가조사'라 한다)

㉱ 새로운 시판 후 임상시험

② 시판 후 조사 유형 선택 시, 아래의 사항을 고려할 수 있다. 그러나, 반드시 이에 제한되는 것은 아니며, 제품과 자료 수집 항목의 특성에 따라 가장 효율적인 방법을 선택하여 실시할 수 있다.

〈표 6-2〉 시판 후 조사 유형과 대상 의료기기

조사 유형	목적 및 대상 의료기기
시판 후 사용성적조사	일상 진료환경에서 대상 의료기기를 사용한 환자에 대해 관찰 목적에 따라 수집 정보를 정하고 이를 통해 의료기기의 안전성/유효성 평가변수를 분석하는 방법 ㉠ 대부분의 시판 후 조사 대상 의료기기
환자 의료데이터 활용 조사	• 의료기기 사용자 및 관련 정보가 축적되는 자료원(의무기록, 국민건강보험 공단자료 등)을 이용하여 의료기기의 안전성/유효성 평가변수를 분석하는 방법 • 시판 후 조사 외의 목적으로 수집된 자료이기 때문에 필요로 하는 정보를 위한 조작적 정의 및 기존 자료로부터의 추출 방법 등에 대한 고려 필요 ㉠ 인공지능(AI) 의료기기, 진단 보조용 소프트웨어 의료기기 등

조사 유형	목적 및 대상 의료기기
기존 임상시험 대상자 추가조사	시판 전 임상시험 대상자에 대해 지속적인 관찰이 필요하거나 확증적 증거를 위해 새로운 대상자를 추가하여 기존 임상시험을 이어서 수행하는 방법 ㉵ 인체 이식 의료기기, 예후 예측 의료기기 등
새로운 시판 후 임상시험	일상 진료 과정에서 얻을 수 없는 정보의 수집이 필요한 경우로, 비뚤림과 오류의 가능성을 줄이기 위해 임상시험 환경을 제한하는 방법 ㉵ 희소 의료기기 등

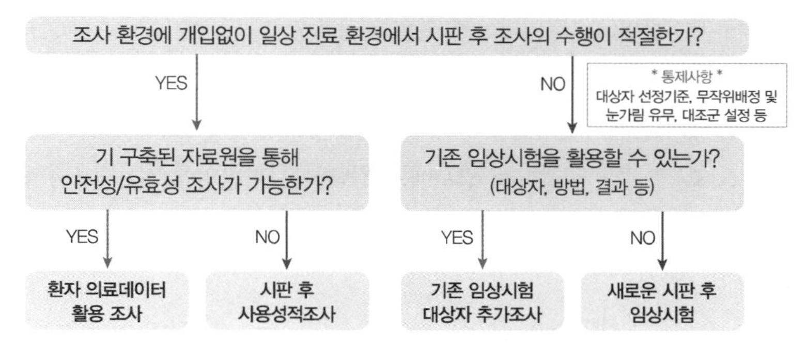

❚ 그림 6-2 ❚ 시판 후 조사 유형 선택 흐름도

나. 시판 후 조사 유형별 작성항목 및 고려사항(별표 1 참고)

시판 후 조사계획서는 각호 유형에 따른 작성 항목에 맞춰 작성한다.

1) 시판 후 사용성적조사

일상 진료환경에서 의료기기의 안전성 및 유효성에 관한 사항 등을 확인하기 위한 조사를 뜻한다.

① 조사 목적 : 시판 후 조사의 목적과 이를 달성하기 위해 해당 조사 유형이 적절한 사유를 작성한다.

② 조사 기간 : 시판 후 조사 기간은 고시 제3조(시판 후 조사 기간)에 따라 해당 의료기기의 시판일을 기점으로 제조·수입 허가 시 설정된 기간을 계산하여 작성한다.

㉮ 신개발의료기기 및 신개발 의료기기와 동등한 의료기기* : 4년

* 시판 후 조사가 완료되지 아니한 신개발 의료기기로 한정

㉯ 희소의료기기 : 6년

다만, 의료기기의 특성상 시판 후 조사 기간을 달리 적용할 필요가 있다고 인정되는 경우 의료기기위원회의 심의를 거쳐 별도의 조사기간을 설정할 수 있다.

※ 증례수 미확보 등에 따른 4~7년 범위의 기간 연장은 의료기기위원회 심의 면제

〈표 6-3〉 시판 후 조사기간을 달리 적용할 필요가 있는 경우

구분	시판 후 조사기간을 달리 적용할 필요가 있는 경우
1	단기간 내 시판 후 조사에 필요한 조사증례수 확보가 가능한 경우
2	신뢰성 있는 시판 후 조사결과를 얻기 위해 추가적인 조사가 필요한 경우 다만, 계획된 조사 증례수 부족 등에 따라 조사 기간 연장이 필요한 경우는 제외한다.
3	그 밖에 제1호 및 제2호에 준하는 경우로서 식약처장이 필요하다고 인정하는 경우

③ 조사책임자 및 위탁기관명(위탁의 경우에 한함)

㉮ 시판 후 조사를 실시하는 각 기관의 조사책임자를 작성한다. 시판 후 조사기관이 다수일 경우에는 한 명의 조사책임자를 선정한다.

㉯ 위탁하여 시판 후 조사를 진행하는 경우에는 위탁하는 기관의 명칭, 대표자명, 소재지, 담당자명, 담당자 연락처 등을 작성한다.

④ 조사 증례수 및 그 근거

㉮ 시판 후 조사 증례수는 해당 의료기기의 적응증 등 특성을 고려하여 산출한다. 다만, 희소의료기기 또는 신개발의료기기 중 법 제29조에 따른 추적관리대상 의료기기는 사용하는 모든 사례를 조사한다.

㉯ 산출된 조사 증례수에 대한 근거자료는 별도의 요건 및 제한이 없으며, 아래와 같은 자료(예시)를 제출할 수 있다.

> ① 허가 시의 사용목적 범위에 포함된 적응증에 대한 역학적 특성 자료(유병률, 발병률 등)
> ② 임상지침, 교과서, 임상문헌, 학회 정보 등의 공신력 있는 기관 자료를 바탕으로 한 의료통계정보 등
> ③ 해당 의료기기 적응증 관련 전문 학회장이 적용 가능하다고 판단한 환자 수

⑤ 조사 실시기관에 관한 사항

㉮ 시판 후 조사는 고시 제4조제4항에 따른 기관에서 실시하여야 한다. 시판 후 조사가 실시되는 기관의 기관명, 해당 기관의 조사책임자명, 연락처 등을 작성한다.

〈표 6-4〉 시판 후 조사 실시기관

구분	시판 후 조사 실시기관
1	「의료기기법」 제10조제3항에 따라 식약처장이 지정한 임상시험기관
2	「체외진단의료기기법」 제8조제1항에 따라 식약처장이 지정한 임상적 성능시험기관(체외진단의료기기에 한함)
3	1과 2의 경우를 제외한 「의료법」 제3조에 따른 의료기관 (단, 의료기기 임상시험 및 체외진단의료기기의 임상적 성능시험을 실시하는 경우는 제외한다)

⑥ 조사 항목 등 조사 범위에 관한 사항

㉮ 조사대상자 선정기준, 제외기준 등에 대하여 정하고 증례수를 충족하기 위한 모집계획 등을 작성한다.

㉯ 조사대상자의 성별, 나이 등 기초정보 및 설정한 안전성 및 유효성 평가변수 분석을 위한 수집항목을 포함한다.

※ 필요시 병력 및 처치현황, 병용약물 정보 등 추가

⑦ 조사의 절차 등 조사 방법에 관한 사항

㉮ 고시 제4조제6항 따른 사항을 포함하여 시판 후 조사에 대한 진행 절차 및 방법 등에 대해 상세하게 작성한다.

- 문서 등 시판 후 조사 의뢰 방법
- 시판 후 조사 정보의 수집 방안(정보 수집에 관한 업무를 외부기관에 위탁하는 경우에는 위탁에 대한 정보를 포함)
- 시판 후 조사에 필요한 인원 확보 방안
- 시판 후 조사계획서에 따라 시판 후 조사를 적정히 수행하기 위한 아래의 사항이 포함된 업무기준서의 작성 · 비치 장소

  –시판 후 조사 방법 및 대상 · 조사의뢰 절차

  –정보의 확인방법 · 평가 · 분석 기준 및 그에 따른 조치방법 등

㉯ 대상자 모집기간, 정보 수집시점, 추적관찰기간, 결과 분석 · 평가 등을 포함한 일정표를 포함한다.

⑧ 조사결과의 분석 항목 및 분석 방법에 관한 사항

㉮ 시판 후 조사 중 수집한 정보에 대한 안전성 및 유효성 평가변수, 자료분석 과정 및 방법 등을 정하여 작성한다.

- 분석 대상자료 선정 : 회수된 조사표를 바탕으로 통계분석에 포함될 조사대상자의 자료를 선정하는 것을 의미한다. 시판 후 조사 계획서에 따라 의료기기를 적용한 대상자는 평가대상에 해당하고, 조사대상자에 대한 기초정보 및 1, 2차 안전성 · 유효성 변수 항목의 측정값이 분석 대상 범위에 포함된다.
- 통계적 분석 방법 : 1, 2차 평가변수 항목의 통계적 분석 방법(t검정, 카이제곱검정, 비모수검정, 생존분석법 및 변량분석법 등), 결측치와 이상치* 처리방법 등이 포함되도록 구체적으로 작성한다.

  * 참여 중지 및 탈락 등 결측치와 이상치에 대한 기준 명확히 정의

- 평가 · 분석 기준 : 의료기기의 사용 효과 정도를 검증할 수 있는 유효성 평가변수의 성공기준 및 각 변수의 평가가 가능한 분석 기준이 포함되도록 작성한다.

㉯ 1, 2차 안전성 및 유효성 평가변수 분석 결과에 따른 해당 의료기기에 대한 조치방법이 포함되도록 작성한다.

⑨ 시판 후 조사 대상 의료기기의 안전성에 관한 사항 : 해당 의료기기 사용 중 또는 사용 후 발생할 수 있는 부작용* 및 발생한 안전성 정보의 보고 기준과 방법, 중증도 · 인과관계 결정 등에 대한 사항을 작성한다.

* 해당 의료기기에 대한 허가사항 및 국내외 임상 연구 결과, 유사 의료기기에서의 이상사례 등을 포함하여 기재

2) 환자 의료데이터 활용 조사

① 이미 구축된 자료원을 통해 대상 의료기기에 대한 안전성 및 유효성 평가변수를 분석하는 조사방식을 뜻한다.

② 자료원 내 필요한 정보를 확인하기 위한 조작적 정의 및 추출 방법에 대한 고려가 필요하며, 건강보험 청구자료, 전자의무기록, 환자등록자료 등을 활용할 수 있다.

〈표 6-5〉 자료원 특징

자료원	특징
건강보험청구자료 (국민건강보험공단, 건강보험심사평가원)	• 요양기관의 의료서비스 제공 후, 환자의 진료비용 중 일부를 청구하면서 발생하는 정보로 전 국민에 대한 자료 보유 • 비급여정보(행위, 약제, 치료 재료 등), 임상검사 수치 자료, 처방 없이 약국에서 판매되는 약물 정보 등은 미포함
전자의무기록	진료 과정 중 생성되는 입· 퇴원, 진료 및 수술, 임상검사, 투약 및 영상 검사기록과 소견서 등을 전자화한 의료기관 내 자료
환자등록자료 (레지스트리)	• 질병이나 인자에 노출된 결과를 평가하고자 특정 정보를 지속적으로 수집하여 구축된 자료 • 기존 구축 목적에 따라 수집된 정보이므로 시판 후 조사에 활용 시 필요 정보가 부재할 가능성이 있어 추가 정보 수집이나 다른 데이터와의 연계 가능성 검토 필요

③ 기본적인 작성 항목은 제1호 유형(시판 후에 조사대상 의료기기를 사용한 환자들의 자료를 지속적으로 수집하여 활용하는 조사 · 연구)과 동일하나, 아래 사항에 대하여 추가적인 고려가 필요하다.

㉮ 수행 가능성 : 조사 목적을 달성하기 위해 적합한 자료원이 있는지 확인한다.

※ 대상자 기초정보 및 평가변수 분석을 위한 정보가 포함된 기구축 자료원 작성

㉯ 조사대상자 : 특정 환자군에 편향되지 않도록 대상자 정보를 추출한다.

㉰ 자료원 : 사용되는 모든 자료원의 종류 및 세부사항*과 시판 후 조사의 목적 및 평가 · 분석을 위해 해당 자료원이 적절한지**에 대해 작성한다.

* 자료원의 신뢰성, 데이터 수집기간, 자료원 내 각 증례 추적 가능성 등

** 필요한 수집변수 포함 여부, 해당 의료기기 식별 가능 여부 등

㉱ 자료원 추출 정보

- 시판 후 조사를 위한 자료원 내 정보 확보 방안 및 추출 시작과 종료 시점, 중도 절단 조건 등에 대하여 정의하고 전체 일정표를 작성한다.

  ※ 대상 의료기기의 사용정보를 통해 자료원이 구축되는 기간 고려

- 여러 자료원을 활용 시, 자료원 간의 연계 및 품질평가 방법을 추가로 작성한다.

3) 기존 임상시험 대상자 추가조사

① 기존 임상시험의 대상자, 조사방법, 조사결과 등을 연계 또는 활용하는 조사방식으로 지속적인 추적 관찰이 필요하거나 질병 예후 예측을 목적으로 하는 등의 경우에 고려할 수 있다.

② 시판 전 임상시험에 등록된 대상자를 포함하므로 시판 후 조사 참여에 대한 재동의가 필요하며, 연장된 기간 내 추적관찰을 하고자 한다면 기존 중재연구에서 관찰연구로 변경할 수 있다.

③ 기본적인 작성 항목은 제1호 유형과 동일하나, 아래 사항에 대하여 추가적인 고려가 필요하다.

㉮ 기존 연구 임상시험 번호 : 기존 연구의 임상시험 등록번호(clinicaltrial.gov)를 작성한다.

㉯ 조사 목적 : 시판 전 임상시험의 대상자, 조사방법, 조사결과 등을 연계 또는 활용하는 목적 및 필요성을 작성한다.

㉰ 조사대상자 : 연장연구를 위하여 조사대상자 재동의를 위한 접근방법* 및 대상자 수 산출 근거** 를 작성한다.

* 대조군이 있는 경우 조작적 정의와 선정 방법 기술

** (시판 전 대상자 전부 포함) 최종 등록했던 대상자 수, (시판 전 대상자 중 일부 선정) 선정 기준 및 산출된 수

4) 새로운 시판 후 임상시험

① 조사대상자에게 특정 중재를 한 상태에서 조사 결과를 대조군과 비교하는 연구로 일상 진료에서 얻을 수 없는 유효성 및 안전성에 관한 정보수집을 목적으로 하며, 법 제10조(임상시험계획의 승인 등) 및 시행규칙 제20조(임상시험계획의 승인 등) 및 제24조(임상시험 실시기준 등)에 따른 시험을 뜻한다.

② 시판 후 임상시험을 실시하는 경우 시행규칙 제20조제3항에 따라 법 제10조에 따른 임상시험계획 승인 대상에서 면제되나, 법 제8조제3항에 따라 시판 후 조사계획을 승인받아야 하며 시행규칙 제24조에 준하여 시판 후 조사를 수행할 필요가 있다.

〈표 6-6〉 의료기기 시판 후 조사계획 승인(변경승인) 신청서

■ 의료기기법 시행규칙 [별지 제16호서식] <개정 2024. 9. 20.>

전자민원창구(emed.mfds.go.kr)에서도 신청할 수 있습니다.

의료기기 시판 후 조사계획 승인(변경승인) 신청서

※ 색상이 어두운 칸은 신청인이 작성하지 않습니다.

접수번호	접수일	처리일	처리기간 30일

신청인 (대표자)	성명	사업자등록번호 또는 법인등록번호
제조(수입) 업소	명칭(상호)	업허가번호
	소재지	
제조원 (수입 또는 제조공정 전부 위탁의 경우)	명칭(상호)	제조국
	소재지	
명칭(제품명, 품목명, 모델명)		분류번호(등급)
품목허가 번호		허가연월일
시판 후 조사기간		시판 예정일
시판 후 조사의 제목		
시판 후 조사 실시기관	명칭 및 소재지	
	연구자의 성명	전화번호

「의료기기법」 제8조제3항 및 같은 법 시행규칙 제18조의2제1항·제2항에 따라 위와 같이 의료기기 시판 후 조사계획의 승인(변경승인)을 신청합니다.

년 월 일

신청인 (서명 또는 인)

담당자 성명 및 연락처

식품의약품안전처장 귀하

붙임서류	승인 신청 시: 시판 후 조사 계획서 변경승인 신청 시: 시판 후 조사 변경계획서 및 변경사항을 확인할 수 있는 자료	수수료 (수입인지) 없음

처리절차

신청서 작성	→	접수	→	검토	→	승인 및 통보
신청인		식품의약품안전처		식품의약품안전처		식품의약품안전처

210㎜ × 297㎜[백상지 80g/㎡ 또는 중질지 80g/㎡]

* 출처 : 식품의약품안전처, 「의료기기법 시행규칙」[별지 제16호 서식], 2024. 9. 20.

2.5 시판 후 조사 실시

제조·수입업자는 식약처장에게 승인받은 '조사 계획서'에 따라 시판 후 조사를 실시해야 한다. 시판 후 조사 대상 업체가 시판 후 조사를 실시하지 않거나 계획 승인 또는 변경승인을 받은 사항을 지키지 않은 경우, 「의료기기법 시행규칙」 [별표 8] II. 개별기준 제5호 및 제5호의2에 따라 행정처분을 받을 수 있다.

〈표 6-7〉 의료기기 시판 후 조사 미실시 행정처분

위반행위	행정처분의 기준			
	1차 위반	2차 위반	3차 위반	4차 이상 위반
제조업자 또는 수입업자가 법 제8조를 위반하여 시판 후 조사를 실시하지 않은 경우	해당 품목 판매업무정지 3개월	해당 품목 판매업무정지 6개월	해당 품목 판매업무정지 9개월	해당 품목 제조·수입허가 취소
제조업자 또는 수입업자가 법 제8조제3항을 위반하여 승인 또는 변경승인을 받지 않거나 승인 또는 변경승인을 받은 조사 계획서를 준수하지 않은 경우	해당 품목 판매업무정지 1개월	해당 품목 판매업무정지 3개월	해당 품목 판매업무정지 6개월	해당 품목 제조·수입허가 취소

* 출처 : 「의료기기법 시행규칙」 [별표 8], http://www.law.or.kr, 2024. 1. 16.

〈표 6-8〉 의료기기 시판 후 조사계획 승인서

■ 의료기기법 시행규칙 [별지 제16호의2서식] <개정 2024. 9. 20.>

(앞쪽)

제　　　호

의료기기 시판 후 조사계획 승인서

<table>
<tr><td rowspan="2">신청인
(대표자)</td><td>성명</td><td>사업자등록번호 또는 법인등록번호</td></tr>
<tr><td></td><td></td></tr>
<tr><td rowspan="2">제조(수입)업소</td><td>명칭(상호)</td><td>업허가번호</td></tr>
<tr><td colspan="2">소재지</td></tr>
<tr><td rowspan="2">제조원
(수입 또는 제조공정 전부 위탁의 경우)</td><td>명칭(상호)</td><td>제조국</td></tr>
<tr><td colspan="2">소재지</td></tr>
<tr><td rowspan="4">시판 후 조사개요</td><td>명칭(제품명, 품목명, 모델명)</td><td>분류번호(등급)</td></tr>
<tr><td>품목허가 번호</td><td>허가연월일</td></tr>
<tr><td colspan="2">시판 후 조사기간</td></tr>
<tr><td colspan="2">시판 후 조사의 제목</td></tr>
</table>

「의료기기법」 제8조제3항 및 같은 법 시행규칙 제18조의2제4항에 따라 위와 같이 시판 후 조사 계획을 승인합니다.

붙임: 승인된 의료기기 시판 후 조사 계획서(변경계획서) 1부.

년　　월　　일

식품의약품안전처장 직인

* 출처 : 식품의약품안전처, 「의료기기법 시행규칙」 [별지 제16호의2 서식], 2024. 9. 20.

2.6 시판 후 조사 정기보고서 작성

「의료기기법 시행규칙」 제18조의3에 따른 시판 후 조사 정기보고서에 첨부하여야 하는 서류는 다음 각 호의 사항을 포함하여야 한다(다만, 「의료기기법 시행규칙」 제18조의3제2항에 따른 정기보고 대상 기간에 시판 후 조사를 실시한 현황이 없는 경우에는 시판 후 조사 실시상황 및 문헌 등 국내·외 부작용에 관하여 수집한 자료만을 제출할 수 있다).

① 시판 후 조사 대상에 대한 관찰 기록 등 기초자료
  ㉮ 해당 조사기간에 실시한 시판 후 조사결과의 개요
  ㉯ 시판 후 조사 진행현황
  ㉰ 시판 후 조사 대상자 별 관찰기록 및 근거자료
② 시판 후 조사에 대한 분석·평가결과에 관한 자료
  ㉮ 시판 후 조사 자료에 대한 안전성·유효성을 평가한 항목
  ㉯ 상기에 대한 분석 결과
③ 시판 후 조사 의료기기의 부작용에 관한 자료
  ㉮ 시판 후 조사 중 발생한 모든 이상사례 발생현황 요약 내용 및 일람표
  ㉯ 문헌 등 국내·외 부작용에 관하여 수집한 자료

시판 후 조사 대상 업체가 계획서 승인일로부터 기산된 기한 내에 정기보고를 하지 않거나 거짓 또는 그 밖의 부정한 방법으로 보고한 경우, 「의료기기법 시행규칙」 [별표 8] II. 개별기준 제5호의3에 따라 행정처분을 받을 수 있다.

〈표 6-9〉 「의료기기법 시행규칙」 [별표 8] II. 개별기준 제5호의3에 따른 행정처분

위반행위	행정처분의 기준			
	1차 위반	2차 위반	3차 위반	4차 이상 위반
기한 내 시판 후 조사결과에 대한 정기보고를 하지 않을 경우	해당 품목 판매업무정지 1개월	해당 품목 판매업무정지 3개월	해당 품목 판매업무정지 6개월	해당품목 제조·수입허가 취소
거짓 또는 그 밖의 부정한 방법으로 보고한 경우	해당품목 제조·수입허가 취소			

* 출처 : 「의료기기법 시행규칙」 [별표 8], http://www.law.or.kr, 2024. 1. 16.

〈표 6-10〉 의료기기 시판 후 조사 정기 보고서

■ 의료기기법 시행규칙 [별지 제16호의3서식] <개정 2024. 9. 20.>

전자민원창구(emed.mfds.go.kr)에서도 신청할 수 있습니다.

의료기기 시판 후 조사 정기 보고서

※ 색상이 어두운 칸은 신청인이 작성하지 않습니다.

접수번호	접수일	처리일	처리기간 30일

보고인 (대표자)	성명	사업자등록번호 또는 법인등록번호
제조(수입) 업소	명칭(상호)	업허가번호
	소재지	
시판 후 조사개요	명칭(제품명, 품목명, 모델명)	분류번호(등급)
	품목허가 번호	허가연월일
	시판 후 조사 계획서 승인번호 및 승인일	
시판 후 조사 실시 현황 개요	시판일	
	보고 대상 기간	
	수집 증례(證例)수(보고대상기간 및 누적 증례수)	
	판매실적(보고대상기간 및 누적 실적)	
	시판 후 조사기간	
시판 후 조사 실시기관	명칭 및 소재지	
	연구자의 성명	전화번호

「의료기기법」 제8조제4항 및 같은 법 시행규칙 제18조의3제1항에 따라 의료기기 시판 후 조사 정기보고서를 제출합니다.

년 월 일

보고인 (서명 또는 인)

담당자 성명 및 연락처

식품의약품안전처장 귀하

첨부서류	1. 시판 후 조사 대상에 대한 관찰 기록 등 기초자료 2. 시판 후 조사에 대한 분석 · 평가결과에 관한 자료 3. 시판 후 조사 의료기기의 부작용에 관한 자료

처리절차

보고서	→	접수	→	검토	→	필요 시 조치 명령
보고인		식품의약품안전처		식품의약품안전처		식품의약품안전처

210㎜ × 297㎜[백상지 80g/㎡ 또는 중질지 80g/㎡]

* 출처 : 식품의약품안전처, 「의료기기법 시행규칙」 [별지 제16호의3 서식], 2024. 9. 20.

2.7 시판 후 조사 결과 검토 신청

「의료기기법 시행규칙」 제18조의4제2항에 따라 시판 후 조사 결과의 검토를 신청하고자 하는 자는 다음의 내용이 포함된 자료를 첨부하여 식약처장에게 제출한다.

① 시판 후 조사 결과에 따른 사용성적에 관한 자료로서 국내 시판 후의 안전성 및 유효성에 관한 조사 자료

㉮ 해당 의료기기의 안전성 및 유효성에 관한 자료를 연령, 성별, 임신여부 등 적용 대상에 따라 분석 · 평가한 자료

㉯ 해당 의료기기의 사용 목적, 사용 기간, 사용 방법, 정상사례 또는 이상사례의 사용 결과 등 사용내역에 따라 분석 · 평가한 자료

② 시판 후 조사 대상 의료기기의 부작용 사례로서 부작용 및 안전성에 관한 국내 · 외 자료

㉮ 해당 의료기기의 국내 · 외 부작용에 관하여 수집한 자료를 연령, 성별, 임신 여부 등 적용 대상에 따라 분석 · 평가한 자료

㉯ 국내 · 외 부작용에 관하여 수집한 자료를 해당 의료기기의 사용 목적, 사용 기간, 사용 방법, 사용 결과 등에 따라 분석 · 평가한 자료

㉰ 국내 · 외 판매현황 및 외국의 허가 현황에 관한 자료

- 해당 의료기기의 국내 · 외 판매 현황
- 외국의 허가 현황
- 안전성 및 유효성과 관련한 외국의 조치 내용 등에 관한 자료

시판 후 조사 대상 업체가 시판 후 조사 기간 종료 후 3개월 이내에 시판 후 조사 결과에 대한 검토 신청을 하지 않거나 거짓 또는 그 밖의 부정한 방법으로 자료를 제출한 경우 「의료기기법 시행규칙」 [별표 8] II, 개별기준 제5호의6에 따라 행정처분을 받을 수 있다.

〈표 6-11〉 「의료기기법 시행규칙」 [별표 8] II. 개별기준 제5호의6에 따른 행정처분

위반행위	행정처분의 기준			
	1차 위반	2차 위반	3차 위반	4차 이상 위반
기한 내 시판 후 자료를 제출하지 않은 경우	해당 품목 판매업무정지 6개월	해당 품목 제조·수입허가 취소		
거짓 또는 그 밖의 부정한 방법으로 자료를 제출한 경우	해당 품목 제조·수입허가 취소			

* 출처 : 「의료기기법 시행규칙」 [별표 8], http://www.law.or.kr, 2024. 1. 16.

또한 시판 후 조사결과를 검토한 결과 안전성 및 유효성을 갖추지 못한 경우「의료기기법 시행규칙」 [별표 8] II. 개별기준 제5호의5에 따라 처분받을 수 있다.

〈표 6-12〉「의료기기법 시행규칙」[별표 8] II. 개별기준 제5호의5에 따른 행정처분

위반행위	행정처분의 기준			
	1차 위반	2차 위반	3차 위반	4차 이상 위반
검토 결과 안전성 또는 유효성을 갖추지 못한 경우	해당 품목 제조·수입허가 취소			

* 출처 : 「의료기기법 시행규칙」[별표 8], http://www.law.or.kr, 2024. 1. 16.

〈표 6-13〉 의료기기 시판 후 조사결과 검토 신청서

■ 의료기기법 시행규칙 [별지 제16호의4서식] <개정 2024. 9. 20.> 전자민원창구(emed.mfds.go.kr)에서도 신청할 수 있습니다.

의료기기 시판 후 조사결과 검토 신청서

※ 색상이 어두운 칸은 신청인이 작성하지 않습니다.

접수번호	접수일	처리일	처리기간 6개월

신청인 (대표자)	성명	사업자등록번호 또는 법인등록번호
제조(수입) 업소	명칭(상호)	업허가번호
	소재지	
제조 (수입 또는 제조공정 전부 위탁의 경우)	제조업소명	제조국
	소재지	
시판 후 조사결과 검토 대상 명칭(제품명, 품목명 및 모델명)		
분류번호(등급)		허가번호
허가연월일		시판 후 조사 기간
조사결과	실제 조사기간 및 조사증례(證例)수	
	조사결과의 개요 및 해석결과	
생산(수입)실적(출하실적)		

「의료기기법」 제8조의2(제15조제6항에서 준용하는 경우를 포함한다) 및 같은 법 시행규칙 제18조의4제2항(제34조에서 준용하는 경우를 포함한다)에 따라 위와 같이 의료기기의 시판 후 조사결과의 검토를 신청합니다.

년 월 일

신청인 (서명 또는 인)

담당자 성명 및 연락처

식품의약품안전처장 귀하

첨부서류	내용	수수료	
		전자민원	방문·우편민원
첨부서류	1. 시판 후 조사 결과에 따른 사용성적에 관한 자료로서 국내 시판 후의 안전성 및 유효성에 관한 조사자료 2. 시판 후 조사 대상 의료기기의 부작용 사례로서 부작용 및 안전성에 관한 국내외 자료 3. 국내외 판매현황 및 외국의 허가현황에 관한 자료	90,000원	100,000원

처리절차

신청	→	접수	→	심사	→	시판 후 조사결과의 검토 결과 통지
신청인		식품의약품안전처		식품의약품안전처		식품의약품안전처

210㎜ × 297㎜[백상지 80g/㎡ 또는 중질지 80g/㎡]

* 출처 : 식품의약품안전처, 「의료기기법 시행규칙」[별지 제16호의4 서식], 2024. 9. 20.

〈표 6-14〉 의료기기 시판 후 조사 결과 검토 신청서

■ 의료기기법 시행규칙 [별지 제17호서식] <개정 2024. 9. 20.>

행 정 기 관 명

수신자
(경유)
제 목 **의료기기 시판 후 조사결과의 검토결과 통지서**

「의료기기법」 제8조의2(제15조제6항에서 준용하는 경우를 포함한다) 및 같은 법 시행규칙 제18조의4제3항(제34조에서 준용하는 경우를 포함한다)에 따라 아래와 같이 시판 후 조사결과의 검토결과를 통지합니다.

업허가번호			구 분	[ ] 제조 [ ] 수입
신 청 인 (대표자)	성 명		사업자등록번호 또는 법인등록번호	
제조(수입)업소	명칭(상호)		업 허 가 번 호	
	소 재 지			
제 조 원 (수입 또는 제조공정 전부 위탁의 경우)	제조업소명		제 조 국	
	소 재 지			
시판 후 조사결과 검토 대상 명칭 (제품명, 품목명, 모델명)			분류번호(등급)	
허 가 번 호			허가연월일	
적 합 / 부 적 합 여 부				

붙임: 시정사항이 있는 경우에 후속조치에 관한 세부사항
※ 시정사항이 있는 경우 그 통지일로부터 30일 이내에 변경허가신청 등 필요한 후속조치를 하시기 바랍니다.

식 품 의 약 품 안 전 처 직인

기안자 직위(직급) 서명 검토자 직위(직급)서명 결재권자 직위 (직급)서명
협조자
시행 처리과-일련번호(시행일) 접수 처리과명-일련번호(접수일)
우 주소 / 홈페이지 주소
전화( ) 전송( ) / 기안자의 공식전자우편주소 / 공개구분
210㎜ × 297㎜[백상지 80g/㎡ 또는 중질지 80g/㎡]

* 출처 : 식품의약품안전처, 「의료기기법 시행규칙」 [별지 제17호 서식], 2024. 9. 20.

2.8 시판 후 조사의 신뢰성 조사

식약처장은 시판 후 조사를 실시한 기관에 대한 신뢰성 또는 실시 중이거나 이미 완료된 시판 후 조사의 적정성 등을 확인하기 위하여 해당 제조·수입업자와 관련 기관에 대한 실태조사를 실시할 수 있다.

실태조사를 실시하는 경우 그 조사일부터 7일 전까지 해당 제조·수입업자와 관련 기관에 실시 일자, 실시 기간, 실시 목적 등을 통보하여야 하고 해당 제조업자 및 수입업자와 관련 기관의 장은 이에 협조하여야 한다.

실태조사의 사전 통지를 받은 제조·수입업자는 해외 제조원의 안전성 정보 자료 등 자료 준비에 추가 시일이 소요되는 경우에는 조사 실시 일자를 14일까지 연장할 수 있다.

2.9 시판 후 조사 기간 연장

가. 일반사항

허가 시 정한 시판 후 조사 기간 내 계획한 목표 증례수를 확보하지 못할 것으로 예상되거나, 시판 후 조사 결과 검토 신청 시 제출한 자료가 해당 의료기기의 안전성 및 유효성을 확인하기에 충분하지 않을 경우 시판 후 조사 기간을 연장할 수 있다.

민원인은 시판 후 조사 기간 연장 시 연장기간 및 예측 증례수의 산출 근거를 포함한 시판 후 조사계획 변경승인 신청서를 의료기기정보포털시스템 또는 서면으로 제출해야 하고, 신청인이 연장을 요청한 경우 시판 후 조사의 진행 현황, 연장 사유 등을 추가로 제출한다.

〈표 6-15〉 조사기간 연장 시 제출 서류

<table>
<tr><th>구분</th><th>연장 사유(예시)</th><th colspan="2">구비서류</th></tr>
<tr><td>제조·수입업체 요청</td><td>목표 증례수 미달</td><td rowspan="2">① 시판 후 조사계획 변경승인 신청서(연장 기간, 예측 증례수 산출 근거 포함)
② 시판 후 조사 변경계획서</td><td>③ 시판 후 조사 진행 현황
④ 연장 사유</td></tr>
<tr><td>식약처 명령</td><td>재심사 결과 안정성·유효성 확보 미흡</td><td></td></tr>
</table>

제조·수입업체는 연장된 기간에 수행한 시판 후 조사에 대해서도 기존과 같이 정기 보고해야 하고, 연장된 조사 기간의 만료 후 3개월 이내 식약처장에게 시판 후 조사 결과의 검토를 신청해야 한다.

나. 재심사기간 연장 절차도

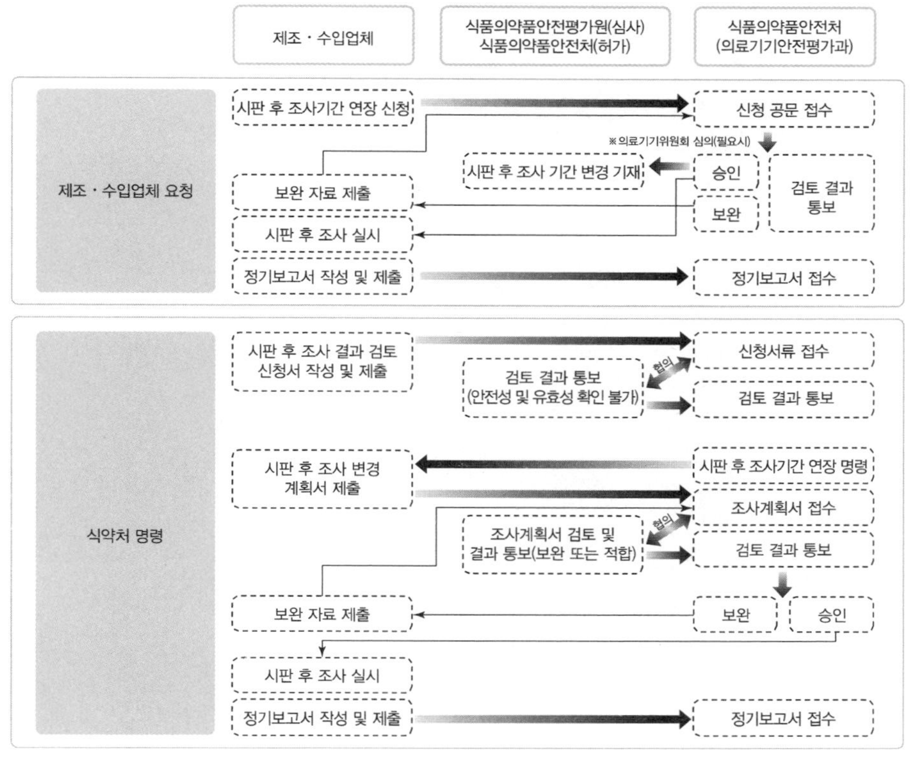

* 출처 : 식품의약품안전처, 의료기기 시판 후 조사 업무 가이드라인(민원인 안내서), 2023. 9.

▎그림 6-3 ▎ 시판 후 조사기간 연장 절차도

2.10 문서 및 자료 등의 보존

시판 후 조사 기간 중 작성된 시판 후 조사에 관한 기록, 기초자료, 업무기준서, 시판 후 조사 계획서, 시판 후 조사의 평가 · 분석 결과 등의 문서 및 자료를 시판 후 조사 결과 검토 신청일부터 2년간 보존하여야 한다. 위 사항을 지키지 아니한 경우 「의료기기법 시행규칙」 [별표 8] II. 개별기준 제5호의8에 따라 행정처분을 받을 수 있다.

〈표 6-16〉 「의료기기법 시행규칙」 [별표 8] II. 개별기준 제5호의8에 따른 행정처분

위반행위	행정처분의 기준			
	1차 위반	2차 위반	3차 위반	4차 이상 위반
자료 보존에 관한 사항을 지키지 않을 경우	해당 품목 판매업무정지 1개월	해당 품목 판매업무정지 3개월	해당 품목 판매업무정지 6개월	해당 품목 제조·수입허가 취소

* 출처 : 「의료기기법 시행규칙」 [별표 8], http://www.law.or.kr, 2024. 1. 16.

시판 후 조사에 관한 문서 및 자료는 전자적 기록매체(CD, 디스켓 등)에 수록하여 보관할 수 있다.

제 7 장

의료기기 추적관리

1. 추적관리대상 의료기기
2. 추적관리대상 의료기기 기록 작성 · 보존 및 제출 방법

07 의료기기 추적관리

학습목표 — 추적관리대상 의료기기의 정의 및 종류에 대해 학습하고, 추적관리 기록 및 방법에 대해 알아본다.

NCS 연계 — 해당 없음

핵심 용어 — 추적관리대상 의료기기, 인체 안에 1년 이상 삽입되는 의료기기, 취급자, 사용자, 생명유지용 의료기기 중 의료기관 이외의 장소에서 사용이 가능한 의료기기

1 추적관리대상 의료기기

추적관리대상 의료기기란 사용 중 부작용 또는 결함이 발생할 경우 인체에 치명적인 위해를 줄 수 있어 그 소재를 파악해 둘 필요가 있어 식약처장이 별도로 정하여 관리하는 의료기기를 말하며, 「의료기기법 시행규칙」, 식약처 고시에서 정하여 관리하는 52개 품목이 있다. 식약처장은 인체 안에 1년 이상 삽입되는 의료기기와 생명유지용 의료기기 중 의료기관 이외의 장소에서 사용이 가능한 의료기기를 대상으로 추적관리대상 의료기기를 정하여 관리하고 있다. 또한 추적관리대상 의료기기는 '04년부터 지정하여 관리하고 있으며, 해당 품목의 지정 시행일 이후에 제조 또는 수입된 의료기기부터 적용한다.

1.1 의료기기법령상(「의료기기법」 제29조, 「의료기기법 시행규칙」 제49조)의 추적관리 대상 의료기기

가. 인체 안에 1년 이상 삽입되는 의료기기

① 이식형 심장박동기
② 이식형 심장박동기 전극
③ 혼합재질 인공심장판막
④ 생체재질 인공심장판막
⑤ 비생체재질 인공심장판막
⑥ 이식형 심장충격기

⑦ 전동식 이식형 의약품주입펌프

⑧ 그 밖에 식약처장이 소재파악의 필요성이 있다고 정하여 고시하는 의료기기

나. 생명유지용 의료기기 중 의료기관 외의 장소에서 사용이 가능한 의료기기

① 개인용 인공호흡기(상시 착용하는 것으로 한정)

② 그 밖에 식약처장이 소재 파악의 필요성이 있다고 정하여 고시하는 의료기기

1.2 식약처장이 소재파악의 필요성이 있다고 정하여 고시하는 의료기기

가. 인체 안에 1년 이상 삽입되는 의료기기

① 실리콘겔 인공유방

② 이식형 심장충격기용전극

③ 인공측두하악골관절

④ 특수재질 인공측두하악골관절

⑤ 인공안면아래턱관절

⑥ 특수재질 인공안면아래턱관절

⑦ 혈관용스텐트(복부대동맥 및 흉부대동맥 스텐트그라프트에 한한다)

⑧ 관상동맥용스텐트(복부대동맥 및 흉부대동맥 스텐트그라프트에 한한다)

⑨ 장골동맥용스텐트(복부대동맥 및 흉부대동맥 스텐트그라프트에 한한다)

⑩ 심리요법용 뇌용전기자극장치(이식형에 한한다)

⑪ 발작방지용 뇌전기자극장치(이식형에 한한다)

⑫ 진동용 뇌전기자극장치(이식형에 한한다)

⑬ 이식형 통증완화전기자극장치

⑭ 이식형 통증제거용전기자극장치

⑮ 이식형 전기자극장치용전극(⑩부터 ⑭까지의 의료기기에 사용되는 전극에 한한다)

⑯ 보조심장장치

⑰ 횡격신경전기자극장치

⑱ 중심순환계인공혈관

⑲ 비중심순환계인공혈관

⑳ 콜라겐사용 인공혈관

㉑ 헤파린사용 인공혈관

㉒ 윤상성형용고리

㉓ 이식형 인슐린주입기

㉔ 유헬스케어 이식형 인슐린주입기
㉕ 이식형 말초신경무통법전기자극장치
㉖ 이식형 보행신경근전기자극장치
㉗ 이식형 요실금신경근전기자극장치
㉘ 이식형 척추측만증신경근전기자극장치
㉙ 혼수각성용 미주신경전기자극장치
㉚ 경동맥동신경자극장치
㉛ 이식형 전기배뇨억제기
㉜ 척수이식배뇨장치
㉝ 인공심장박동기 리드어댑터
㉞ 이식형 인공심장박동기 수리교체재료
㉟ 특수재질 인공엉덩이관절
㊱ 특수재질 인공무릎관절
㊲ 특수재질 인공어깨관절
㊳ 특수재질 인공손목관절
㊴ 특수재질 인공팔꿈치관절
㊵ 특수재질 인공발목관절
㊶ 인공엉덩이관절(관절 접촉면이 모두 금속 재질인 경우에 한한다)

나. 생명유지용 의료기기 중 의료기관 외의 장소에서 사용이 가능한 의료기기

① 저출력 심장출력기
② 고출력 심장출력기
③ 호흡감시기(상시 착용하는 것에 한한다)

2 추적관리대상 의료기기 기록 작성 · 보존 및 제출 방법

2.1 추적의 시작

식약처장은 추적관리대상 의료기기에 대한 제조 또는 수입 등을 허가하는 경우에는 그 허가증에 "추적관리대상 의료기기"의 표시를 하여야 한다. 추적관리대상 의료기기에 대한 각 주체별 기록 작성, 제출에 관한 업무 흐름은 다음과 같이 요약할 수 있다.

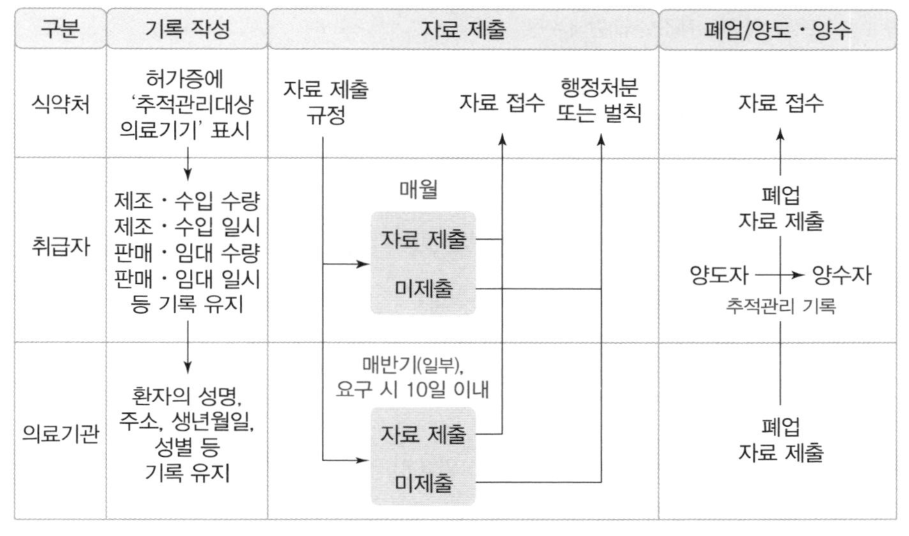

* 출처 : 식품의약품안전처, 추적관리대상 의료기기 관리 가이드라인, 2023. 5.

▎그림 7-1 ▎ 의료기기 추적관리 흐름도

2.2 의료기기법령상(「의료기기법」 제30조, 「의료기기법 시행규칙」 제50조)의 기록의 작성 및 보존

「의료기기법」 제30조제3항 및 같은 법 시행규칙 제50조제2항 및 「체외진단의료기기법」 제4조의 규정은 의료기기의 제조업자 · 수입업자 · 판매업자 · 임대업자 및 수리업자(이하 "취급자"라 한다) 및 의료기관 개설자 및 의료기관에서 종사하는 의사 · 한의사 · 치과의사 등(이하 "사용자"라 한다)이 추적관리대상 의료기기에 관한 기록과 자료를 제출함에 있어 필요한 세부 사항을 규정하고 있다.

취급자는 추적관리대상 의료기기의 제조 · 판매(구입을 포함한다) · 임대 또는 수리 내용 등에 대해 기록하며, 사용자는 추적관리대상 의료기기를 이용하는 환자에 대한 추적이 가능하도록 기록한다.

2.3 각 주체별 추적관리 기록

가. 취급자(제조·수입업자)

〈표 7-1〉 취급자(제조·수입업자)의 추적관리대상 의료기기 기록사항

순번	세부 기록사항
1	제품명별(제품명이 없는 경우에는 품목명별)·모델명별·제조단위별 제조·수입 수량 및 일시 ※ 판매 후, 제조(수입)업체로 반품되는 수량도 작성
2	제품명별(제품명이 없는 경우에는 품목명별)·모델명별·제조단위별 판매 수량 및 일시, 판매·임대업자 또는 의료기관 개설자의 상호와 주소 • 품목명, 모델명 : 품목 허가증(인증서)상에 기재된 품목명 및 모델명을 기재 • 수량 : 포장단위 기준 제조·수입·판매 수량 • 포장단위 - 제조업자 또는 제조원이 정하는 최소 포장단위별 '제품 총수량'을 기재 - 「의료기기법」 제20조에 따라 용기 등에 기재하는 사항을 작성 - ⓔ 개별 포장인 경우 '1개'로, 1박스에 4개 포장인 경우 '4개/박스'로 기재 • 제조단위 : 동일한 제조 조건하에서 제조되고 균일한 특성 및 품질을 갖는 완제품의 단위 • 제조번호(로트번호 또는 시리얼번호) : 일정한 제조단위분에 대하여 제조관리 및 출하에 관한 모든 사항을 확인할 수 있도록 표시된 번호로서 숫자, 문자 또는 이를 조합한 것을 말하며, 「의료기기법」 제20조에 따라 용기 등에 기재하는 사항을 작성 • 판매수량 및 일시 : , ( ) , 판매 후 반품받은 경우 제조 수입 업체로 반품되는 수량 및 일자, 반품한 업체의 상호와 주소를 기재
3	그 밖에 보건위생상 위해 발생을 방지하기 위하여 필요한 사항

추적관리대상 의료기기의 기록은 「추적관리대상 의료기기 기록과 자료 제출에 관한 규정」(식약처 고시) [별지 제1호 서식](제조 · 수입업자)을 참고하여, 별도의 문서로 작성하여 관리할 수 있다.

〈표 7-2〉 추적관리대상 의료기기 제조·수입 현황 작성 양식

[별지 제1호 서식]

<table>
<tr><td rowspan="5">추적관리대상 의료기기
제조 · 수입 현황</td><td>업 체 명</td><td></td></tr>
<tr><td>업허가번호</td><td></td></tr>
<tr><td>대 표 자</td><td></td></tr>
<tr><td>소 재 지</td><td></td></tr>
<tr><td>연 락 처</td><td></td></tr>
</table>

(앞쪽)

연번	공급 형태	품목허가 (신고, 인증) 번호	분류 번호	제품명		포장 단위	제조번호 (로트번호 또는 시리얼번호)		제조 · 수입 현황		판매 · 임대 현황				비고
				품목명	모델명		로트 번호	시리얼 번호	수량	일자	수량	일자	상호	주소	

「의료기기법」 제30조제3항 및 같은 법 시행규칙 제50조제2항의 규정에 의하여 추적관리대상 의료기기의 제조 · 수입 및 판매 · 임대 현황을 위와 같이 보고합니다.

년 월 일

대표자(담당자) (서명 또는 인)

364mm×257mm[일반용지 60g/m^2(재활용품)]

(뒤쪽)

작성방법
가. 공급형태는 추적관리대상 의료기기 공급의 형태로 제조, 수입, 판매 또는 임대 등을 적습니다. 나. 품목허가(신고, 인증) 번호는 추적관리대상 의료기기의 제조허가(신고, 인증) 또는 수입허가(신고, 인증) 시 부여받은 품목허가(신고, 인증) 번호를 적습니다. 다. 분류번호는 '의료기기 품목 및 품목별 등급에 관한 규정'에 따른 분류번호를 적습니다. 라. 제품명(품목명, 모델명)은 품목허가증(신고, 인증)의 제품명(품목명, 모델명)을 적습니다. 바. 포장단위는 추적관리대상 의료기기 포장단위별 "제품 총수량"을 적습니다. 사. 제조번호(로트번호, 시리얼번호)란 일정한 제조단위분에 대하여 제조관리 및 출하에 관한 모든 사항을 확인할 수 있도록 표시된 번호로서 숫자, 문자 또는 이들을 조합한 것을 말하며, 「의료기기법」 제20조에 따라 의료기기의 용기에 기재하는 사항을 적습니다. 아. 수량은 제조 · 수입 또는 판매 · 임대한 추적관리대상 의료기기의 수량(포장단위 기준)을 적습니다. 자. 일자는 추적관리대상 의료기기를 제조 · 수입 또는 판매 · 임대한 일자를 연, 월, 일의 순서로 적습니다. 차. 상호와 주소는 공급받은 판매업자 · 임대업자 또는 의료기관 개설자의 상호, 주소를 적습니다. 카. 비고란에는 건강보험심사평가원에서 부여한 급여/비급여코드를 기재합니다.

* 출처 : 식품의약품안전처, 「추적관리대상 의료기기 기록과 자료 제출에 관한 규정」 [별지 제1호 서식], 2022. 10.

나. 취급자(판매·임대·수리업자)

〈표 7-3〉 취급자(판매·임대·수리업자)의 추적관리대상 의료기기 기록사항

순번	세부 기록사항
1	• 판매·임대업자 : 제품명별(제품명이 없는 경우에는 품목명별)·모델명별·제조단위별 판매 수량 및 일시, 판매 · 임대업자 또는 의료기관 개설자의 상호와 주소 • 의료기기를 반품하는 경우, 판매·임대 현황에는 반품처(제조, 수입 또는 판매업체) 상호와 주소를 기재 • 품목명, 모델명 : 품목 허가증(인증서)상에 기재된 품목명 및 모델명을 기재. 「의료기기법」 제20조에 따라 용기 등에 기재하는 사항을 작성 • 수량 : 포장단위 기준 제조·수입·판매 수량 • 포장단위 : 제조업자 또는 제조원이 정하는 최소 포장단위별 '제품 총수량'을 기재, 「의료기기법」 제20조에 따라 용기 등에 기재하는 사항을 작성 ㉑ 개별 포장인 경우 '1개'로, 1박스에 4개 포장인 경우 '4개/박스'로 기재 • 제조단위 : 동일한 제조 조건하에서 제조되고 균일한 특성 및 품질을 갖는 완제품의 단위 • 제조번호(로트번호 또는 시리얼번호) : 일정한 제조단위분에 대하여 제조관리 및 출하에 관한 모든 사항을 확인할 수 있도록 표시된 번호로서 숫자, 문자 또는 이를 조합한 것을 말하며, 「의료기기법」 제20조에 따라 용기 등에 기재하는 사항을 작성 • 임대의 경우 공급한 기관, 개인 등의 상호(이름) 및 주소 기재
2	수리업자 : 제품명별(제품명이 없는 경우에는 품목명별)·모델명별·제조단위별 수리일시 및 의뢰인의 상호와 주소
3	그 밖에 보건위생상 위해 발생을 방지하기 위하여 필요한 사항

추적관리대상 의료기기의 기록은 「추적관리대상 의료기기 기록과 자료 제출에 관한 규정」(식약처 고시) [별지 제2호 서식](판매 · 임대업자) 및 [별지 제3호 서식](수리업자)을 참고하여, 별도의 문서로 작성하여 관리할 수 있다.

〈표 7-4〉 추적관리대상 의료기기 판매·임대 현황 작성 양식

[별지 제2호 서식]

추적관리대상 의료기기 판매 · 임대 현황	업 체 명	
	업허가번호	
	대 표 자	
	소 재 지	
	연 락 처	

(앞쪽)

연번	공급 형태	품목허가 (신고, 인증) 번호	분류 번호	제품명		포장 단위	제조번호 (로트번호 또는 시리얼번호)		판매 · 임대 현황				비고
				품목명	모델명		로트 번호	시리얼 번호	수량	일자	상호	주소	

「의료기기법」 제30조제3항 및 같은 법 시행규칙 제50조제2항의 규정에 의하여 추적관리대상 의료기기의 제조 · 수입 및 판매 · 임대 현황을 위와 같이 보고합니다.

년 월 일

대표자(담당자) (서명 또는 인)

364mm × 257mm[일반용지 60g/m^2(재활용품)]

(뒤쪽)

작성방법
가. 공급형태는 추적관리대상 의료기기 공급의 형태로 제조, 수입, 판매 또는 임대 등을 적습니다. 나. 품목허가(신고, 인증) 번호는 추적관리대상 의료기기의 제조허가(신고, 인증) 또는 수입허가(신고, 인증) 시 부여받은 품목허가(신고) 번호를 적습니다. 다. 분류번호는 '의료기기 품목 및 품목별 등급에 관한 규정'에 따른 분류번호를 적습니다. 라. 제품명(품목명, 모델명)은 「의료기기법」 제20조에 따라 의료기기의 용기에 기재하는 사항을 적습니다. 마. 포장단위는 추적관리대상 의료기기 포장단위별 "제품 총수량"을 적습니다. 바. 제조번호(로트번호, 시리얼번호)란 일정한 제조단위분에 대하여 제조관리 및 출하에 관한 모든 사항을 확인할 수 있도록 표시된 번호로서 숫자, 문자 또는 이들을 조합한 것을 말하며, 「의료기기법」 제20조에 따라 의료기기의 용기에 기재하는 사항을 적습니다. 사. 수량은 제조 · 수입 또는 판매 · 임대한 추적관리대상 의료기기의 수량(포장단위 기준)을 적습니다. 아. 일자는 추적관리대상 의료기기를 제조 · 수입 또는 판매 · 임대한 일자를 연, 월, 일의 순서로 적습니다. 자. 상호와 주소는 공급받은 판매업자 · 임대업자 또는 의료기관 개설자의 상호 및 주소를 적습니다. 차. 비고란에는 건강보험심사평가원에서 부여한 급여/비급여코드를 기재합니다.

* 출처 : 식품의약품안전처, 「추적관리대상 의료기기 기록과 자료 제출에 관한 규정」 [별지 제2호 서식], 2023. 11. 17.

〈표 7-5〉 추적관리대상 의료기기 수리 현황 작성 양식

[별지 제3호 서식]

추적관리대상 의료기기 수리 현황	업 체 명	
	업허가번호	
	대 표 자	
	소 재 지	
	연 락 처	

(앞쪽)

연번	공급 형태	품목허가 (신고, 인증) 번호	분류 번호	제품명		수리량	제조번호 (로트번호 또는 시리얼번호)		수리 현황			비고
				품목명	모델명		로트 번호	시리얼 번호	일자	상호	주소	

「의료기기법」 제30조제3항 및 같은 법 시행규칙 제50조제2항의 규정에 의하여 추적관리대상 의료기기의 수리 현황을 위와 같이 보고합니다.

년 월 일

대표자(담당자) (서명 또는 인)

364mm × 257mm[일반용지 60g/m²(재활용품)]

(뒤쪽)

작성방법

가. 공급형태는 수리 등 추적관리대상 의료기기 공급의 형태를 적습니다.
나. 품목허가(신고, 인증) 번호는 추적관리대상 의료기기의 제조허가(신고, 인증) 또는 수입허가(신고, 인증)시 부여받은 품목허가(신고, 인증) 번호를 적습니다.
다. 분류번호는 '의료기기 품목 및 품목별 등급에 관한 규정'에 따른 분류번호를 적습니다.
라. 제품명(품목명, 모델명)은 「의료기기법」 제20조에 따라 의료기기의 용기에 기재하는 사항을 적습니다.
마. 수리량은 수리 대상이 되는 추적관리대상 의료기기의 "총수량"을 적습니다.
바. 제조번호(로트번호, 시리얼번호)란 일정한 제조단위분에 대하여 제조관리 및 출하에 관한 모든 사항을 확인할 수 있도록 표시된 번호로서 숫자, 문자 또는 이들을 조합한 것을 말하며, 「의료기기법」 제20조에 따라 의료기기의 용기에 기재하는 사항을 적습니다.
사. 일자는 추적관리대상 의료기기를 수리한 일시를 연, 월, 일의 순서로 적습니다.
아. 상호 및 주소는 수리를 의뢰한 의뢰인의 상호와 주소를 적습니다.

* 출처 : 식품의약품안전처, 「추적관리대상 의료기기 기록과 자료 제출에 관한 규정」 [별지 제3호 서식], 2023. 11. 17.

다. 사용자(의료기관 개설자 및 의료기관 종사자 등)

〈표 7-6〉 사용자의 추적관리대상 의료기기 기록사항

순번	세부 기록사항
1	추적관리대상 의료기기를 사용하는 환자의 성명, 주소, 생년월일 및 성별
2	추적관리대상 의료기기의 명칭 및 제조번호 또는 이를 갈음한 것 ※ 표준코드(UDI-DI), 품목명, 품목허가(인증) 번호, 모델명, 제조번호 로트번호 또는 시리얼번호) : 의료기기법 제20조에 따라 용기 등에 기재하는 사항을 작성
3	추적관리대상 의료기기를 사용(이식)한 연월일
4	사용한 의료기관의 명칭 요양기관번호, 연락처 및 소재지
5	그 밖에 보건위생상 위해 발생을 방지하기 위하여 필요한 사항

추적관리대상 의료기기의 기록은 「추적관리대상 의료기기 기록과 자료 제출에 관한 규정」(식약처 고시) [별지 제4호 서식](의료기관)을 참고하여, 별도의 문서로 작성하여 관리할 수 있다.

〈표 7-7〉 추적관리대상 의료기기 사용 현황 작성 양식

[별지 제4호 서식]

추적관리대상 의료기기 사용 현황	요양기관명	
	요양기관번호	
	소재지	
	연락처	

(앞쪽)

제출 구분	[ ]「의료기기법 시행규칙」 제50조제2항제2호가목 (폐업 시) [ ]「의료기기법 시행규칙」 제50조제2항제2호나목 (반기별 제출) [ ]「의료기기법 시행규칙」 제50조제2항제2호다목 (식약처 요구 시 10일 이내)											
연번	환자정보					제품정보				제조번호 (로트번호 또는 시리얼번호)		비 고
	환자 성명	환자 주소	환자 성별	환자 생년월일	사용 연월일	품목허가 (인증) 번호	표준코드 (UDI-DI)	품목명	모델명	로트 번호	시리얼 번호	

「의료기기법」 제30조제3항 및 같은 법 시행규칙 제50조제2항의 규정에 의하여 추적관리대상 의료기기의 사용현황을 위와 같이 보고합니다.

년 월 일

대표자(담당자) (서명 또는 인)

364mm × 257mm[일반용지 60g/m²(재활용품)]

(뒤쪽)

작성방법
가. 제출 구분 [ ]에는 해당되는 곳에 ✓ 표시를 합니다. 나. 제품정보의 '품목명, 모델명, 제조번호 등'은 「의료기기법」 제20조에 따라 의료기기의 용기에 기재하는 사항을 적습니다. 다. 제조번호(로트번호, 시리얼번호)란 일정한 제조단위분에 대하여 제조관리 및 출하에 관한 모든 사항을 확인할 수 있도록 표시된 번호로서 숫자, 문자 또는 이들을 조합한 것을 말하며, 「의료기기법」 제20조에 따라 의료기기의 용기에 기재하는 사항을 적습니다. 라. 제품정보 중 '표준코드(UDI-DI)'를 기재한 경우, '품목명, 모델명'은 기재하지 않을 수 있습니다.

* 출처 : 식품의약품안전처, 「추적관리대상 의료기기 기록과 자료 제출에 관한 규정」 [별지 제4호 서식], 2022. 10.

2.4 추적관리 기록의 보존·제출·행정처분 및 벌칙

가. 기록의 보존

취급자(제조・수입업자, 판매・임대・수리업자) 및 사용자(의료기관 등)은 다음에서 정하는 때까지 기록을 보존해야 한다.

〈표 7-8〉 추적관리대상 의료기기 기록의 보존(취급자 및 사용자 공통)

구분	세부 보존사항
1	추적관리 대상 의료기기를 사용하는 환자가 사망하는 등 해당 의료기기를 더 이상 사용할 수 없게 된 때
2	일회용이 아닌 추적관리대상 의료기기에 관하여, '추적관리대상 의료기기를 사용하는 환자의 성명, 주소, 생년월일 및 성별' 또는 '추적관리대상 의료기기를 사용한 연월일'을 새로 기록하여 이전 기록을 보존할 이유가 소멸한 때
3	그 밖에 추적관리의 필요성이 없게 되어 해당 기록을 보존할 이유가 소멸한 때

나. 기록의 제출 시점

〈표 7-9〉 취급자 및 사용자별 추적관리대상 의료기기 기록의 제출 시점

주체	제출시점
취급자 (제조·수입업자)	추적관리대상 의료기기의 제조 · 수입, 판매, 반품 등 매월 작성한 유통기록은 다음 달 말일까지 제출
취급자 (판매·임대·수리업자)	추적관리대상 의료기기의 판매, 반품, 임대, 수리 등 매월 작성한 기록은 다음 달 말일까지 제출
사용자 (의료기관 등)	• 의료기관이 폐업하는 경우, 폐업신고 시 추적관리대상 의료기기 사용기록 전체를 식약처에 제출 • 사망 또는 생명에 중대한 위협을 줄 수 있어 식약처장이 정하여 고시하는 의료기기는 매 반기별 자료를 반기가 지난 다음 달 말일까지 제출 - 실리콘겔인공유방 - 인공엉덩이관절(관절 접촉면이 모두 금속 재질인 경우에 한한다) • 식품의약품안전처장으로부터 추적관리대상 의료기기에 관한 기록과 자료의 제출을 요구받은 경우에는 해당 자료를 요구받은 날부터 10일 이내에 제출

다. 기록의 제출 방법

〈표 7-10〉 취급자 및 사용자별 추적관리대상 의료기기 기록의 제출 방법

주체	제출방법
취급자 (제조·수입업자 및 판매·임대·수리업자)	• 작성한 기록을 정보통신망(전자우편)으로 제출 • 식품의약품안전처장이 정한 전산프로그램을 이용하여 제출 ※ 의료기기 추적관리시스템(https://udi.mfds.go.kr)
사용자 (의료기관 등)	• 작성한 기록을 정보통신망(전자우편)으로 제출 • 식품의약품안전처장이 정한 전산프로그램을 이용하여 제출 ※ 의료기기 환자 안전성정보 확인시스템(http://udipotal.mfds.go.kr/psi)

라. 행정처분 및 벌칙

1) 추적관리대상 의료기기에 대한 기록을 작성·보존·제출하지 않거나 거짓으로 작성·보존·제출한 경우

〈표 7-11〉 행정처분의 기준

구분	행정처분의 기준			
	1차 위반	2차 위반	3차 위반	4차 위반
취급자 (제조·수입업자)	해당 품목 판매업무정지 1개월	해당 품목 판매업무정지 3개월	해당 품목 판매업무정지 6개월	해당 품목 제조 및 수입 허가·인증 취소
취급자 (판매·임대·수리업자)	수리·판매·임대 업무정지 1개월	수리·판매·임대 업무정지 3개월	수리·판매·임대 업무정지 6개월	수리·판매·임대 업무정지 1년
사용자(의료기관 등)	해당 없음			

2) 추적관리대상 의료기기에 대한 자료 제출 등의 명령을 정당한 사유 없이 거부한 경우(「의료기기법」 제36조)

〈표 7-12〉 행정처분의 기준

구분	행정처분의 기준			
	1차 위반	2차 위반	3차 위반	4차 위반
취급자 (제조·수입업자)	해당 품목 판매업무정지 15일	해당 품목 판매업무정지 1개월	해당 품목 판매업무정지 2개월	해당 품목 판매업무정지 3개월
취급자 (판매·임대·수리업자)	수리·판매·임대 업무정지 15일	수리·판매·임대 업무정지 1개월	수리·판매·임대 업무정지 2개월	수리·판매·임대 업무정지 3개월
사용자(의료기관 등)	해당 없음			

3) 또한 벌칙(「의료기기법」 제54조)에 의거하여 「의료기기법」 제30조(기록의 작성 및 보존 등) 제1항·제2항의 규정을 위반한 자는 500만 원 이하의 벌금에 처한다.

2.5 추적관리대상 표준코드 운영

식약처장은 추적관리대상 의료기기의 효율적인 관리를 위하여 추적관리대상 의료기기의 용기 또는 외장이나 포장에 부착 또는 기재할 수 있는 표준코드를 마련하여 운영할 수 있다.

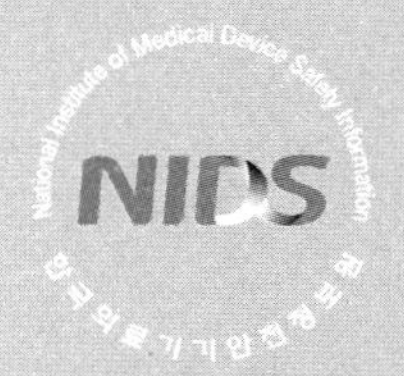
National Institute of Medical Device Safety Information
NIDS
한국의료기기안전정보원

제 8 장

보고와 검사, 회수·폐기, 사용중지 명령

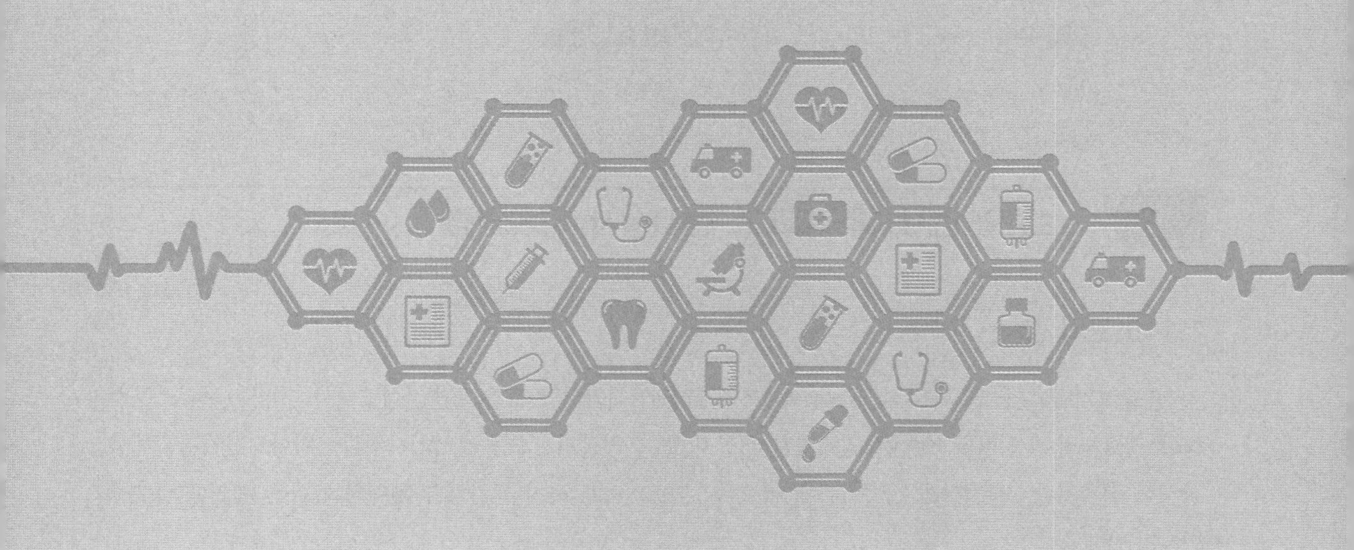

1. 보고와 검사, 해외제조소 현지실사, 검사명령
2. 회수 · 폐기
3. 사용중지 명령

08 보고와 검사, 회수·폐기, 사용중지 명령

학습목표 —• 보고와 검사 및 사용중지 명령에 관한 법령내용을 이해할 수 있다. 회수대상 의료기기 및 회수·폐기 절차에 대하여 파악한다.

NCS 연계 —• 해당 없음

핵심 용어 —• 보고와 검사, 회수·폐기, 사용중지 명령

1 보고와 검사, 해외제조소 현지실사, 검사명령

1.1 보고와 검사

「의료기기법」 제32조제1항에 따라 보건복지부장관, 식약처장 또는 특별자치도지사, 시장·군수·구청장이 필요하다고 인정할 때에는 의료기기 취급자 또는 의료기기 기술문서심사기관·임상시험기관·비임상시험 실시기관·품질관리 심사기관에 필요한 보고를 하게 하거나 관계 공무원에게 다음 행위를 하도록 할 수 있다.

① 의료기기를 취급하는 의료기관, 공장·창고 또는 점포나 사무소, 의료기기 기술문서 심사기관·임상시험기관·비임상시험 실시기관·품질관리 심사기관, 그 밖에 의료기기를 업무상 취급하는 장소에 출입하여 그 시설 또는 관계 장부나 서류, 그 밖의 물건의 검사 또는 관계인에 대한 질문을 하는 행위

② 「의료기기법」 제34조제1항 다음 하나에 해당한다고 의심되는 의료기기 또는 시험이나 품질검사에 필요한 의료기기를 최소량만 수거하는 행위

㉮ 제26조를 위반하여 판매·저장·진열·제조 또는 수입한 의료기기

㉯ 사용 시 국민건강에 중대한 피해를 주거나 치명적 영향을 줄 가능성이 있는 것으로 인정되는 의료기기

「의료기기법」 제32조제1항에 따라 출입·검사·질문·수거를 하려는 공무원은 그 권한을 표시하는 증표를 지니고 이를 관계인에게 내보여야 한다. 제1항과 제2항에 따른 관계 공무원의 권한·직무의 범위 및 증표 등에 관하여 필요한 사항은 보건복지부장관과 협의하여 총리령으로 정한다.

1.2 해외 제조소에 대한 현지실사

「의료기기법」 제32조의2제1항에 따라 식품의약품안전처장은 다음 하나에 해당하는 경우에는 의료기기 제조업자, 수입업자, 해외제조소(의료기기의 제조 및 품질관리를 하는 해외소재 시설)의 관리자 또는 수출국 정부와 사전에 협의를 거쳐 해외제조소에 대한 출입 및 검사를 할 수 있다.

① 해외에서 위탁 제조되거나 수입되는 의료기기(이하 수입의료기기 등)의 위해 방지를 위하여 현지실사가 필요하다고 식품의약품안전처장이 인정하는 경우

② 국내외에서 수집된 수입의료기기등의 안전성 및 유효성 정보에 대한 사실 확인이 필요하다고 식품의약품안전처장이 인정하는 경우

1.3 검사명령

「의료기기법」 제33조에 따라 식품의약품안전처장(수리업자에 대해서는 특별자치시장 · 특별자치도지사 · 시장 · 군수 · 구청장을 포함한다)은 해당 의료기기가 국민보건에 위해를 끼칠 우려가 있다고 인정하는 경우에 관련 의료기기취급자에 대하여 지정된 비임상시험실시기관 또는 의료기기 시험 · 검사기관의 검사를 받을 것을 명할 수 있다.

㉎ 비멸균 임플란트 유통 등 국민 보건에 위해를 끼칠 우려가 있다고 판단하여 의료기기 제조업자 및 수입업자로 하여금 검사 후 출고하도록 명령한 사례(검사 후, 소재지 관할 지방청에 검사 결과를 확인받은 이후, 출고)

2 회수 · 폐기

2.1 회수·폐기 및 공표 명령 등

가. 개요

「의료기기법」 제34조제1항에 따라 식약처장 또는 특별자치시장, 특별자치도지사, 시장 · 군수 · 구청장은 제조업자 등에게 다음에 해당하는 의료기기에 대하여 위해의 정도에 따라 회수를 명하거나 공중위생상의 위해를 방지할 수 있는 방법으로 폐기 또는 그 밖의 처치를 할 것을 명하거나 그 사실을 공표하게 할 수 있다.

① 「의료기기법」 제26조(일반행위의 금지)를 위반하여 제조 또는 수입, 판매, 저장, 진열한 의료기기

② 사용 시 국민건강에 중대한 피해를 주거나 치명적 영향을 줄 가능성이 있는 것으로 인정되는 의료기기

식약처장 또는 특별자치시장, 특별자치도지사, 시장 · 군수 · 구청장은 「의료기기법」 제34조제1항에 따른 명령을 받은 자가 그 명령을 이행하지 아니한 경우 또는 국민보건을 위하여 긴급한 경우에는 관계 공무원으로 하여금 그 물품을 폐기하게 하거나 봉함 또는 봉인, 그 밖에 필요한 처분을 하게 할 수 있다. 이 경우 제32조(보고와 검사 등)제2항을 준용한다.

「의료기기법」 제34조제1항에 따른 의료기기의 위해 정도에 따른 회수 · 폐기 등의 기준과 방법, 공표의 방법 등에 관하여 필요한 사항은 총리령으로 정한다.

나. 용어의 정의

"품목"이라 함은 「의료기기 품목 및 품목별 등급에 관한 규정」(고시)의 소분류에 해당하는 개별 제품을 말한다.

"제품"이라 함은 제조 · 수입업자가 허가를 받거나 신고를 한 품목허가(신고)증상에 기재된 개별 제품(모델명)을 말한다.

"제조번호" 또는 "로트번호(Lot Number)"라 함은 일정한 제조단위분에 대하여 제조관리 및 출하에 관한 모든 사항을 확인할 수 있도록 표시된 번호로서 숫자 · 문자 또는 이들을 조합한 것을 말한다.

"회수"라 함은 의료기기 제조 · 수입 · 수리 · 판매 · 임대업자(이하 "제조업자 등"이라 한다)가 제조 · 수입 · 판매 · 임대한 의료기기를 회수의무자가 인수하거나 개수하는 것을 말한다.

"영업자 회수"라 함은 「의료기기법」 제31조에 따라 의료기기가 품질 불량 등으로 인체에 위해를 끼치거나 끼칠 위험이 있다는 사실을 알게 되었을 때, 회수의무자가 회수 및 회수에 필요한 조치를 하는 것을 말한다.

"회수의무자"라 함은 회수대상 의료기기를 제조 · 수입한 제조 · 수입업자를 말한다.

"회수의료기기취급자"라 함은 회수의무자를 제외한 회수대상 의료기기를 취급하는 의료기기 수리업자 · 판매업자 · 임대업자, 의료기관 등을 말한다.

"인수"라 함은 회수의무자가 회수의료기기취급자 등으로부터 회수대상 의료기기를 넘겨받는 것을 말한다.

"개수"라 함은 제조업자등이 제조 · 수입하여 판매한 의료기기를 물리적으로 다른 장소로 이동하지 않고 회수대상 의료기기를 수리, 조정 또는 환자 모니터링하는 것을 말한다.

"환자 모니터링"이라 함은 회수대상 의료기기가 인체 삽입 등으로 인수 또는 개수가 불가능(불필요)한 경우에 사용(시술)자의 소재를 파악하여 위해정보를 제공하고 사용자 상태 등을 지속적으로 모니터링하는 것을 말한다.

"생산(수입)량"이라 함은 회수대상 의료기기와 동일한 제조번호 또는 로트번호의 생산(수입)량 전체를 말한다.

"출고량"이라 함은 회수의무자가 판매를 목적으로 출고한 양을 말한다.

※ 출고량 = 생산(수입)량 − 재고량

"재고량"이라 함은 회수의무자가 보관소에 보관하고 있는 양을 말한다.

"회수대상량"이라 함은 출고된 회수대상 의료기기 중 소모되어 회수가 불가능한 소모성 제품을 제외한 양을 말한다.

※ 회수대상량 = 출고량 – 소모된 제품량

"회수량"이라 함은 회수대상량 중에서 실제로 회수가 된 양을 말한다.

"회수추정치"란 회수 계획 당시 회수대상량을 정확하게 파악할 수 없는 경우 소모량으로 추정되는 양을 포함한 양을 말한다.

"회수율"이라 함은 회수대상량 대비 회수량의 비율을 말한다.

※ 회수율(%) = (회수량/회수대상량) × 100

"폐기"라 함은 회수한 의료기기를 소각, 파쇄, 분리 등의 방법으로 그 원형을 파기하거나 해체하여 원래의 사용목적대로 사용이 불가능하게 하는 것을 말한다.

2.2 회수 대상 의료기기

「의료기기법」 제31조(부작용 관리)제2항 및 제34조(회수 · 폐기 및 공표명령)제1항에 따라 의료기기로 인하여 국민보건에 위해가 발생하였거나 발생한 우려가 있다고 인정되는 의료기기를 말한다.

가. 영업자 회수

의료기기 제조업자 등이 의료기기가 품질불량 등으로 인체에 위해를 끼치거나 끼칠 위험이 있다는 사실을 알게 된 의료기기

① 국내 · 외 부작용 사례, 안전성 정보 평가결과 회수가 필요하다고 판단되는 의료기기

※ 전문가의 의견 및 관련자료 등이 있는 경우 고려하여 결정

② 국내 수입되는 제품 중 외국 제조원에서 회수가 결정된 의료기기

나. 정부 회수

① 「의료기기법」 제26조 규정을 위반하여 제조, 수입, 판매, 저장, 진열한 의료기기

㉮ 무허가 의료기기

㉯ 병원 미생물에 오염되었거나 변질 · 부패된 원료가 사용된 의료기기

㉰ 임상시험에 관한 승인을 받지 않고 임상시험에 사용되고 있는 의료기기

㉱ 지방식품의약품안전청장(이하 지방식약청장)이 폐기 · 판매(사용)중지 등을 명한 의료기기

② 사용으로 인하여 국민건강에 위해가 발생하였거나 발생할 우려가 현저한 것으로 인정되는 의료기기

㉮ 국내 · 외 부작용이 발생한 의료기기

㉯ 변경 미허가 의료기기

※ 기술문서심사가 불필요한 변경 및 경미한 변경사항 제외

㉰ 의료기기 수거 · 검사 결과 부적합 판정받은 의료기기

㉱ GMP 기준을 위반하고 판매된 의료기기

③ 회수평가위원회에서 회수가 필요하다고 판단한 의료기기

다. 자율 회수

정부 회수 또는 영업자 회수 이외에 위해 가능성은 없으나 품질관리 등의 사유로 제조 · 수입업자 스스로 실시하는 회수

2.3 위해성 정도 평가

가. 위해성 정도(회수등급) 분류

「의료기기법 시행규칙」 제52조제2항 규정에 따라 위해성 정도(회수등급)를 분류해야 한다.

1) 위해성 정도 1

의료기기 사용으로 완치될 수 없는 중대한 부작용을 일으키거나 사망에 이르게 하거나, 그러한 부작용 또는 사망을 가져올 우려가 있는 의료기기

① 의료기기로 인한 사망 또는 중대한 부작용이 발생한 사례가 확인되었거나 발생 우려가 있는 경우

② 발암성분 기준치 초과 함유 의료기기

③ 무허가 의료기기(3 · 4등급)

2) 위해성 정도 2

의료기기 사용으로 완치될 수 있는 일시적 또는 의학적인 부작용을 일으키거나, 그러한 부작용을 가져올 수 있는 의료기기

① 의료기기로 인한 완치될 수 있는 일시적 또는 의학적인 부작용이 발생한 사례가 확인되었거나 발생 우려가 있는 경우

② 무허가(무인증) 의료기기(2등급)

③ 안전성 · 유효성에 문제가 있다고 식약처장이 정하는 원자재를 사용하거나 함유한 의료기기로서 인체에 직 · 간접적으로 접촉하는 의료기기

④ GMP 적합인정 없이 판매 · 유통한 의료기기

⑤ GMP 기준 위반 의료기기(원재료 오염 등 안전성 · 유효성에 영향을 미치는 경우에 한함)

⑥ 수거 · 검사 부적합 의료기기(예시)

㉮ 임시수복재의 독성시험이 부적합한 의료기기

㉯ 전기수술기, 레이저수술기의 누설전류(주로 전기를 많이 소모하는 기기)가 부적합한 의료기기

㉰ 기타 인체에 부작용을 일으킬 수 있는 시험 항목이 부적합한 의료기기

3) 위해성 정도 3

의료기기 사용으로 부작용은 거의 일어나지 아니하나 법 제19조에 따른 기준규격에 부적합하여 안전성 및 유효성에 문제가 있는 의료기기

① 수거 · 검사 부적합 의료기기(예시)

㉮ 개인용 저주파자극기, 초음파자극기, 저주파자극기, 적외선조사기 등의 타이머 정확성, 출력 전류, 출력 파형, 출력 주파수, 전원입력시험, 적외선출력시험이 부적합한 의료기기

㉯ 사지압박순환장치, 의료용 레이저조사기, 수동식 공기주입식 정형용 견인장치의 안전장치 시험이 부적합한 의료기기

㉰ 피부적외선 체온계의 온도 정확도가 부적합한 의료기기

㉱ 자외선조사기의 누설전류(주로 내부전원을 사용하는 기기)가 부적합한 의료기기

㉲ 매일 착용 소프트콘택트렌즈의 두께, 정점굴절력이 부적합한 의료기기

㉳ 전동식 의료용 흡인기의 흡인 압력이 부적합한 의료기기

㉴ 의료용 자기발생기의 자석 밀도가 부적합한 의료기기

㉵ 의료용 저온기의 토출 공기 온도, 동작 시간의 정확성이 부적합한 의료기기

㉶ 임시수복재의 굴곡 강도, 용해도, 방사선 불투과성, 물 흡수도가 부적합한 의료기기

㉷ 기타 안전성 · 유효성에 영향을 미치는 시험 항목에 부적합한 의료기기

2.4 회수 절차

가. 회수 절차도

1) 영업자 회수 절차도

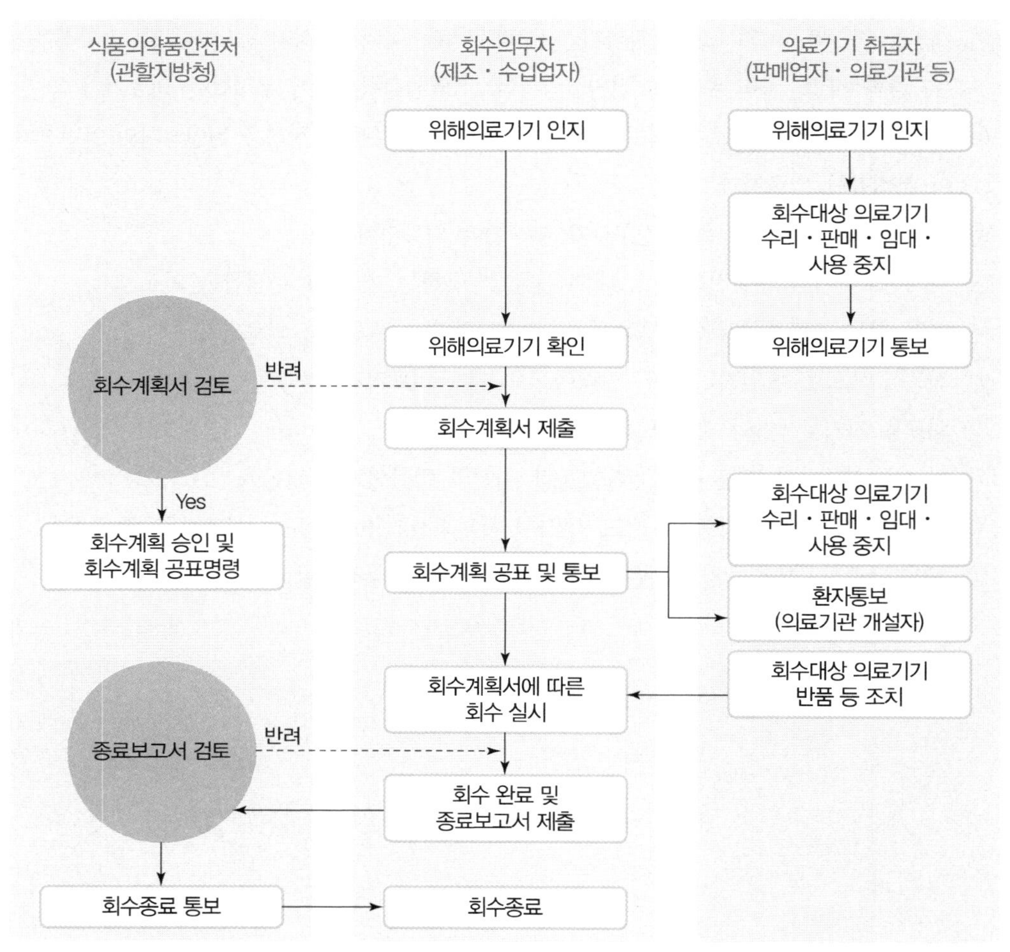

* 출처 : 식품의약품안전처, 의료기기 영업자 회수 업무 처리 지침(공무원 지침서), 2022. 6.

❙ 그림 8-1 ❙ 영업자 회수 절차도

2) 정부 회수 절차도

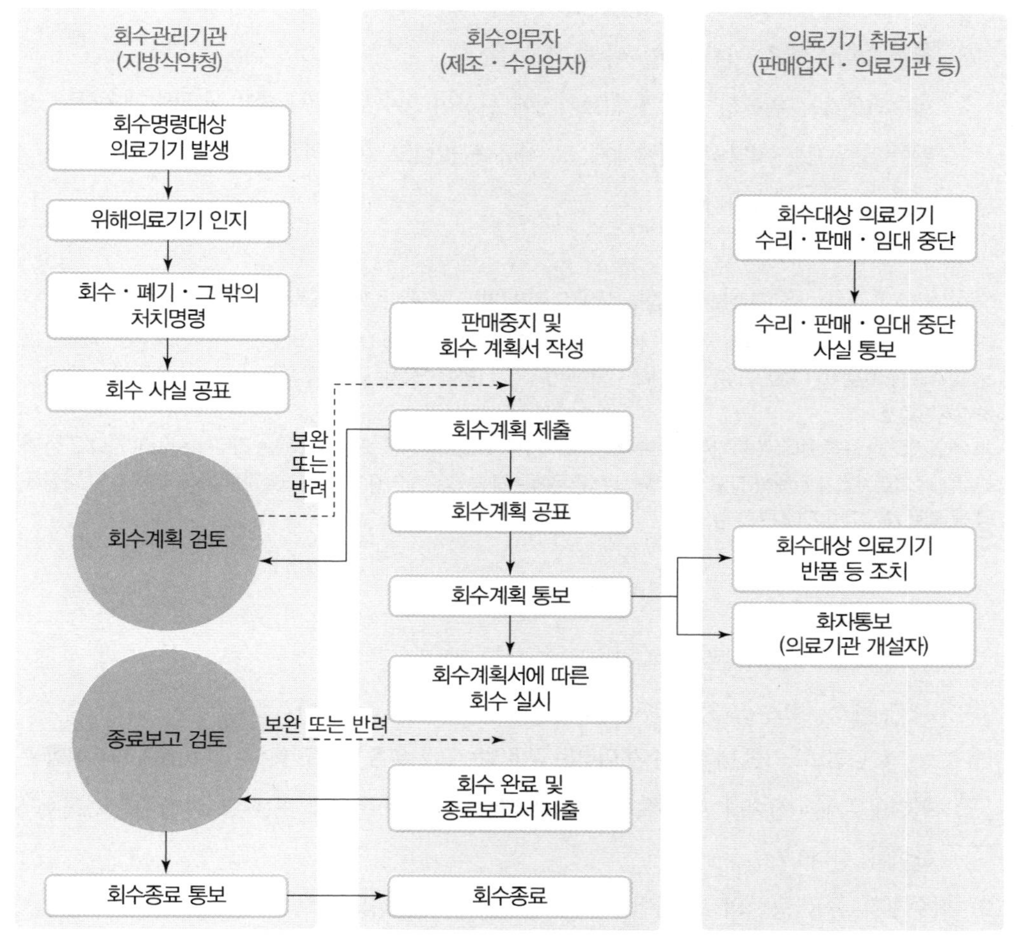

* 출처 : 식품의약품안전처, 의료기기 정부 회수 업무 처리 지침(공무원 지침서), 2022. 6.

❙ 그림 8-2 ❙ 정부 회수 절차도

나. 영업자 회수 세부 절차

1) 회수대상 의료기기 발생

의료기기 제조업자 등이 출고한 의료기기가 품질불량 등으로 인체에 위해를 끼치거나 끼칠 위험이 있다는 사실을 알게 된 경우

2) 회수 실행

가) 회수 전 준비 단계

(1) 회수계획서 제출(「의료기기법 시행규칙」 제52조제3항~6항)

① 제출 주체 : 회수의무자 → 지방식약청장

※ 회수계획서(「의료기기법 시행규칙」 [별지 제43호 서식])

※ 의료기기 정보포털(의료기기통합정보시스템, http://udipotal.mfds.go.kr) 활용

② 회수계획서 제출 기한 : 5일 이내

회수의무자는 위해성 정도 3 의료기기에 한하여 회수계획서를 5일 이내에 제출하는 것이 곤란할 경우에는 지방식약청장에게 그 사유를 밝히고 10일의 범위에서 한 차례 제출 기한의 연장 요청이 가능하다.

회수계획서 첨부서류(「의료기기법 시행규칙」 제52조제5항)

- 해당 품목의 제조 · 수입 기록서 사본 및 판매처별 판매량 · 판매일자, 임대인별 임대량 · 임대일자 등의 기록
  ※ 회수대상 의료기기 제조 · 수입 및 판매 · 임대현황(고시 [별지 제1호 서식])을 제출하는 경우 생략할 수 있음
- 회수계획통보서
  ※ 해외 제조원 공식 안내문(번역본)에 회수대상, 회수사유 및 조치사항을 포함하고 있는 경우에 한하여 자료 인정 가능
- 회수대상 의료기기가 위해성 정도 1에 해당하는 경우에는 해당 의료기기를 사용한 의료기관 명칭, 소재지 및 개설자 성명 등 의료기기 개설자에 관한 정보

③ 회수 종료 예정일

㉮ 위해성 정도 1 : 회수 시작일부터 15일 이내

㉯ 위해성 정도 2, 3 : 회수 시작일부터 30일 이내

※ 다만, 그 기한 내에 회수가 어려운 경우에는 그 사유를 밝히고 회수기한을 초과하여 정할 수 있다.

④ 회수의무자는 신속한 회수를 위해 회수계획서 제출과 동시에 또는 그 이전이라도 회수를 진행하여야 한다.

(2) 회수계획 공표 등(「의료기기법 시행규칙」 제53조제1항)

① 공표 주체 : 회수의무자

회수계획서 및 첨부 자료 적절 여부 검토 후 이를 승인할 때, 회수사실 공표명령을 동시에 실시한다.

② 공표 방법

㉮ 위해성 1 : 방송, 일간신문(당일 인쇄 · 보급되는 해당 신문의 전체 판(版)을 말한다) 또는 이와 같은 수준 이상의 대중매체(회수대상 의료기기의 사용목적, 사용방법 등을 고려하여 식약처장이 인정하는 매체를 포함한다)에 공고

※ 회수대상 의료기기 사용자가 신속하게 인지할 수 있는 매체 선택인지 확인

㉯ 위해성 2 : 의학 · 의공학 전문지 또는 이와 같은 수준 이상의 매체에 공고

㉰ 위해성 3 : 회수의무자의 인터넷 홈페이지 또는 이와 같은 수준 이상의 매체에 공고

※ 한국의료기기안전정보원, 대한의사협회, 대한병원협회, 한국의료기기산업협회, 한국의료기기공업협동조합 등 주요 단체 홈페이지

③ 공표 시점 : 회수계획서 승인 후 5일 이내

④ 공표 내용 게재 기간 : 회수대상 의료기기에 대한 회수종료 보고에 대한 확인통보(서면)를 받을 때까지

⑤ 공표 시 유의할 점

㉮ 회수의무자는 위해성 등급에 관계없이 자사 홈페이지에는 반드시 공표문*을 게재하고, 누구나 쉽게 열람이 가능하도록 하여야 한다.

※ [표 8-11] 공표문안 작성요령 참고

㉯ 홈페이지 게재 기간은 회수명령기관으로부터 해당 품목의 회수 종료 보고에 대한 확인통보(서면)를 받은 때까지로 한다.

⑥ 공표결과 제출

㉮ 회수의무자는 회수계획을 공표한 후 그 결과를 공표일로부터 3일 이내에 지방식약청장에게 제출하여야 한다.

㉯ 공표 결과를 제출할 때에는 공표일, 공표매체, 공표횟수(기간 포함) 및 공표문 사본(인터넷의 경우 캡쳐 화면) 또는 내용을 첨부하여야 한다.

(3) 회수계획 통보(「의료기기법 시행규칙」 제53조제3항)

① 통보 주체 : 회수의무자 → 회수대상 의료기기의 취급자

② 통보 방법 : 방문, 우편, 전화, 전보, 전자우편, 팩스 또는 언론 매체를 통한 공고 등

※ 통보 사실을 증명할 수 있는 자료는 회수종료일부터 2년간 보관

(4) 회수 내용 공개(「의료기기법 시행규칙」 제53조제2항)

① 공개 주체 : 지방식약청장

② 공개 방법 : 홈페이지 게재

③ 공개 시점 : 회수계획서 승인 시

㉮ 회수계획서 승인 시 식품의약품안전처 홈페이지에 즉시 게시

※ 홈 화면 > 정책정보탭 > 위해정보 > 의료기기회수/판매중지

㉯ 회수 종료일 후 3개월 이후부터는 〈검색보기〉로 확인 가능

※ 홈 화면 > 정책정보탭 > 위해정보 > 의료기기회수/판매중지 > 검색어로 검색

④ 게재 내용 : 회수의무자의 업체명 · 연락처, 제품명, 제조번호, 제조일, 사용기한 · 유효기한, 회수 사유 등

⑤ 회수 정보는 '리콜 공통 가이드라인(공정거래위원회, '17. 10. 11. 제정)'에 따른 표준양식(내용)에 맞추어 공개

※ 공개 시 별도의 정해진 양식은 없으나 소비자가 리콜정보를 쉽게 이해할 수 있도록 쉬운 용어를 사용하여 작성하되 회수 사유 등 아래의 예시의 내용을 포함하여 공개

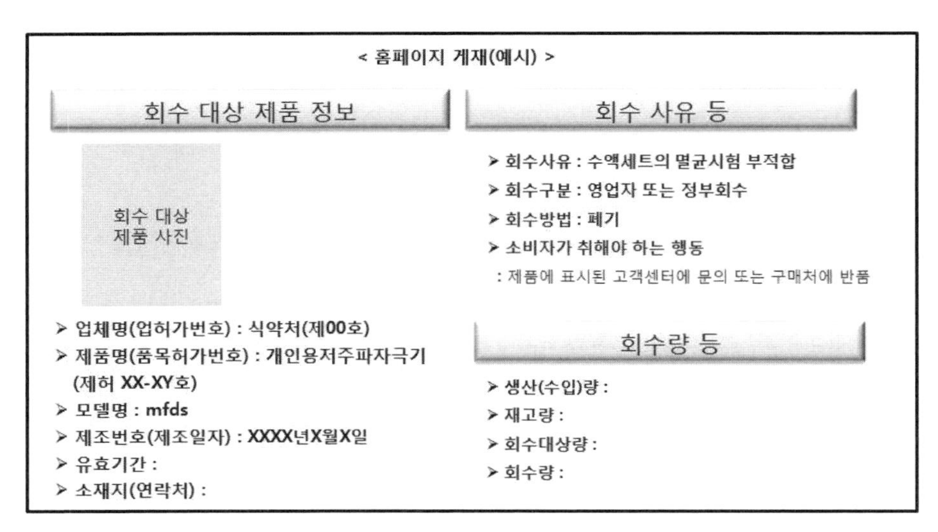

▌그림 8-3▐ 홈페이지 게재(예시)

나) 회수 실시

(1) 회수 개시

회수의무자는 자신이 제조 또는 수입한 의료기기가 위해의료기기에 해당한다는 사실을 알게 되었을 경우, 즉시 회수 실시

(2) 회수 대상 의료기기의 반품(「의료기기법 시행규칙」 제53조제4항)

① 반품 주체 : 회수계획을 통보받은 회수대상 의료기기의 취급자 → 회수의무

② 회수확인서 작성 및 회수의무자에 송부

※ 회수확인서(「의료기기법 시행규칙」 [별지 제44호 서식])

(3) 회수계획 변경

① 회수 진행 중 이미 제출된 회수대상량, 회수종료일자 등에 대한 수정·보완이 필요한 경우, 회수의무자는 그 사유서를 첨부하여 회수계획 변경을 요청한다.

② 회수계획 변경요청 승인 : 접수일로부터 10일 이내

※ 요청사항 및 근거자료가 부족한 경우 3일 이내 보완자료 제출 요청

다) 회수 종료 후

(1) 회수평가보고서 작성(「의료기기법 시행규칙」 제54조제1항)

① 작성 주체 : 회수의무자

※ 회수평가보고서 (「의료기기법 시행규칙」 [별지 제45호 서식])

② 회수계획이 취급자에게 통보되었는지 여부, 회수를 효과적으로 이행하기 위한 적절한 조치 여부, 재발 방지를 위한 대책 등에 대하여 평가보고서 작성

(2) 회수 의료기기에 대한 처치

① 폐기(「의료기기법 시행규칙」 제54조제2항)

㉮ 폐기 주체 : 회수의무자

※ 관할 특별자치시 · 특별자치도 · 시 · 군 · 구 관계 공무원 입회

㉯ 폐기 대상 : 회수하거나 반품받은 의료기기 중 폐기조치가 필요한 의료기기

㉰ 폐기신청서 제출 : 회수의무자 → 특별자치시장 · 특별자치도지사 · 시장 · 군수 · 구청장

※ 폐기신청서(「의료기기법 시행규칙」 [별지 제46호 서식])

폐기신청서 첨부서류

- 회수계획서 사본
- 회수확인서 사본

② 반송, 수리, 소프트웨어 업데이트, 표시 및 기재사항 변경, 기타 조치를 하는 경우

㉮ 조치결과보고서 제출 : 회수의무자 → 지방식약청장

※ 회수대상 의료기기 수리 등 조치 결과서[별지 제1호 서식]을 작성

(3) 회수종료보고서 제출

① 제출 주체 : 회수의무자 → 회수의무자 소재지 관할 지방식약청장

※ 회수종료보고서 「의료기기법 시행규칙」 [별지 제48호 서식]

※ 의료기기 정보포털(의료기기통합정보시스템)(http://udipotal.mfds.go.kr) 활용

회수종료 보고 시 첨부서류

- 회수확인서(「의료기기법 시행규칙」 [별지 제44호 서식]) 사본
- 회수평가보고서(「의료기기법 시행규칙」[별지 제45호 서식]) 사본
- 회수처별 회수내역
- 폐기확인서(「의료기기법 시행규칙」[별지 제47호 서식]) 사본(폐기한 경우에만 해당)
- 회수대상 의료기기 수리 등 조치 결과서(「의료기기 영업자 회수 업무 처리 지침」 [별지 제1호 서식], 폐기 이외의 경우에만 해당)

② 보고서 제출 기간 : 회수종료일로부터 5일 이내

3) 회수 종료

가) 회수 종료 알림

지방식약청장은 회수종료보고서 검토 및 회수적절성 검증으로 회수가 적절하게 이행되었다고 판단하는 경우, 회수의무자에게 서면(공문)으로 회수 종료를 알리고 회수를 종료한다.

나) 회수 결과 공개

① 공개 시점 및 방법 : 회수 종료 후 식약처 홈페이지(지방식약청 포함)에 공개

② 공개 대상 : 생산(수입)량, 출고량, 회수대상량, 회수량 등

다. 정부 회수 세부 절차

1) 회수 대상 의료기기 발생

① 「의료기기법」 제26조를 위반하여 의료기기를 제조 · 수입 · 판매 · 저장 · 진열한 경우

② 사용으로 인하여 국민건강에 위해가 발생하였거나 발생할 우려가 현저한 것으로 인정되는 의료기기

2) 위해성 정도 확인

① 회수 대상 의료기기에 대하여 지방식약청장이 위해성 정도를 확인

② 회수평가위원회 운영

㉮ 지방식약청장은 회수대상 의료기기의 위해성 정도 판단이 곤란하거나 회수에 대한 이의신청이 있는 경우, 회수평가위원회를 개최하여 그 내용을 검토할 수 있다.

㉯ 위해성 판단을 위한 회수평가위원회 절차

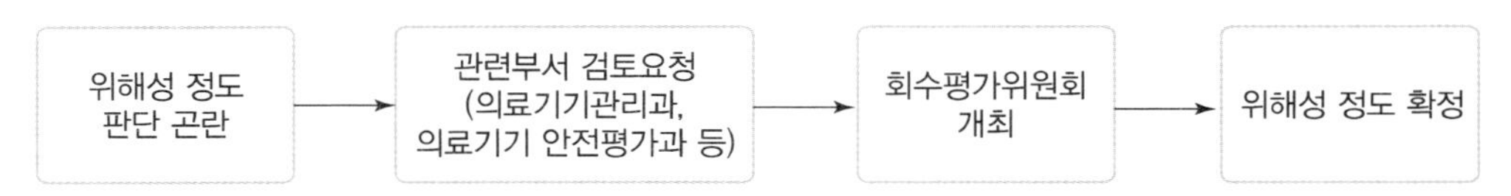

※ 위해평가위원회 구성 : 관련 부서 업무 담당자, 외부 전문가 등(위원장 : 회수명령기관 부서장)

3) 회수 명령

회수명령권자(지방식약청장)는 회수대상 의료기기에 대하여 판매 중지 및 회수 등의 조치가 즉시 개시될 수 있도록 회수의무자에게 명령하고, 회수 등 명령 사항을 유관기관에 전파하여 정보를 공유한다.

※ 통보 내용 : 업체명(업허가번호), 품목명(허가번호, 모델명), 회수명령사유, 위해성 정도 등(품질부적합은 제품의 제조일(제조번호) 및 부적합 시험항목 포함)

4) 회수 실행

가) 회수 전 준비 단계

(1) 회수계획서 제출(「의료기기법 시행규칙」 제52조제3항~제6항)

① 제출 주체 : 회수의무자 → 지방식약청장

※ 회수계획서 [별지 제1호 서식]

※ 의료기기 정보포털(의료기기통합정보시스템)(http://udipotal.mfds.go.kr) 활용

② 회수계획서 제출 기한 : 5일 이내

㉮ 긴급 회수가 필요한 경우 즉시 회수계획서 제출을 요구할 수 있음

㉯ 위해성 정도 3의 의료기기로서 5일 이내에 회수계획서 제출이 곤란할 경우에는 지방식약청장에게 그 사유를 밝히고 10일의 범위에서 한 차례 제출기한의 연장 요청 가능

회수계획서 제출 시 첨부서류(「의료기기법 시행규칙」 제52조제5항)

- 해당 품목의 제조·수입기록서 사본 및 판매처별 판매량·판매일자, 임대량·임대일자 등의 기록
- 회수대상 의료기기 생산·수입 및 판매·임대현황을 제출하는 경우 생략할 수 있음
- 회수계획통보서
- 회수대상 의료기기가 위해성 정도 1에 해당하는 경우에는 해당 의료기기를 사용한 의료기관 명칭, 소재지 및 개설자 성명 등 의료기기 개설자에 관한 정보

③ 회수종료예정일

㉮ 위해성 정도 1 : 회수 시작일부터 15일 이내

㉯ 위해성 정도 2, 3 : 회수 시작일부터 30일 이내

※ 다만, 기한 내에 회수가 어려운 경우에는 그 사유를 밝히고 회수기한을 초과하여 정할 수 있다.

④ 회수의무자는 신속한 회수를 위해 회수계획서 제출과 동시에 또는 그 이전이라도 회수를 진행하여야 한다.

(2) 회수계획 공표 등(「의료기기법 시행규칙」 제53조제1항)

① 공표 주체 : 회수의무자

② 공표 방법

㉮ 위해성 1 : 방송, 일간신문(당일 인쇄·보급되는 해당 신문의 전체 판(版)을 말한다) 또는 이와 같은 수준 이상의 대중매체(회수대상 의료기기의 사용목적, 사용방법 등을 고려하여 식약처장이 인정하는 매체를 포함한다)에 공고

㉯ 위해성 2 : 의학·의공학 전문지 또는 이와 같은 수준 이상의 매체에 공고

㉰ 위해성 3 : 회수의무자의 인터넷 홈페이지 또는 이와 같은 수준 이상의 매체에 공고

의료기기 회수에 관한 공표

「의료기기법」 제34조에 따라 아래의 의료기기에 대하여 회수함을 공표합니다.

가. 회수 의무자(연락처) : (주)○○○○(043-123-4567)

나. 회수 대상 의료기기 : 품목명(허가번호, 모델명)

다. 위해성 정도 : 위해성 정도 2

라. 제조일자(유효·사용기한) : 2011. 06. 25.

마. 제조번호 : ABC123

바. 회수 사유 : 해당 의료기기 사용으로 부작용(화상)

사. 회수 방법 : 인수 후 폐기

아. 회수 기간 : 2016. 06. 20. ~ 2016. 07. 19. (1개월)

자. 공표일자 : 2016. 06. 20.

※ 해당 회수 대상 의료기기를 보관하고 있는 판매업체 및 의료기관 등에서는 즉시 판매·사용을 중지하고 회수를 위하여 연락주시기 바랍니다.

③ 공표 시점 : 회수계획서 승인 후 5일 이내

④ 공표 내용 게재 기간 : 회수 대상 의료기기에 대한 회수 종료 보고에 대한 확인 통보(서면)를 받을 때까지

⑤ 공표 시 유의할 점

㉮ 회수의무자는 위해성 등급에 관계없이 자사 홈페이지에 반드시 공표문을 게재하고, 누구나 쉽게 열람이 가능하도록 하여야 한다.

㉯ 홈페이지 게재 기간은 회수명령기관으로부터 해당 품목의 회수 종료 보고에 대한 확인 통보(서면)를 받은 때까지로 한다.

⑥ 공표 결과의 제출

㉮ 회수의무자는 회수계획을 공표한 후 그 결과를 공표일로부터 3일 이내에 지방식약청장에게 제출하여야 한다.

㉯ 공표 결과를 제출할 때에는 공표일, 공표 매체, 공표 횟수(기간 포함) 및 공표문 사본(인터넷의 경우 캡쳐 화면) 또는 내용을 첨부하여야 한다.

(3) 회수계획 통보(「의료기기법 시행규칙」 제53조제3항)

① 통보 주체 : 회수의무자 → 회수대상 의료기기의 취급자

② 통보 방법 : 방문, 우편, 전화, 전보, 전자우편, 팩스 또는 언론 매체를 통한 공고 등

※ 통보 사실을 증명할 수 있는 자료는 회수 종료일부터 2년간 보관

(4) 회수내용 공개(「의료기기법 시행규칙」 제53조제2항)

① 공개 주체 : 지방식약청장

② 공개 방법 : 홈페이지 게재

③ 공개 시점 : 회수 명령 시

④ 게재 내용 : 회수의무자의 업체명 · 연락처, 제품명, 제조번호, 제조일, 사용기한 · 유효기한, 회수 사유 등

⑤ 회수 정보는 '리콜 공통 가이드라인(공정거래위원회, '17. 10. 11. 제정)'에 따른 표준양식(내용)에 맞추어 공개

※ 공개 시 별도의 정해진 양식은 없으나 소비자가 리콜 정보를 쉽게 이해할 수 있도록 쉬운 용어를 사용하여 작성하되 회수 사유 등 다음 예시의 내용을 포함하여 공개

〈 홈페이지 게재(예시) 〉

회수 대상 제품 정보

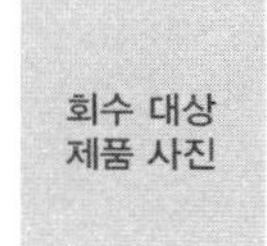

- 업체명(업허가번호) : 식약처(제00호)
- 제품명(품목허가번호) : 개인용저주파자극기 (제허 XX – XY호)
- 모델명 : mfds
- 제조번호(제조일자) : XXXX년X월X일
- 유효기간 :
- 소재지(연락처) :

회수 사유 등

- 회수사유 : 수액세트의 멸균시험 부적합
- 회수구분 : 영업자 또는 정부 회수
- 회수방법 : 폐기
- 소비자가 취해야 하는 행동
  : 제품에 표시된 고객센터에 문의 또는 구매처에 반품

회수량 등

- 생산(수입)량 :
- 재고량 :
- 회수대상량 :
- 회수량 :

* 출처 : 식품의약품안전처, 의료기기 영업자 회수 업무 처리 지침(공무원 지침서), 2022. 6.

❙ 그림 8-4 ❙ 홈페이지 게재(예시)

나) 회수 실시

(1) 회수 개시

회수의무자는 자신이 제조 또는 수입한 의료기기가 위해의료기기에 해당한다는 사실을 알게 되었을 경우, 즉시 회수 실시

※ 회수명령을 받거나 회수계획서 승인을 통보받기 전이라도 회수 실시

(2) 회수대상 의료기기의 반품(「의료기기법 시행규칙」 제53조제4항)

① 반품 주체 : 회수계획을 통보받은 회수대상 의료기기의 취급자 → 회수의무

② 회수확인서 작성 및 회수의무자에 송부

※ 회수확인서(「의료기기법 시행규칙」 [별지 제44호 서식])

(3) 회수계획 변경

① 회수 진행 중 이미 제출된 회수대상량, 회수종료일자 등에 대한 수정 · 보완이 필요한 경우, 회수의무자는 그 사유서를 첨부하여 회수계획 변경을 요청한다.

② 회수계획 변경요청 승인 : 접수일로부터 10일 이내

※ 요청사항 및 근거 자료가 부족한 경우 3일 이내 보완 자료 제출 요청

전산프로그램 설치 권고

식품의약품안전처장은 회수대상 의료기기의 정보 등을 제공하는 전산 프로그램을 구성·운영하여 회수대상 의료기기의 취급자 등에게 설치하도록 권고할 수 있다.

다) 회수 종료 후

(1) 회수평가보고서 작성(「의료기기법 시행규칙」 제54조제1항)

① 작성 주체 : 회수의무자

※ 회수평가보고서 (「의료기기법 시행규칙」 [별지 제45호 서식])

② 회수계획이 취급자에게 통보되었는지 여부, 회수를 효과적으로 이행하기 위한 적절한 조치 여부, 재발 방지를 위한 대책 등에 대하여 평가보고서 작성

(2) 회수 의료기기에 대한 처치

① 폐기(「의료기기법 시행규칙」 제54조제2항)

폐기신청서 제출		폐기		폐기 완료 사실 통보
회수의무자	➡	회수의무자	➡	특별자치시장 · 특별자치도지사 · 시장 · 군수 · 구청장

㉮ 폐기 주체 : 회수의무자

※ 관할 특별자치시 · 특별자치도 · 시 · 군 · 구 관계 공무원 입회

㉯ 폐기 대상 : 회수하거나 반품 받은 의료기기 중 폐기조치가 필요한 의료기기

㉰ 폐기신청서 제출 : 회수의무자 → 관할 특별자치시장 · 특별자치 도지사 · 시장 · 군수 · 구청장

※ 폐기신청서(「의료기기법 시행규칙」 [별지 제46호 서식])

폐기신청서 첨부서류

- 회수계획서(「의료기기법 시행규칙」 [별지 제43호 서식]) 사본
- 회수확인서(「의료기기법 시행규칙」 [별지 제44호 서식]) 사본

폐기 시 확인사항

ⅰ. 회수 대상 의료기기가 맞는지 여부
※ 허가사항(허가번호, 품목명 등) 및 관련자료(회수확인서, 제조번호 등) 확인
ⅱ. 폐기하려는 의료기기의 수량
ⅲ. 폐기 방법(자체·위탁) 및 폐기물 처리 계획
※ 폐기업자가 「폐기물관리법」 등 환경 관련 법령에 따른 자격자인지 확인
ⅳ. 폐기 입회 후에 폐기확인서 작성(입회자 및 참관자 서명)
※ 위탁 폐기 시, 전 과정에 입회하고 폐기물처리업자가 발급하는 문서를 폐기확인서에 첨부
ⅴ. 폐기 후 : 폐기확인서 2년간 보관
※ 폐기확인서 「의료기기법 시행규칙」 [별지 제47호 서식]
ⅵ. 폐기 완료 사실 알림 : 특별자치시장·특별자치도지사·시장·군수·구청장 → 지방식약청장

② 반송 : 회수 의료기기를 해외 제조원 등으로 반송

③ 수리 : 허가(인증)를 받거나 신고한 성능, 구조, 정격, 외관, 치수 등을 변환하지 아니하는 범위에서 의료기기를 고침

※ 허가(인증) 받거나 신고한 내용과 다르게 변조하여 수리하지 말 것

④ 소프트웨어 업데이트 : 시스템 소프트웨어와 응용 소프트웨어 등 프로그램이 현재의 실정에 맞지 않거나 오류가 있을 때 현재의 상황에 맞도록 내용을 변경하거나 추가, 삭제

⑤ 표시 및 기재사항 변경 : 회수 대상 의료기기의 용기, 외장, 포장 또는 첨부문서에 표기되거나 기재된 내용을 변경하여 재부착하거나 첨부

⑥ 기타 조치 : 회수 대상 의료기기 재발 방지를 위한 CAPA, 변경 허가(인증 · 신고), 환자 모니터링 등

반송, 수리, 소프트웨어 업데이트, 표시 및 기재사항 변경, 기타 조치를 하는 경우
조치결과보고서 제출 : 회수의무자 → 지방식약청장
※ 회수대상 의료기기 수리 등 조치 결과서[별지 제1호 서식]을 작성

(3) 회수종료보고서 제출

① 제출 주체 : 회수의무자 → 회수의무자 소재지 관할 지방식약청장

※ 회수종료보고서 「의료기기법 시행규칙」 [별지 제48호 서식]

※ 의료기기 정보포털(의료기기통합정보시스템)(http://udipotal.mfds.go.kr) 활용

회수종료보고 시 첨부서류

- 회수확인서(「의료기기법 시행규칙」 [별지 제44호 서식]) 사본
- 회수평가보고서(「의료기기법 시행규칙」 [별지 제45호 서식]) 사본
- 회수처별 회수내역
- 폐기확인서(「의료기기법 시행규칙」 [별지 제47호 서식]) 사본(폐기한 경우만 해당)
- 회수대상 의료기기 수리 등 조치 결과서(의료기기 정부 회수 업무 처리 지침(공무원 지침서) [별지 제1호 서식], 폐기 이외의 경우에만 해당)

② 보고서 제출기간 : 회수종료일로부터 5일 이내

5) 회수 종료

가) 회수 종료 알림

지방식약청장은 회수종료보고서 검토 및 회수효율성 검증으로 회수가 적절하게 이행되었다고 판단되는 경우, 회수의무자에게 서면(공문)으로 회수종료를 알리고 회수를 종료한다.

나) 회수결과 공개

① 공개 시점 및 방법 : 회수 종료 후 식약처 홈페이지(지방식약청 포함)에 공개

② 공개 대상 : 생산(수입)량, 출고량, 회수대상량, 회수량 등

※ 위해정보 공개 게재란에 회수 결과 공개 내용 추가

6) 기타 긴급조치 및 판매중지 해제

회수의무자가 회수를 이행하지 아니한 경우 지방식약청장은 다음과 같은 조치를 할 수 있다.

① 재고량에 대하여 압류 또는 봉함 · 봉인

② 봉함 · 봉인제품의 사후조치(반품 등)를 위해 봉인 해제 요청 시 봉인 해제

회수의무자가 판매중지 의료기기에 대한 부적합 사항 원인 분석 및 시정 · 예방조치 관련 문서를 제출한 경우 검토 · 확인 후 판매중지를 해제한다.

시정 · 예방조치 관련 자료
- 변경허가 완료된 해당 품목허가증
- 식약처장이 지정한 시험검사기관에서 발급한 시험검사성적서 등
  ※ 품질부적합의 경우에는 반드시 식약처장이 지정한 시험검사기관에서 발급한 시험성적서 확인
- 기타 시정·예방조치 관련 문서(절차서)에 따른 기록물

2.5 이의 신청(정부 회수에 한함)

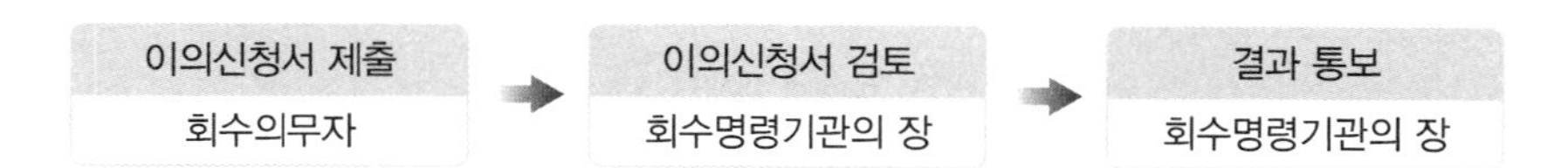

① 신청 주체 : 회수명령에 이의가 있는 회수의무자 → 회수명령기관

② 신청 방법 : 회수명령기관에 전화로 이의신청 의사를 먼저 알리고, 회수명령을 받은 날로부터 3일 이내에 이의신청 사유와 관계 증빙자료를 첨부하여 회수명령기관에 제출

※ 의료기기 회수명령 이의신청서 : 의료기기 정부 회수 업무 처리 지침(공무원 지침서) [별지 제4호 서식]

③ 이의신청서 검토 : 회수명령기관은 이의신청 내용을 검토하고, 그 결과를 7일 이내에 회수의무자에게 통보

※ 이의신청에 대하여 결정을 내리기 곤란한 경우 전문가의 의견을 듣거나 관련 부서와 협의할 수 있다.

〈표 8-1〉 회수계획서 작성 양식

■ 「의료기기법 시행규칙」 [별지 제43호 서식]

<table>
<tr><th colspan="4">회수계획서</th></tr>
<tr><td rowspan="6">회수
의무자</td><td colspan="2">업 소 명</td><td>업허가번호</td></tr>
<tr><td colspan="2">소 재 지</td><td>우편번호</td></tr>
<tr><td colspan="3">유 형 [ ] 제조업자 [ ] 수입업자</td></tr>
<tr><td colspan="2">대 표 자</td><td>생년월일</td></tr>
<tr><td colspan="2">담 당 자</td><td>E-mail</td></tr>
<tr><td colspan="2">전 화 번 호</td><td>FAX번호</td></tr>
<tr><td rowspan="6">회수 대상
제품 정보</td><td colspan="2">품 목 명</td><td>모델명</td></tr>
<tr><td colspan="2">허가(신고)번호</td><td>분류번호(등급)</td></tr>
<tr><td colspan="3">효능 · 효과</td></tr>
<tr><td colspan="2">포 장 단 위</td><td>제조일자 또는 사용(유효)기간</td></tr>
<tr><td colspan="3">제 조 번 호</td></tr>
<tr><td colspan="3">제 조 원</td></tr>
<tr><td rowspan="3">회수 사유</td><td>위해성 정도</td><td colspan="2">「의료기기법」 시행규칙([ ] 제52조제2항제1호, [ ] 제52조제2항제2호, [ ] 제52조제2항제3호)의 의료기기</td></tr>
<tr><td colspan="3">회수결정경위</td></tr>
<tr><td colspan="3">제품결함내용</td></tr>
<tr><td rowspan="2">회수 대상
제품량</td><td colspan="2">제조번호별 생산(수입)량</td><td>재고량</td></tr>
<tr><td colspan="2">회수 대상량</td><td>회수의 방법</td></tr>
<tr><td rowspan="3">회수 통보
방법 등</td><td colspan="3">회수 실시 대상</td></tr>
<tr><td colspan="3">통보 방법</td></tr>
<tr><td colspan="3">대국민 홍보 방법</td></tr>
<tr><td>회수종료일</td><td colspan="3">회수 종료 예정일</td></tr>
<tr><td colspan="4">「의료기기법」 제31조, 제34조 및 같은 법 시행규칙 제52조제3항, 제57조제2항에 따라 회수명령을 받은 의료기기에 대한 회수계획을 아래와 같이 제출합니다.
년 월 일
대 표 자 : 직책 성명 (서명 또는 인)
담 당 자 : 직책 성명 (서명 또는 인)
지방식품의약품안전청장 귀하</td></tr>
<tr><td>첨부서류</td><td colspan="2">1. 해당 품목의 제조 · 수입기록서 사본 및 판매처별 판매량 · 판매일자, 임대인별 임대량 · 임대일자 등의 기록
2.「의료기기법 시행규칙」 제53조제3항에 따라 통보할 회수계획통보서
3. 회수대상 의료기기가 「의료기기법 시행규칙」 제2항제1호에 해당하는 경우에는 해당 의료기기를 사용한 의료기관 명칭, 소재지 및 개설자 성명 등 의료기기 개설자에 관한 정보</td><td>수수료
없음</td></tr>
</table>

〈표 8-2〉 회수확인서 작성 양식

■ 「의료기기법 시행규칙」 [별지 제44호 서식]

회수확인서

취급자 업소명		
취급자 소재지		
취급자 성 명		E-mail
연 락 처		FAX번호

회 수 제 품 내 역

업소명	제품명	제조번호	제조일자	포장단위	구입량	회수량	비고

「의료기기법」 제31조, 제34조 및 같은 법 시행규칙 제52조제4항, 제57조제2항에 따라 위와 같이 회수 대상 의료기기가 회수되어 재고량이 없음을 확인합니다.

년 월 일

대 표 자 : 직책 성명 (서명 또는 인)

담 당 자 : 직책 성명 (서명 또는 인)

전화번호(E-mail) :

○ ○ ○ **(회수계획서를 제출한 회수의무자 회사명)** 귀하

〈표 8-3〉 회수평가보고서 작성 양식

■ 「의료기기법 시행규칙」 [별지 제45호 서식]

<table>
<tr><td>

회수평가보고서

</td></tr>
<tr><td>○ 회수계획이 회수 대상 의료기기의 취급자에게 통보되었음을 확인하였는지?</td></tr>
<tr><td>○ 회수계획을 통보받지 받지 못한 회수 대상 의료기기의 취급자에게 추가로 통보했는지?</td></tr>
<tr><td>○ 회수를 효과적으로 이행하기 위한 적절한 조치를 하였는지?</td></tr>
<tr><td>○ 미회수량에 대한 조치계획</td></tr>
<tr><td>○ 재발 방지를 위한 대책</td></tr>
<tr><td>○ 그 밖의 회수 관련 개선 또는 건의사항</td></tr>
<tr><td>「의료기기법」 제31조 및 같은 법 시행규칙 제54조제1항에 따라 회수 대상 의료기기에 대한 회수 평가보고서를 아래와 같이 작성합니다.

년 월 일

업 소 명 :

대 표 자 : 직책 성명 (서명 또는 인)

담 당 자 : 직책 성명 (서명 또는 인)</td></tr>
</table>

〈표 8-4〉 폐기신청서 작성 양식

■ 「의료기기법 시행규칙」 [별지 제46호 서식]

<table>
<tr><td colspan="5">폐기신청서
※ [ ]에는 해당되는 곳에 ✓ 표시를 합니다.</td></tr>
<tr><td colspan="2">접수번호</td><td>접수일</td><td>처리기간</td><td>7일</td></tr>
<tr><td rowspan="6">폐기의뢰자</td><td colspan="2">업 소 명</td><td colspan="2">업허가번호</td></tr>
<tr><td colspan="2">소 재 지</td><td colspan="2">우 편 번 호</td></tr>
<tr><td>유 형</td><td colspan="3">[ ] 제조업자 [ ] 수입업자</td></tr>
<tr><td colspan="2">대 표 자</td><td colspan="2">생년월일</td></tr>
<tr><td colspan="2">담 당 자</td><td colspan="2">E-mail</td></tr>
<tr><td>휴대전화번호</td><td>전화번호</td><td colspan="2">FAX번호</td></tr>
<tr><td rowspan="5">폐기 대상
제품 정보</td><td colspan="2">품 목 명</td><td colspan="2">모 델 명</td></tr>
<tr><td colspan="2">허가 · 인증 · 신고번호</td><td colspan="2">분류번호(등급)</td></tr>
<tr><td colspan="2">제조번호</td><td colspan="2">제조일자 또는 사용(유효)기간</td></tr>
<tr><td colspan="4">제 조 원</td></tr>
<tr><td colspan="4">폐 기 량</td></tr>
<tr><td colspan="5">폐기 사유</td></tr>
<tr><td colspan="5">「의료기기법 시행규칙」 제54조제2항에 따라 위와 같이 폐기를 신청합니다.

년 월 일
신청인 :
담당자 성명 : (서명 또는 인)
담당자 전화번호 :

시 · 도지사 귀하</td></tr>
<tr><td>첨부서류</td><td colspan="3">1. 「의료기기법 시행규칙」 별지 제43호서식의 회수계획서 사본
2. 「의료기기법 시행규칙」 별지 제44호서식의 회수확인서 사본</td><td>수수료
없음</td></tr>
</table>

210㎜ × 297㎜[백상지 80g/㎡ 또는 중질지 80g/㎡]

〈표 8-5〉 폐기확인서 작성 양식

■ 「의료기기법 시행규칙」 [별지 제47호 서식]

폐기확인서

폐기의뢰자	업 소 명		업허가번호
	소 재 지		우 편 번 호
	유 형	[ ] 제조업자 [ ] 수입업자	
	대 표 자		생년월일
	담 당 자		E-mail
	전화번호		FAX번호
폐기 대상 제품 정보	품 목 명		모 델 명
	허가 · 인증 · 신고번호		분류번호(등급)
	제조번호		폐 기 량
	제 조 원		
폐기 관련 정 보	폐기 사유		
	폐기 일자		
	폐기 장소		
	폐기 방법		
폐기물처리 업소 정보	업 소 명		
	대 표 자		
	소 재 지		
	전화번호		FAX번호

「의료기기법 시행규칙」 제54조제2항, 제57조제2항 및 「폐기물관리법」 제13조에 따라 위와 같이 결함 제품을 폐기하였음을 확인합니다.

년 월 일

확 인 자 : (서명 또는 인)

입 회 자 소 속 :

직 급 :

성 명 :

〈표 8-6〉 회수종료보고서 작성 양식

■ 「의료기기법 시행규칙」 [별지 제48호 서식]

<table>
<tr><td colspan="4">회수종료보고서</td></tr>
<tr><td rowspan="6">회 수
의무자</td><td colspan="2">업 소 명</td><td>업허가번호</td></tr>
<tr><td colspan="2">소 재 지</td><td>우 편 번 호</td></tr>
<tr><td>유 형</td><td colspan="2">[ ] 제조업자 [ ] 수입업자</td></tr>
<tr><td colspan="2">대 표 자</td><td>생년월일</td></tr>
<tr><td colspan="2">담 당 자</td><td>E-mail</td></tr>
<tr><td colspan="2">전화번호</td><td>FAX번호</td></tr>
<tr><td rowspan="4">회수 대상 제품
정보</td><td colspan="2">품 목 명</td><td>모 델 명</td></tr>
<tr><td colspan="2">허가 · 인증 · 신고번호</td><td>분류번호(등급)</td></tr>
<tr><td colspan="2">포장단위</td><td>제조일자 또는 사용(유효)기간</td></tr>
<tr><td colspan="2">제조번호</td><td>제 조 원</td></tr>
<tr><td rowspan="3">회수 대상
제품량</td><td colspan="3">제조번호별 생산(수입)량</td></tr>
<tr><td colspan="3">회수대상량</td></tr>
<tr><td colspan="3">재 고 량</td></tr>
<tr><td rowspan="2">회수 기간</td><td colspan="3">회수 시작일</td></tr>
<tr><td colspan="3">회수 종료일</td></tr>
<tr><td rowspan="5">회수 결과</td><td colspan="3">회수량(회수율)</td></tr>
<tr><td colspan="3">회수방법별 결과</td></tr>
<tr><td colspan="3">회수처별 회수 내역</td></tr>
<tr><td colspan="3">미회수량</td></tr>
<tr><td colspan="3">미회수 사유</td></tr>
<tr><td colspan="4">「의료기기법」 제31조, 제34조 및 같은 법 시행규칙 제54조제3항, 제57조제2항에 따라 회수 대상 의료기기의 회수 종료를 보고합니다.

년 월 일

대 표 자 : 직책 성명 (서명 또는 인)
담 당 자 : 직책 성명 (서명 또는 인)

지방식품의약품안전청장 귀하</td></tr>
</table>

<table>
<tr><td>첨부서류</td><td>1.「의료기기법 시행규칙」 별지 제44호서식의 회수확인서 사본
2.「의료기기법 시행규칙」 별지 제45호서식의 회수평가보고서 사본
3.「의료기기법 시행규칙」 별지 제47호서식의 폐기확인서(수출면장 등) 사본(폐기한 경우만 해당합니다)</td><td>수수료
없음</td></tr>
</table>

210㎜ × 297㎜[백상지 80g/㎡ 또는 중질지 80g/㎡]

〈표 8-7〉 수리결과보고서 작성 양식

■ 의료기기 영업자 회수 업무 처리 지침(공무원 지침서) [별지 제1호 서식]

<table>
<tr><td colspan="6">회수대상 의료기기 수리 등 조치 결과서</td></tr>
<tr><td rowspan="6">회수의무자</td><td>업소명</td><td colspan="2"></td><td>업허가번호</td><td></td></tr>
<tr><td>소재지</td><td colspan="4">(우편번호 :)</td></tr>
<tr><td>유형</td><td colspan="2">[ ] 제조업자</td><td colspan="2">[ ] 수입업자</td></tr>
<tr><td>대표자</td><td colspan="2"></td><td>전화번호</td><td></td></tr>
<tr><td>담당자</td><td colspan="2"></td><td>전화번호</td><td></td></tr>
<tr><td>FAX 번호</td><td colspan="2"></td><td>E-mail</td><td></td></tr>
<tr><td rowspan="3">회수 대상 제품</td><td>품목명</td><td colspan="2"></td><td>모델명</td><td></td></tr>
<tr><td>허가 · 인증 · 신고 번호</td><td></td><td colspan="2">분류번호(등급)</td><td></td></tr>
<tr><td>제조번호</td><td></td><td colspan="2">제조일자 또는 사용(유효)기간</td><td></td></tr>
<tr><td>회수 방법</td><td colspan="5">[ ] 수리 [ ] 소프트웨어 업데이트 [ ] 표시 및 기재사항 변경
[ ] 반송 [ ] 기타 조치( )</td></tr>
<tr><td rowspan="3">조치 내용
(※ 근거서류 첨부)</td><td>조치 사유</td><td></td><td colspan="2"></td><td></td></tr>
<tr><td>조치 일자</td><td></td><td colspan="2"></td><td></td></tr>
<tr><td>조치 내용</td><td></td><td colspan="2"></td><td></td></tr>
<tr><td colspan="6">「의료기기법 시행규칙」 제54조제1항 및 제57조제2항에 따라 위와 같이 회수 대상 의료기기를 조치하였습니다.

년 월 일

확인자 : (직위)
(성명) (서명 또는 인)</td></tr>
</table>

〈표 8-8〉 회수적절성 점검표 작성 양식

■ 의료기기 영업자 회수 업무 처리 지침(공무원 지침서) [별지 제2호 서식]

회수 적절성 점검표

□ 점검 기관명 :

점검 업체	업소명		업종	
			허가 · 신고 번호	
	소재지		대표자 성명	
회수 의료기기 정보	제조 · 수입 업소명		허가 · 인증 · 신고번호	
	제품명		모델명	
	제조번호 (로트번호)		제조일자 (사용기한)	
회수계획 인지 방법		[ ] 전화 [ ] 문서 [ ] FAX [ ] 기타	인지일자	년 월 일
회수 방법			회수일자	년 월 일
회수 대상 의료기기 입고량			회수량	
점검 내용		① 회수의무자가 회수 대상 의료기기의 취급자에게 해당 의료기기의 판매(사용) 중지 및 회수 사실을 신속하게 통지하였는지 여부 (○, ×)		
		② 회수 대상 의료기기의 취급자가 해당 의료기기의 판매(사용) 중지 및 반품 등 회수에 필요한 적절한 조치를 하였는지 여부 (○, ×)		
기타 (특이사항)				

상기 내용이 사실과 같음을 확인합니다.

20 년 월 일

업체명 :

확인자 : (직위) (성명) (서명 또는 인)

확인일자 (20 . . .)

점검자 : (소속) (성명) (서명 또는 인)

(소속) (성명) (서명 또는 인)

년 월 일

〈표 8-9〉 회수 대상 의료기기 생산·수입 및 판매·임대 현황 작성 양식

■ 의료기기 영업자 회수 업무 처리 지침(공무원 지침서) [별지 제3호 서식]

회수 대상 의료기기 생산 · 수입 및 판매 · 임대 현황

연번	품목명	모델명	품목허가 · 인증 · 신고번호	제조번호 또는 로트번호 (조제연월 또는 사용기한)	제조 · 수입 일자	제조 · 수입량	판매 · 임대처	판매 · 임대 일자	판매 · 임대량
1									
2									
3									
4									
5									
6									
7									
8									
9									
10									
11									
12									
13									
14									
15									

※ 필요시 엑셀로 작성 가능

〈표 8-10〉 의료기기 회수명령 이의신청서 작성 양식

■ 의료기기 정부 회수 업무 처리 지침(공무원 지침서) [별지 제4호 서식]

의료기기 회수명령 이의신청서

귀 기관이 당사에 통보한 회수명령에 대해 아래와 같은 사유로 이의를 신청합니다.

○ 업체명 :
○ 대표자 :
○ 연락처 :
○ 소재지 :
○ 문서번호(일자) : (20 . .)

회수 대상 제품 내용	품목명(모델명)	( )		
	허가번호(허가일자)	(. .)		
	제조번호(로트번호)			
	제조일자 (사용(유효)기한)			
	포장단위			
	제조원			
	회수 사유			
	제조번호별 생산(수입)량		재고량	
	출고량		회수대상량	

이의신청 사유	
내용	

년 월 일

신청인 (직위)
(성명) (서명 또는 인)

○○지방식품의약품안전청장 귀하

〈표 8-11〉 공표문안 작성 요령

■ 의료기기 영업자 회수 보고 가이드라인(민원인 안내서) [별표 3]

공표문안 작성 요령

1. 공표문안 작성 요령

가. 자료는 원칙적으로 1개의 제품당 1개의 자료로 작성한다.

나. 공표 제목(18p HY헤드라인), 위해성 정도, 제품명, 제조번호, 회수 사유, 회수의무자 및 대표자, 회수의무자의 연락처 등이 선명하게 부각되도록 글자의 색도를 진하게 한다.

다. 품목명, 제품명, 모델명을 정확하게 기재한다. 제품명은 제품명이 있는 경우에만 작성한다.

라. 공표문을 둘러싸는 테두리는 사각형으로 표시한다.

마. 공표 내용(12p)에는 일반소비자가 쉽게 이해할 수 있도록 제품명, 제조번호 등을 구체적으로 기재한다.

바. 회수 사유는 자세한 내용을 기재한다. 품질부적합의 경우 부적합 항목에 대하여 기재한다.

사. 회수 방법 및 판매업자 협조 사항 등은 회수의 방법과 판매업자 등이 취해야 할 협조 사항에 대하여 기재한다. 폐기를 위하여 인수 및 반품을 해야 할 경우 반품 요령 등을 기재한다.

아. 소비자가 취해야 하는 행동은 소비자가 유의해야 할 사항에 대해 이해하기 쉽게 기재한다.

자. 공표문의 크기는 신문의 경우 3단×10cm 이상, 인터넷 홈페이지의 경우 480×320픽셀 이상으로 게재할 것을 권장한다.

차. 홈페이지를 이용한 공표는 팝업창 등을 통해 쉽게 알 수 있도록 게재할 것을 권장한다.

〈표 8-12〉 공표문안 예시

■ 의료기기 영업자 회수 보고 가이드라인(민원인 안내서) [별표 3]

제목 : 의료기기 회수에 관한 공표 (18P, HY헤드라인M)

(위해성 정도 2)(15P)

의료기기법 제34조 규정에 따라 아래 의료기기를 회수함을

공표합니다.(13P)

1. 품목명 : 매일착용소프트콘택트렌즈 (12P)
2. 제품명 : -
3. 모델명 : mfds123
4. 허가 · 인증 · 신고번호 : 제허○○-○○○호
5. 분류번호(등급) : A77030.01(2)
6. 제조번호 또는 로트번호 : mfds0416
7. 제조일자 또는 사용(유효)기한 : 년. 월. 일.
8. 회수사유 : 정점굴절력시험부적합
9. 회수방법 및 판매업자 협조사항 등 : 반송
10. 소비자가 취해야 하는 행동 : 제품에 표시된 고객센터에 문의 또는 구매처에 반품
11. 회수개시일 : 년. 월. 일.
12. 회수의무자 : MFDS메디칼(대표자 ○○○)
13. 소재지 :
14. 연락처 : TEL) 02-0000-0000, FAX) 02-0000-0000
15. 작성연월일 : 년. 월. 일.

* 위 의료기기를 보관하고 있는 의료기기 판매업자, 의료기관 등은 즉시 판매 · 사용을 중지하고 회수의무자가 조치할 수 있도록 회수에 협조하여 주시기 바랍니다. (13P)

2.6 의료기기 회수 보고 시스템 사용방법(영업자회수 기준 설명)

* 식품의약품안전처, 의료기기 영업자 회수 보고 가이드라인, 2019. 03.

가. 회수 계획 보고 준비

1) 전자민원 사이트 로그인

오른쪽 상단의 로그인란(빨간박스)을 클릭하여 로그인

※ 접속 경로 : 인터넷 포털사이트(네이버, 다음, 구글 등)에서 “의료기기 전자민원창구” 검색(URL 주소 : https://udiportal.mfds.go.kr/msismext/emd/min/mainView.do)

2) 신청화면

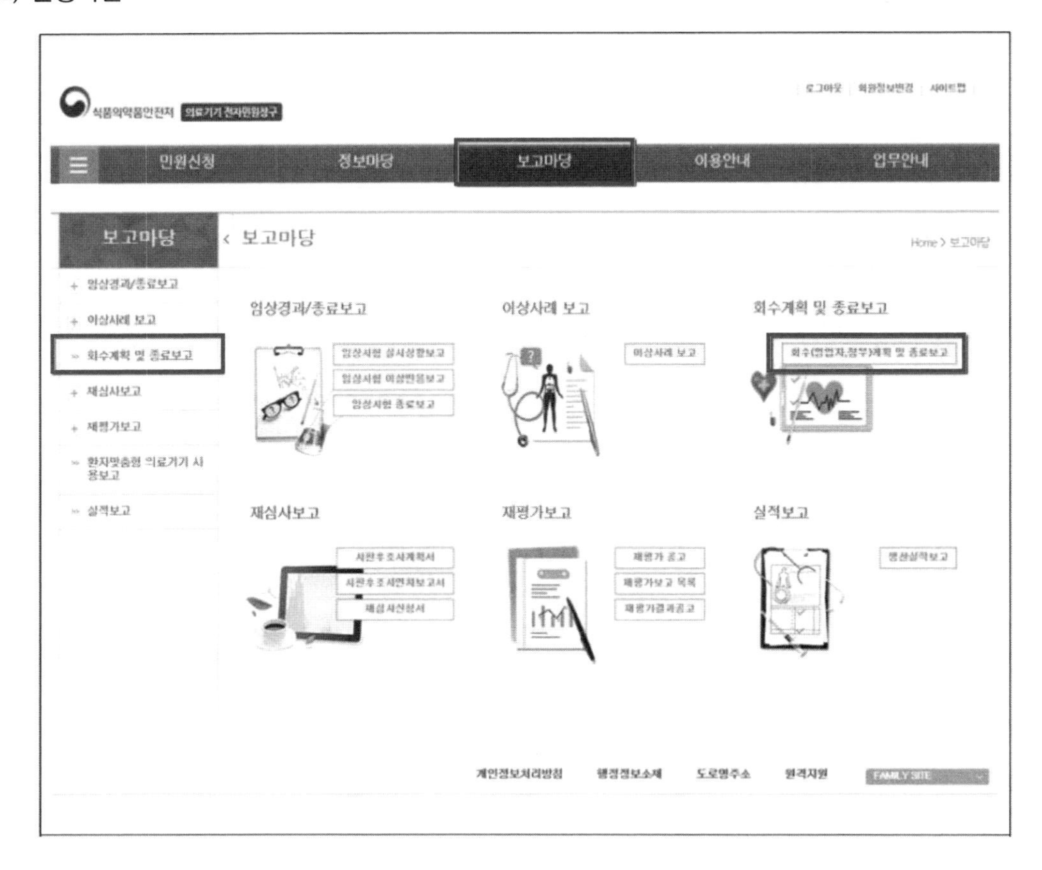

화면 상단의 보고마당 클릭 후 왼쪽 '회수계획 및 종료보고' 혹은 오른쪽 '회수(영업자, 정부)계획 및 종료보고' 클릭

3) 회수계획보고서 작성 준비

화면 하단으로 내려간 후 '회수계획보고작성' 클릭

나. 회수계획 보고

1) 회수 보고 구분 및 회수의무자 정보 입력

업허가번호 선택, 담당자(이름), 핸드폰번호, 전화번호 등 회수 업무 실무자 정보 입력

2) 회수 대상 제품정보(품목명, 허가번호) 선택

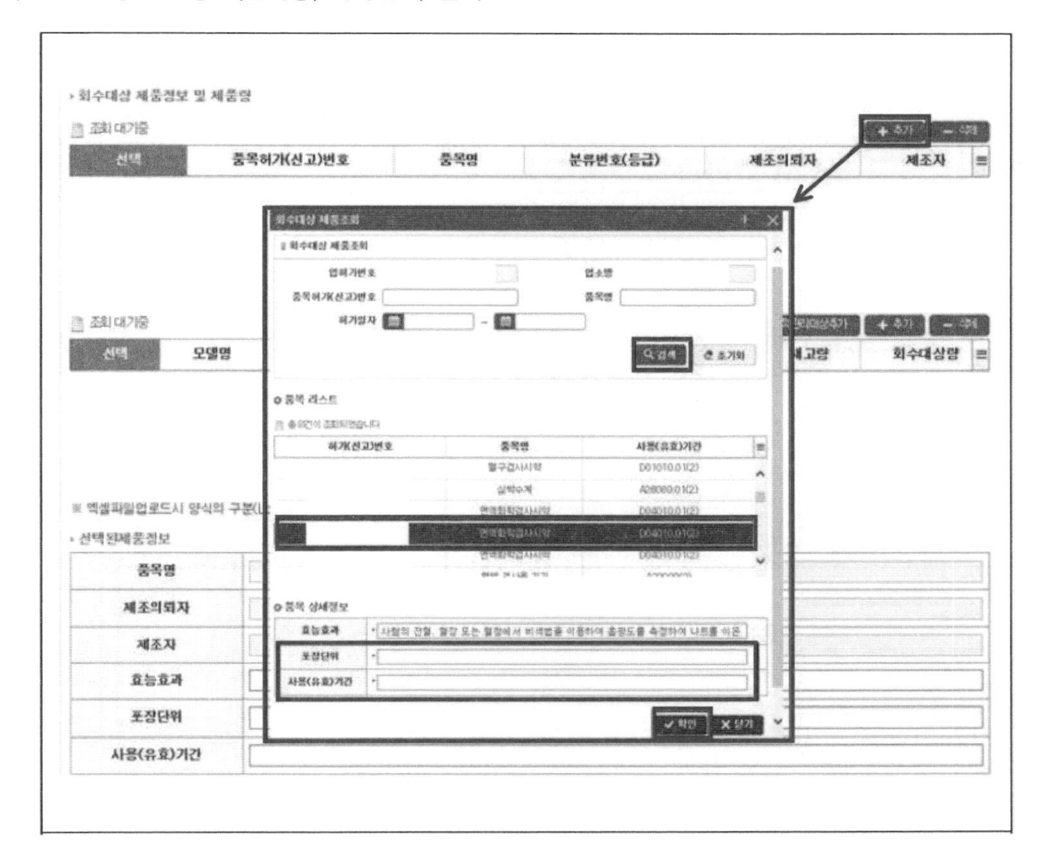

회수 대상 제품정보 입력

① 추가 버튼 클릭하면 팝업창 생성

② 회수대상 제품 정보 입력 후 검색 클릭

③ 품목 리스트에서 대상 제품 선택한 후, 하단 포장단위 및 사용(유효)기간 입력

④ 확인 버튼 클릭

3) 회수 대상 제품정보(모델명, 제조번호 등) 입력

총 1건이 조회되었습니다

선택	모델명	Lot No 또는 Serial No	제조(수입)일자	생산(수입)량	재고량	회수대상량

※ 엑셀파일업로드시 양식의 구분(Lot/Serial)항목에 숫자 1(Lot) 또는 2(Serial) 만 입력가능합니다.

선택된제품정보

품목명	면역화학검사시약	허가(신고)번호	
제조의뢰자		분류번호(등급)	D04010.01(2)
제조자			
효능효과	사람의 전혈, 혈장 또는 혈청에서 비색법을 이용하여 흡광도를 측정하여 나트륨 이온 (Sodium, Na), 칼륨 이온 (Potassiur		
포장단위	1kit(12ea)		
사용(유효)기간	5개월		

선택된 제조번호의 제품량

모델명			
제조번호		구분	Lot No / Serial No
생산(수입)량		재고량	
회수대상량		제조(수입)일자	

※ 생산(수입)량, 재고량, 회수대상량은 반드시 숫자만 입력해주세요.(잘못입력 예: 80%, 85개)

제조번호 및 제품량 입력

① 추가 버튼 클릭 후 하단 모델명, 제조번호, 생산(수입)량, 재고량, 회수대상량, 제조(수입)일자 정보 입력

② 추가 버튼을 다중으로 클릭하면 입력할 수 있는 줄이 생성되어 건별 입력 가능

4) 엑셀 양식 활용(다수의 모델명 또는 제조번호 입력 시 용이)

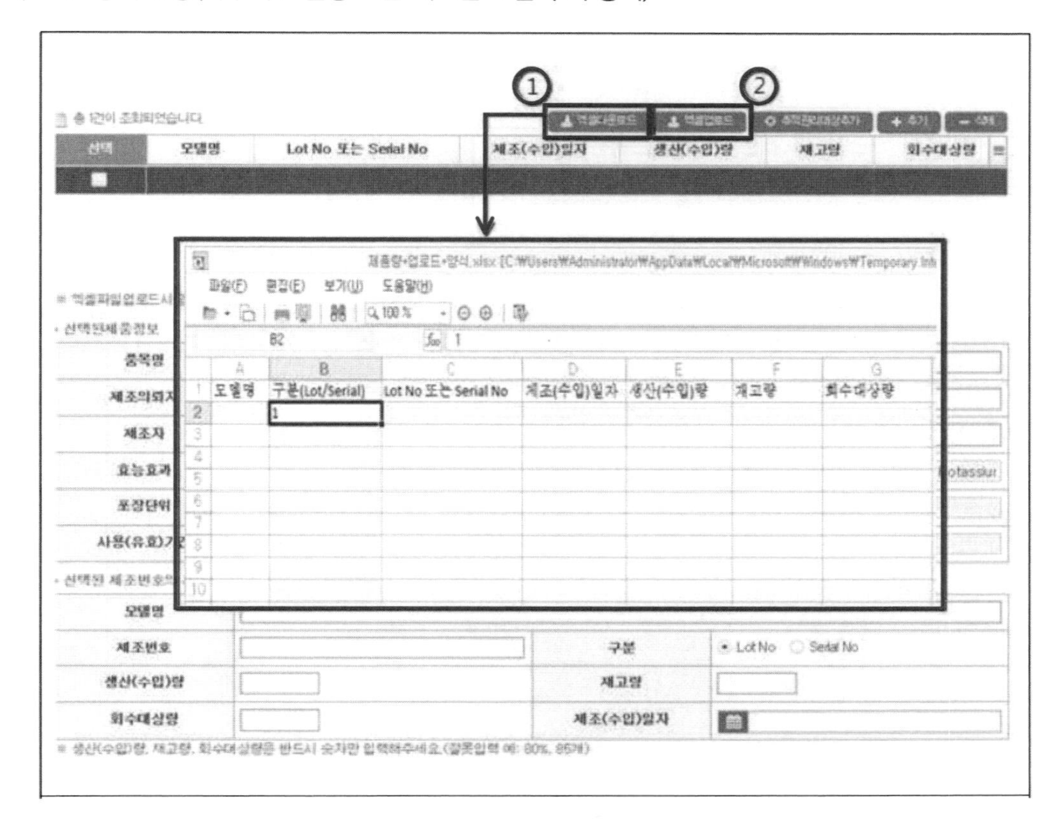

다수 건으로 일괄 업로드가 필요한 경우 엑셀 다운로드 버튼을 클릭하여 제공된 양식을 맞춰 입력하고 엑셀 업로드

※ 열 추가 등 서식을 임의로 수정하지 말 것(행 추가만 가능)

5) 회수 사유 및 회수 통보 방법 입력

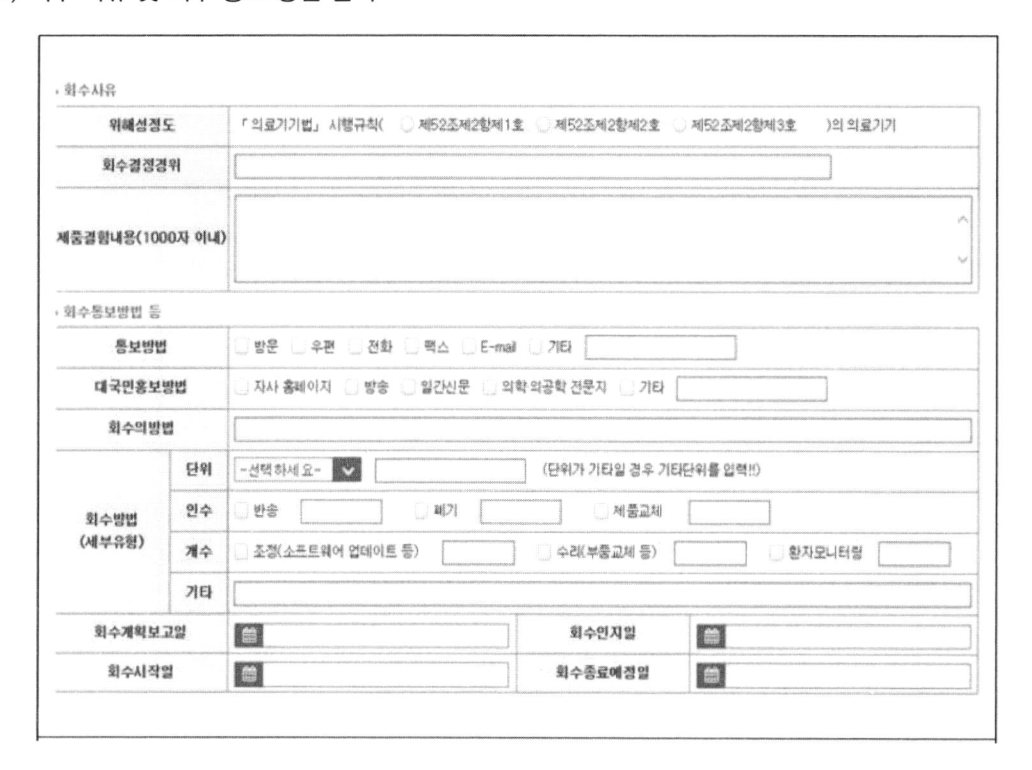

· 회수사유

위해성정도	「의료기기법」 시행규칙(제52조제2항제1호 제52조제2항제2호 제52조제2항제3호)의 의료기기
회수결정경위	
제품결함내용(1000자 이내)	

· 회수통보방법 등

통보방법		방문 우편 전화 팩스 E-mail 기타	
대국민홍보방법		자사 홈페이지 방송 일간신문 의학 의공학 전문지 기타	
회수의방법			
회수방법 (세부유형)	단위	-선택하세요- (단위가 기타일 경우 기타단위를 입력!!)	
	인수	반송 폐기 제품교체	
	계수	조정(소프트웨어 업데이트 등) 수리(부품교체 등) 환자모니터링	
	기타		
회수계획보고일		회수인지일	
회수시작일		회수종료예정일	

① 회수 사유 정보 입력

㉮ 대상 의료기기 위해성평가에 따른 위해성 정도 입력

㉯ 회수 결정 경위(간략히) 및 제품 결함 내용(상세히) 입력

② 회수 통보 방법 등 정보 입력

㉮ 통보 방법 및 대국민 홍보 방법 선택

㉯ 회수 방법 유형별 선택 및 회수할 수량 입력

㉵ 인수 → 반송 클릭 후 “5” 입력

㉰ 회수계획보고일, 회수인지일, 회수시작일, 회수종료예정일 선택

6) 회수 제품 정보 입력 및 첨부파일 업로드 후 보고

① 회수 제품 정보 입력

㉮ 소비자가 취해야 하는 행동 입력

㉹ 제품 회수 시까지 사용 중지 및 격리 요청

㉯ 회수대상 제품 사진 업로드

② 첨부파일 업로드 : 추가 버튼 클릭하여 회수계획 보고 단계 시 필요한 첨부파일 업로드

③ 임시저장 후 보고 완료 클릭

다. 회수 연장 신청

1) 연장 요청 준비

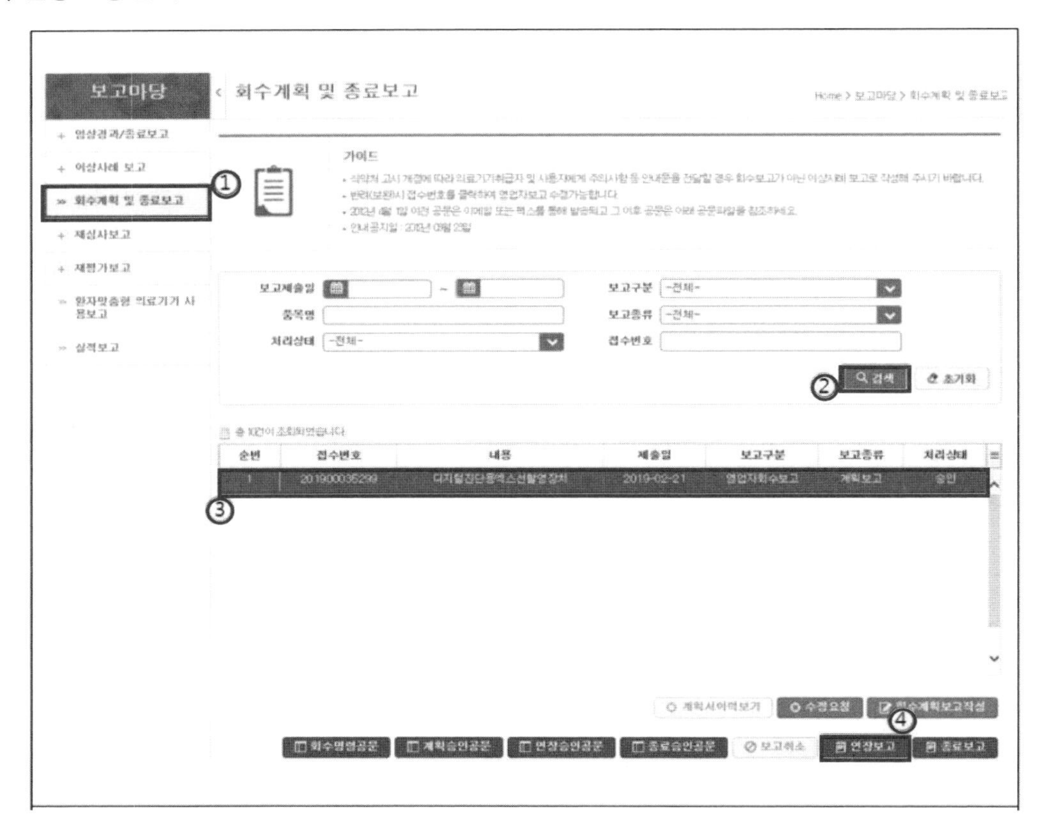

① 회수계획 보고 이후 기한 내에 이행하기 어려운 경우, 회수연장요청서를 작성

② 회수계획 및 종료 보고 → 검색 → 연장하고자 하는 건 선택 → 연장보고

2) 회수연장요청서 작성 및 제출

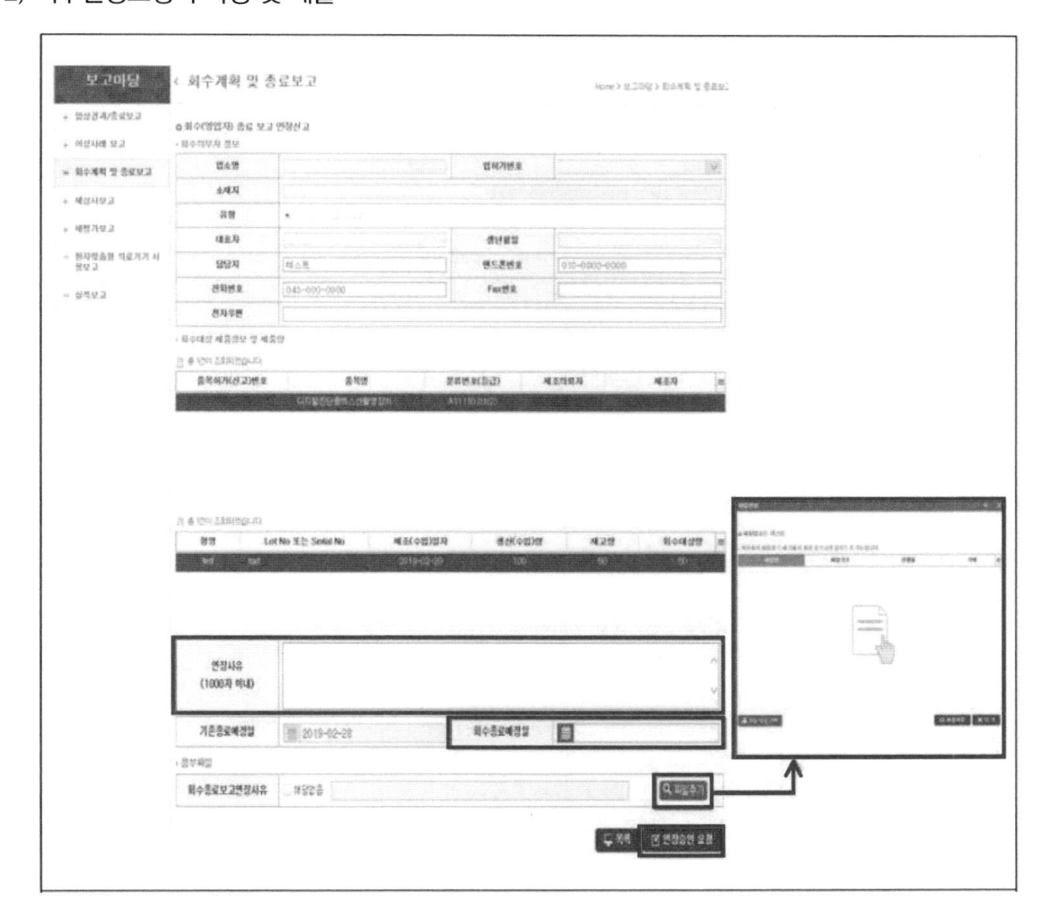

① 회수기간 연장 등 변경하고자 하는 사유 및 내용을 구체적으로 기재 : 회수종료예정일 산출 근거 및 현재 회수 진행 상태, 향후 회수 진행 일정 등을 포함하여 작성

② 첨부파일 추가 후 연장 승인 요청(자사 공문 양식 활용)

라. 회수 종료 보고

1) 종료 보고 준비

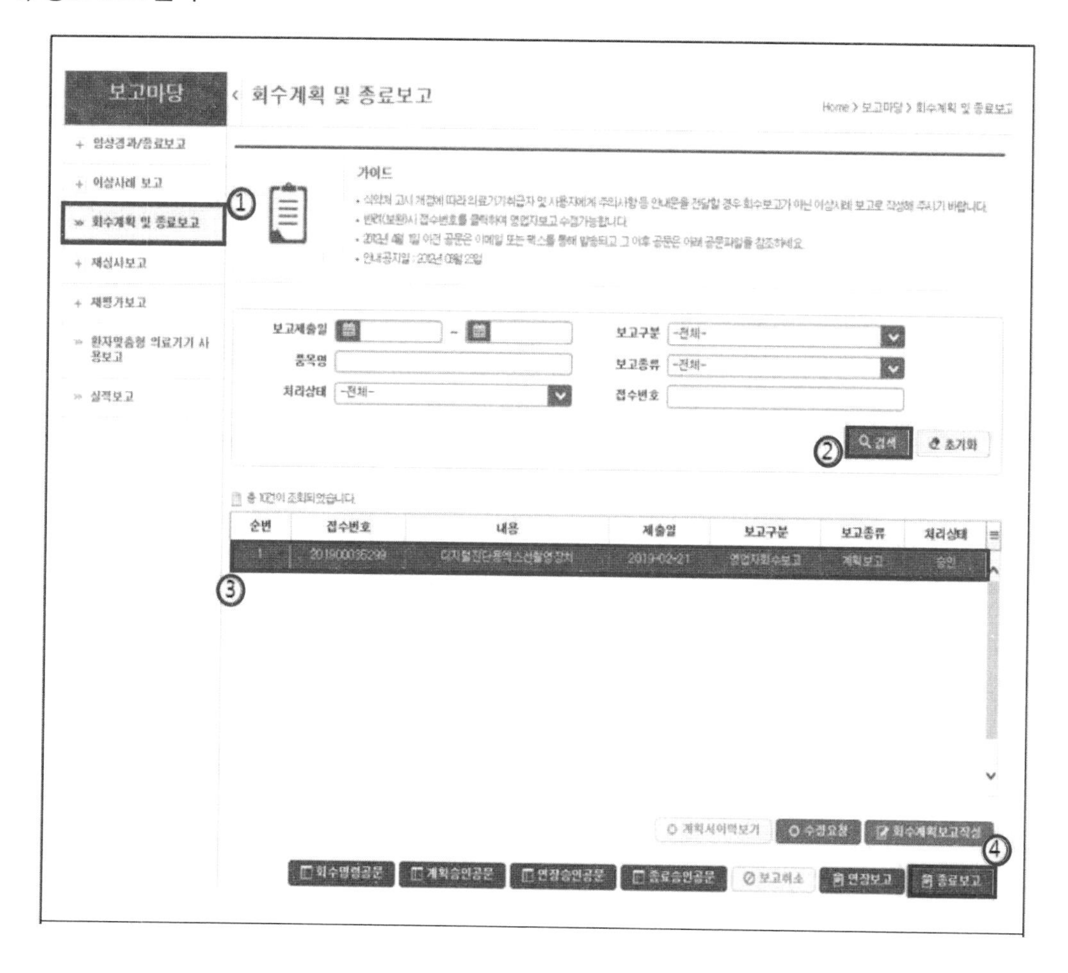

회수계획 및 종료 보고 → 검색 → 종료 보고하고자 하는 건 선택 → 종료 보고

2) 회수 종료 보고서 작성(회수량)

총 2건이 조회되었습니다

선택	모델명	Lot No 또는 Serial No	제조(수입)일자	생산(수입)량	재고량	회수대상량
☐	test	test	2019-02-20	100	50	50
☐	test2	test2	2019-02-21	100	0	100

· 선택된제품정보

품목명	디지털진단용엑스선촬영장치	허가(신고)번호	
제조의뢰자		분류번호(등급)	A11110.01(2)
제조자			
효능효과	반도체 등을 이용하여 엑스선 투사 신호를 디지털로 전환하여 영상화하는 기구로서 엑스선 발생부를 포함한다.		
포장단위	1EA		
사용(유효)기간	10년		

· 선택된 제조번호의 제품명

모델명	test		
제조번호	test	구분	◉ Lot No ○ Serial No
생산(수입)량	100	재고량	50
회수대상량	50	제조(수입)일자	2019-02-20
회수량	0	회수율(%)	0
미회수량	0		
미회수 사유			

※ 생산(수입)량, 회수대상량, 회수량, 미회수량, 재고량, 회수율은 반드시 숫자만 입력해주세요.(잘못입력 예: 80%, 85개)

① 회수계획서상 제출했던 제품정보 건별 선택

② 회수대상량에서 회수량 및 회수율(%) 입력

③ 미회수의 경우 미회수량을 입력하고, 미회수 사유를 기재

3) 회수 종료 보고서 작성(회수 조치 결과)

› 회수결과

› 회수처별 회수내역

회수처별 회수내역	

› 회수 조치결과

회수방법별결과	단위	-선택하세요- (단위가 기타일 경우 기타단위를 입력!)
	인수	반송 / 폐기 / 제품교체
	개수	조정(소프트웨어 업데이트 등) / 수리(부품교체 등) / 환자모니터링
	기타	
특이사항 (200자 이내)		

› 회수기간

회수종료보고일		회수 시작일		회수 종료일	

① 회수처별 회수 내역 간략히 기재

예 ㅇㅇ의료기관 등 총 ㅇㅇ개소에서 ㅇㅇ개 회수

② 회수 조치 결과 입력 : 회수 방법 · 유형별 선택 및 회수한 수량 입력

예 인수 → 반송 클릭 후 "5" 입력

③ 회수 시작일 및 회수 종료일 등 회수 기간 입력

4) 회수 종료 보고서 작성(첨부파일 및 회수 평가 보고서)

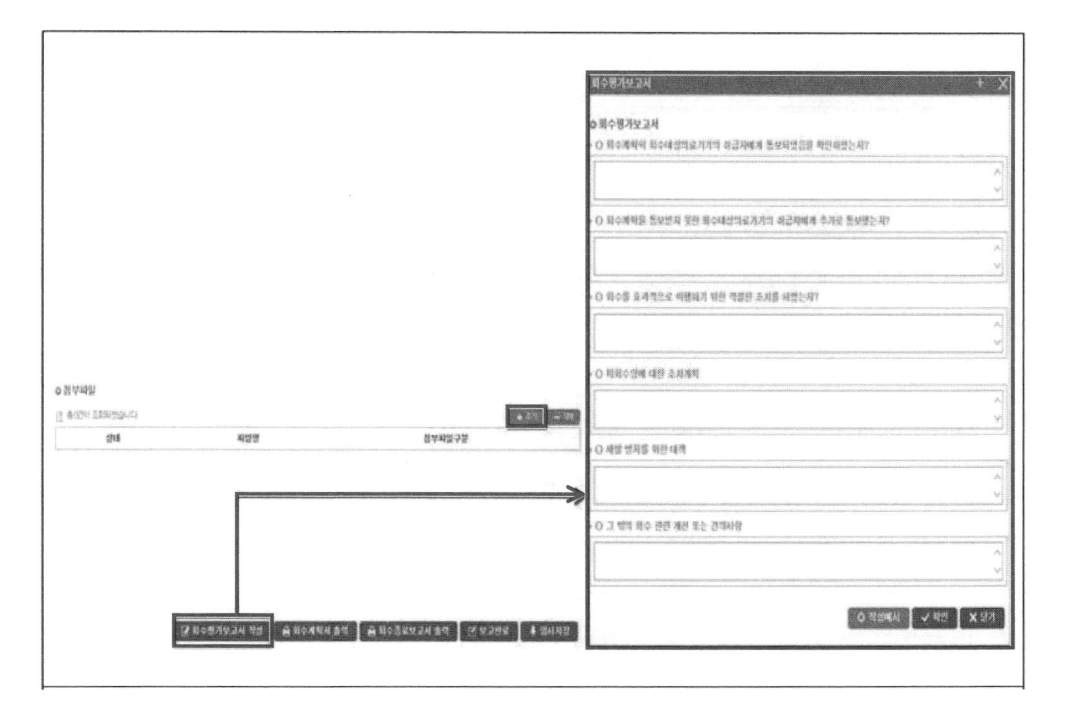

① 첨부파일 업로드 : 추가 버튼 클릭 후 회수확인서 및 회수처별 회수 내역 등 관련 서류 첨부

② 회수 평가 보고서 작성 클릭하여 회수 이행 점검 등 항목별 입력 후 확인

※ 필요한 경우 작성 예시 참고

③ 임시저장 후 보고 완료 클릭

2.7 행정처분

회수·폐기 대상 의료기기에 대한 회수 또는 회수에 필요한 조치를 하지 않거나 회수계획을 보고하지 않은 경우나 회수계획의 공표 명령에 따르지 않은 경우 행정처분 및 벌칙 규정에 따른 불이익 처분을 받을 수 있다.

① (「의료기기법」 제52조제1항제2호) 「의료기기법」 제34조제2항에 따라 관계 공무원이 행하는 폐기·봉함·봉인 등 그 밖에 필요한 처분을 거부·방해하거나 기피한 경우 3년 이하의 징역 또는 3천만 원 이하의 벌금에 처할 수 있음

② (「의료기기법」 제54조제3호) 「의료기기법」 제34조제1항에 따른 회수, 폐기, 공표 등의 명령을 위반한 경우 500만 원 이하의 벌금에 처할 수 있음

영업자 회수의 경우, 「의료기기법」 제36조 및 「의료기기법 시행규칙」 [별표 8] 행정처분 기준 Ⅰ.일반기준에 따라 감경 또는 면제가 가능하다.

「의료기기법」 제31조제6항

⑥ 식약처장, 특별자치시장·특별자치도지사·시장·군수·구청장은 제2항에 따른 회수 또는 회수에 필요한 조치를 성실히 이행한 제조업자등에게 총리령으로 정하는 바에 따라 제36조에 따른 행정처분을 감면할 수 있다.

「의료기기법 시행규칙」 [별표 8] 행정처분 기준 Ⅰ. 일반기준 제7호 마목 (감경)

마. 의료기기의 제조업자 또는 수입업자가 제52조부터 제54조까지의 규정에 따라 회수계획을 보고하고 그에 따라 성실하게 회수한 후 회수결과를 알린 때

「의료기기법 시행규칙」 [별표 8] 행정처분 기준 Ⅰ. 일반기준 제8호 가목 (면제)

8. 다음 각 목의 어느 하나에 해당되는 겨웅 이 기준에 의한 행정처분을 면제할 수 있다.

가. 제1호부터 제6호까지에도 불구하고 의료기기의 제조업자 또는 수입업자가 제52조부터 제54조까지의 규정에 따라 회수대상 의료기기를 회수한 결과 국민보건에 나쁜 영향을 끼치지 아니한 것으로 확인되거나 의료기기의 제조업자 또는 수입업자에게 책임 있는 사유가 없는 것으로 확인되는 경우

〈표 8-13〉 행정처분 기준

위반행위	행정처분의 기준			
	1차 위반	2차 위반	3차 위반	4차 이상 위반
29. 법 제31조제2항을 위반하여 회수 또는 회수에 필요한 조치를 하지 않거나 회수계획을 보고하지 않은 경우 또는 같은 조 제3항을 위반하여 회수계획의 공표 명령에 따르지 않은 경우				

위반행위	행정처분의 기준			
	1차 위반	2차 위반	3차 위반	4차 이상 위반
다. 제조업자 또는 수입업자가 제52조제3항을 위반하여 회수대상 의료기기의 판매중지 등의 조치를 하지 않은 경우	해당 품목 판매업무정지 3개월	해당 품목 판매업무정지 6개월	해당 품목 제조 및 수입허가·인증 취소 또는 제조·수입금지	
라. 제조업자 또는 수입업자가 제52조제3항을 위반하여 회수계획서를 제출하지 않거나 거짓으로 제출한 경우	전제조·수입 업무 정지 또는 해당 품목 판매업무정지 1개월	전제조·수입 업무 정지 또는 해당 품목 판매업무정지 3개월	전제조·수입 업무 정지 또는 해당 품목 판매업무정지 6개월	해당 품목 제조 및 수입허가·인증 취소 또는 제조·수입금지
마. 제조업자 또는 수입업자가 제52조제6항에 따른 회수계획의 보완명령에 따르지 않은 경우	해당 품목 판매업무정지 1개월	해당 품목 판매업무정지 3개월	해당 품목 판매업무정지 6개월	해당 품목 제조 및 수입허가·인증 취소 또는 제조·수입금지
바. 제조업자 또는 수입업자가 제53조제1항을 위반하여 회수계획을 공표하지 않은 경우	해당 품목 판매업무정지 1개월	해당 품목 판매업무정지 3개월	해당 품목 판매업무정지 6개월	해당 품목 제조 및 수입허가·인증 취소 또는 제조·수입금지
사. 제조업자 또는 수입업자가 제53조제3항을 위반하여 회수대상 의료기기의 취급자에게 회수계획의 일부 또는 전부를 알리지 않은 경우	해당 품목 판매업무정지 1개월	해당 품목 판매업무정지 3개월	해당 품목 판매업무정지 6개월	해당 품목 제조 및 수입허가·인증 취소 또는 제조·수입금지
자. 제조업자 또는 수입업자가 제54조제1항 및 제2항을 위반하여 폐기 또는 위해를 방지할 수 있는 조치를 하지 않은 경우나 회수평가보고서를 작성하지 않은 경우	해당 품목 판매업무정지 15일	해당 품목 판매업무정지 1개월	해당 품목 판매업무정지 3개월	해당 품목 판매업무정지 6개월
카. 제조업자 또는 수입업자가 제54조제3항을 위반하여 회수종료보고서를 제출하지 않거나 거짓 회수종료보고서를 제출한 경우	전제조·수입 업무 정지 또는 해당 품목 판매업무정지 1개월	전제조·수입 업무 정지 또는 해당 품목 판매업무정지 3개월	전제조·수입 업무 정지 또는 해당 품목 판매업무정지 6개월	해당 품목 제조 및 수입허가·인증 취소 또는 제조·수입금지
33. 법 제34조에 따른 명령에 따르지 않은 경우 가. 회수명령 또는 폐기명령에 따르지 않은 경우 1) 제조업자 또는 수입업자	전제조·수입업무 정지 1개월	전제조·수입업무 정지 3개월	전제조·수입업무 정지 6개월	제조·수입업 허가취소
나. 그 밖의 처치명령에 따르지 않은 경우 1) 제조업자 또는 수입업자	전제조·수입업무 정지 15일	전제조·수입업무 정지 1개월	전제조·수입업무 정지 3개월	전 제조·수입업무 정지 6개월
34. 국민보건에 위해를 끼치거나 끼칠 염려가 있는 의료기기나, 그 성능이나 효능 및 효과가 없다고 인정되는 의료기기를 제조·수입·수리·판매 또는 임대한 경우 1) 제조업자 또는 수입업자	전제조·수입업무 정지 15일 또는 해당 품목 제조·수입업무 정지 1개월	전제조·수입업무 정지 1개월 또는 해당 품목 제조·수입업무 정지 3개월	전제조·수입업무 정지 3개월 또는 해당 품목 제조·수입업무 정지 6개월	전제조·수입업무 정지 6개월 또는 해당 품목 제조·수입 허가·인증 취소 또는 제조·수입금지

* 출처 : 「의료기기법 시행규칙」 [별표 8] http://www.law.go.kr, 2024. 1. 16.

3 사용중지 명령

3.1 사용중지 등 명령

「의료기기법」 제35조에 따라 식약처장 또는 특별자치도지사, 시장 · 군수 · 구청장은 의료기관 개설자 또는 동물병원 개설자에 대하여 사용 중인 의료기기가 「의료기기법」 제33조(검사명령)에 따른 검사 결과 부적합으로 판정되거나 제34조(회수 · 폐기 및 공표 명령 등)제1항 각 호의 어느 하나에 해당할 우려가 있는 경우에는 그 의료기기의 사용중지 또는 수리 등 필요한 조치를 명할 수 있다.

3.2 벌칙

의료기관 등이 「의료기기법」 제35조에 따른 사용중지 명령을 위반한 경우에는 벌칙 규정에 따른 불이익 처분을 받을 수 있다. 「의료기기법」 제54조제3호에 따라 법 제35조에 따른 사용중지 명령을 위반한 경우 500만 원 이하의 벌금에 처할 수 있다.

제 9 장

벌칙, 과징금, 과태료, 행정처분

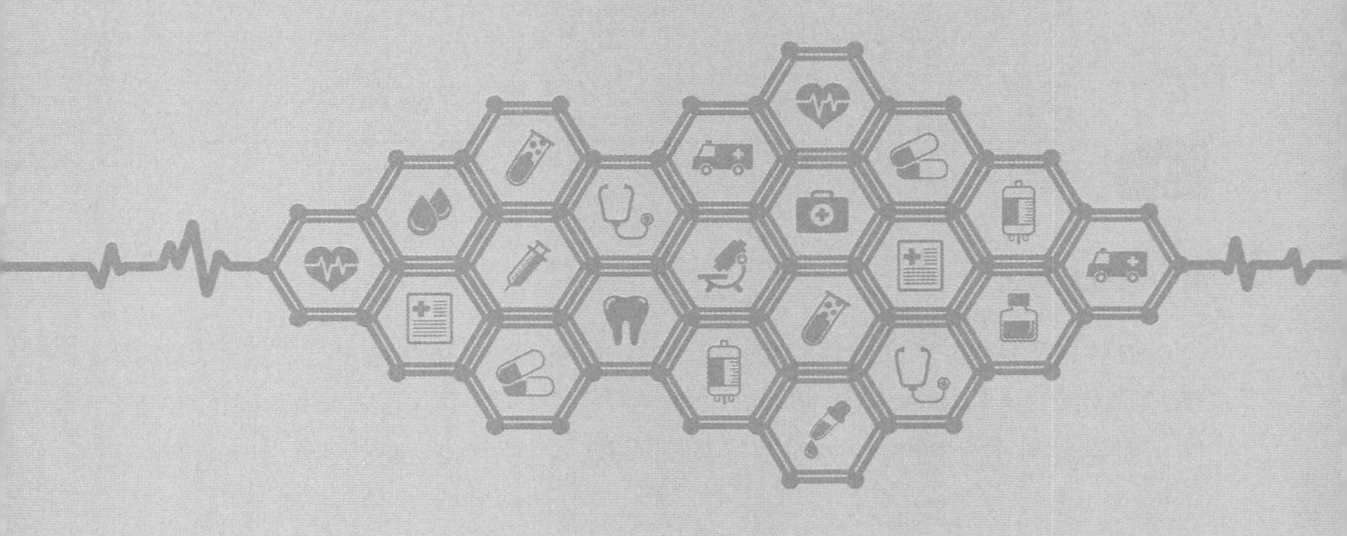

1. 벌칙
2. 과징금
3. 과태료
4. 행정처분

09 벌칙, 과징금, 과태료, 행정처분

학습목표 —• 벌칙, 과징금, 과태료 및 행정처분 관련 법령 내용을 이해할 수 있다.

NCS 연계 —• 해당 없음

핵심 용어 —• 벌칙, 과징금, 과태료, 행정처분

1 벌칙

1.1 벌칙의 정의

벌칙이란 어떤 행위를 명하거나 또는 제한 · 금지하는 규정을 위반한 자에 대하여 벌을 과할 것을 정한 규정을 말한다. 원칙적으로는 헌법상 법률과 적법한 절차에 의하지 아니하고는 처벌받지 아니하며, 법률이 구체적으로 범위를 정하여 위임하지 않는 한 대통령령 기타의 명령에 벌칙규정을 둘 수 없다.

1.2 벌칙 관련 법령 내용

가. 「의료기기법」 제51조부터 제55조

제51조(벌칙)

① 다음 각 호의 어느 하나에 해당하는 자는 5년 이하의 징역 또는 5천만 원 이하의 벌금에 처한다. 〈개정 2016. 12. 2., 2021. 7. 20., 2021. 8. 17.〉

1. 거짓이나 그 밖의 부정한 방법으로 제6조제1항·제2항 또는 제15조제1항·제2항에 따른 허가 또는 인증을 받거나 신고를 한 자

1의2. 거짓이나 그 밖의 부정한 방법으로 제8조제4항에 따른 보고를 한 자

1의3. 거짓이나 그 밖의 부정한 방법으로 제8조의2제1항에 따른 자료를 제출한 자

2. 제26조제1항을 위반한 자

3. 거짓이나 그 밖의 부정한 방법으로 제49조제3항에 따른 갱신을 받은 자

3의2. 제49조제3항을 위반하여 제조허가등의 갱신을 받지 아니하고 제조허가등의 유효기간이 끝난 의료기기를 제조 또는 수입한 자

② 제1항의 징역과 벌금은 병과(倂科)할 수 있다.

제52조(벌칙)

① 다음 각 호의 어느 하나에 해당하는 자는 3년 이하의 징역 또는 3천만원 이하의 벌금에 처한다. 〈개정 2016. 12. 2., 2018. 3. 13., 2021. 7. 20., 2023. 8. 8.〉

1. 제10조제1항· 제2항 전단· 제4항, 제12조제1항(제15조제6항 및 제16조제4항에서 준용하는 경우를 포함한다), 제13조제1항(제15조제6항에서 준용하는 경우를 포함한다), 제16조제1항 본문, 제17조제1항, 제18조의2제1항, 제24조제1항· 제2항, 제26조제2항부터 제7항까지 또는 제45조제2항을 위반한 자

1의2. 거짓이나 그 밖의 부정한 방법으로 제10조제1항에 따른 승인 또는 변경승인을 받은 자

1의3. 거짓이나 그 밖의 부정한 방법으로 제12조제1항(제15조제6항, 제16조제4항 또는 제17조제3항에 따라 준용되는 경우를 포함한다) 또는 제18조의2제1항에 따른 변경허가 또는 변경인증을 받거나 변경신고를 한 자

1의4. 제13조제3항(제15조제6항에서 준용하는 경우를 포함한다)을 위반하여 경제적 이익 등을 제공하거나 취득하게 한 자

1의5. 제13조제4항(제15조제6항에서 준용하는 경우를 포함한다)을 위반하여 의료기기 판촉영업자가 아닌 자에게 의료기기 판매촉진 업무를 위탁한 자

1의6. 거짓이나 그 밖의 부정한 방법으로 제16조제1항, 제17조제1항 또는 제18조의2제1항에 따른 신고를 한 자

1의7. 제18조제2항을 위반하여 경제적 이익등을 제공하거나 취득하게 한 자

1의8. 제18조제3항을 위반하여 의료기기 판촉영업자가 아닌 자에게 의료기기 판매 또는 임대 촉진 업무를 위탁한 자

1의9. 제18조의2제1항을 위반하여 신고하지 아니하고 의료기기 판매 또는 임대 촉진 업무를 위탁받아 수행한 자

2. 제34조제2항에 따라 관계 공무원이 행하는 폐기· 봉함· 봉인 등 그 밖에 필요한 처분을 거부· 방해하거나 기피한 자

② 제1항의 징역과 벌금은 병과할 수 있다.

[2021. 3. 23. 법률 제17978호에 의하여 헌법재판소에서 2020. 8. 28. 위헌 결정된 제52조 제1항 제1호 중 '제24조 제2항 제6호를 위반하여 의료기기를 광고한 경우' 부분은 삭제함]

[시행일 : 2025. 2. 9.] 제52조

제53조(벌칙)삭제 〈2023. 8. 8.〉

[시행일 : 2025. 2. 9.] 제53조

제53조의2(벌칙)

다음 각 호의 어느 하나에 해당하는 자는 1년 이하의 징역 또는 1천만원 이하의 벌금에 처한다. 〈개정 2016. 12. 2., 2021. 7. 20., 2023. 8. 8.〉

1. 제10조제5항, 제10조의2제3항 또는 제28조제4항에 따른 임상시험결과보고서, 비임상시험성적서 또는 품질관리심사결과서를 거짓으로 작성 또는 발급한 자
2. 제13조의2제1항(제15조제6항 또는 제18조제4항에서 준용하는 경우를 포함한다)을 위반하여 지출보고서를 작성 또는 공개하지 아니하거나 해당 지출보고서와 관련 장부 및 근거 자료를 보관하지 아니한 자
3. 제13조의2제1항(제15조제6항 또는 제18조제4항에서 준용하는 경우를 포함한다)에 따른 지출보고서를 거짓으로 작성 또는 공개한 자

3의2. 제13조의2제2항을 위반하여 위탁계약서 및 관련 근거 자료를 보관하지 아니한 자

4. 제13조의2제3항(제15조제6항 또는 제18조제4항에서 준용하는 경우를 포함한다)에 따른 지출보고서와 관련 장부 및 근거 자료의 제출 요구를 따르지 아니한 자

4의2. 제18조의4제1항을 위반하여 의료기기 판매 또는 임대 촉진 업무의 전부 또는 일부를 다시 위탁한 사실을 해당 업무를 위탁한 제조업자, 수입업자, 판매업자 또는 임대업자에게 서면(「전자문서 및 전자거래 기본법」 제2조제1호에 따른 전자문서를 포함한다)으로 알리지 아니한 자

5. 제18조의5를 위반하여 봉함한 의료기기의 용기나 포장을 개봉하여 판매한 자

[본조신설 2015. 12. 29.]

[시행일 : 2025. 2. 9.] 제53조의2

제54조(벌칙)

다음 각 호의 어느 하나에 해당하는 자는 500만 원 이하의 벌금에 처한다. 〈개정 2015. 1. 28.〉

1. 제18조(판매업자 등의 준수사항)제1항, 제20조부터 제23조(용기 등의 기재사항, 외부포장 등의 기재사항, 첨부문서의 기재사항, 기재 시 주의사항)까지, 제30조(기록의 작성 및 보존 등)제1항·제2항 또는 제31조(부작용 관리)제1항·제5항을 위반한 자
2. 제32조(보고와 검사 등)제1항 또는 제36조(허가 등의 취소와 업무의 정지 등)제1항·제2항에 따른 관계 공무원의 출입·수거·폐쇄 또는 그 밖의 처분을 거부·방해하거나 기피한 자
3. 제33조(검사명령), 제34조(회수·폐기 및 공표 명령 등)제1항, 제35조(사용중지명령) 또는 제36조(허가 등의 취소와 업무의 정지 등)제1항·제2항에 따른 검사, 회수, 폐기, 공표, 사용중지, 업무정지 등의 명령을 위반한 자
4. 제37조(지정의 취소 등)제1항제1호·제2호·제5호에 해당하는 위반행위를 한 자

제54조의2(벌칙)

① 제6조제7항(제15조제6항에서 준용하는 경우를 포함한다), 제6조의2제1항(제15조제6항에서 준용하는 경우를 포함한다), 제13조제5항(제15조제6항에서 준용하는 경우를 포함한다)을 위반한 자는 300만원 이하의 벌금에 처한다. 〈개정 2016. 12. 2., 2023. 8. 8.〉

② 다음 각 호의 어느 하나에 해당하는 자는 200만원 이하의 벌금에 처한다. 〈신설 2016. 12. 2., 2018. 3. 13., 2021. 7. 20.〉

1. 삭제 〈2021. 7. 20.〉
2. 삭제 〈2021. 7. 20.〉
3. 삭제 〈2021. 7. 20.〉
4. 제25조의5를 위반하여 의료기기의 용기나 포장을 봉함하지 아니하고 판매한 자
5. 제43조의5제3항에 따른 인과관계조사관의 조사·질문 등을 거부·방해하거나 기피한 자

[본조신설 2014. 1. 28.]

[시행일 : 2025. 2. 9.] 제54조의2

제55조(양벌규정)

법인의 대표자나 법인 또는 개인의 대리인, 사용인, 그 밖의 종업원이 그 법인 또는 개인의 업무에 관하여 제51조부터 제54조까지의 어느 하나에 해당하는 위반행위를 하면 그 행위자를 벌하는 외에 그 법인 또는 개인에게도 해당 조문의 벌금형을 과(科)한다. 다만, 법인 또는 개인이 그 위반행위를 방지하기 위하여 해당 업무에 관하여 상당한 주의와 감독을 게을리하지 아니한 경우에는 그러하지 아니하다.

2 과징금

2.1 과징금의 정의

행정청이 일정한 행정상 의무 위한의 제재로 부과하는 금전적 부담을 말한다. 이는 범칙금 · 가산금 등의 용어로도 불리며, 부과금이라고도 한다. 과징금은 행정청이 구체적인 행정법상의 위반행위를 한 자에 대하여 개별적으로 과하는 것이다. 과징금 부과행위는 행정행위이며, 법률의 구체적인 근거가 있는 경우에만 부과할 수 있다.

2.2 과징금 관련 법령내용

가. 「의료기기법」 제38조

제38조(과징금 처분)

① 식약의약품안전처장 또는 특별자치시장·특별자치도지사·시장·군수·구청장은 제36조(허가 등의 취소와 업무의 정지 등)제1항 또는 제3항에 따라 업무정지처분을 명하여야 하는 경우로서 의료기기를 이용하는 자에게 심한 불편을 주거나 공익을 해칠 우려가 있는 경우에는 대통령령으로 정하는 바에 따라 업무정지처분을 갈음하여 10억 원 이하의 과징금을 부과할 수 있다. 〈개정 2013. 3. 23., 2017. 12. 19., 2018. 12. 11.〉

② 제1항에 따라 과징금을 부과하는 위반행위의 종류와 위반 정도 등에 따른 과징금의 금액 및 징수 방법 등에 관하여 필요한 사항은 대통령령으로 정한다.

③ 식품의약품안전처장 또는 특별자치시장·특별자치도지사·시장·군수·구청장은 과징금의 징수를 위하여 필요한 경우에는 다음 각 호의 사항을 적은 문서로 관할 세무관서의 장에게 과세정보의 제공을 요청할 수 있다. 〈개정 2013. 3. 23., 2017. 12. 19.〉

1. 납세자의 인적사항
2. 사용 목적
3. 과징금 부과기준이 되는 매출금액에 관한 자료

④ 식품의약품안전처장 또는 특별자치시장·특별자치도지사·시장·군수·구청장은 제1항에 따른 과징금을 내야 할 자가 납부기한까지 내지 아니하면 대통령령으로 정하는 바에 따라 제1항에 따른 과징금부과처분을 취소하고 제36조제1항 또는 제3항에 따른 업무정지처분을 하거나 국세 체납처분의 예 또는 「지방행정제재·부과금의 징수 등에 관한 법률」에 따라 과징금을 징수한다. 다만, 제14조에 따른 폐업 등으로 제36조제1항 또는 제3항에 따른 업무정지처분을 할 수 없을 때에는 국세 체납처분의 예 또는 「지방행정제재·부과금의 징수 등에 관한 법률」에 따라 징수한다. 〈개정 2013. 3. 23., 2013. 8. 6., 2017. 12. 19., 2020. 3. 24.〉

⑤ 제1항과 제4항에 따라 과징금으로 징수한 금액은 국가 또는 징수기관이 속한 지방자치단체에 귀속된다.

2.3 과징금의 산정 기준

가. 「의료기기법 시행령」 제11조

제11조(과징금 산정기준)

① 법 제38조제2항에 따른 과징금의 금액은 위반행위의 종별·정도 등을 고려하여 총리령으로 정하는 업무정지처분기준에 따라 별표 1의 기준을 적용하여 산정한다. 〈개정 2008. 2. 29., 2010. 3. 15., 2011. 10. 7., 2013. 3. 23., 2021. 1. 5.〉

② 식품의약품안전처장 또는 특별자치시장·특별자치도지사·시장·군수·구청장(자치구의 구청장을 말한다. 이하 같다)은 의료기기취급자의 사업규모, 위반행위의 정도 및 횟수 등을 참작하여 제1항에 따른 과징금의 금액의 2분의 1의 범위 안에서 이를 가중 또는 경감할 수 있다. 다만, 가중하는 경우에도 과징금의 총액은 10억 원을 초과할 수 없다. 〈개정 2011. 10. 7., 2013. 3. 23., 2019. 5. 21.〉

〈표 9-1〉 과징금 산정 기준

■ 의료기기법 시행령 [별표 1]

과징금 산정 기준(제11조제1항 관련)

1. 일반기준
   가. 업무정지 1개월은 30일을 기준으로 한다.
   나. 위반행위의 유형에 따른 과징금의 금액은 영업정지 기간에 다목에 따라 산정한 1일당 과징금의 금액을 곱하여 얻은 금액으로 한다.
   다. 1일당 과징금의 금액은 위반행위자의 총매출금액 등을 기준으로 제2호가목 및 나목에 따라 산출한다.
   라. 의료기기의 제조업자 또는 수입업자에 대한 과징금의 산정기준은 다음과 같다.
      1) 제조(수입)업무의 정지처분에 갈음하여 과징금 처분을 하는 경우에는 해당 업소에 대한 처분일이 속한 연도의 전년도 전 품목의 1년간 총생산금액 또는 총수입금액을 기준으로 한다.
      2) 품목류 또는 품목의 제조(수입)업무의 정지처분에 갈음하여 과징금 처분을 하는 경우에는 해당 업소에 대한 처분일이 속한 연도의 전년도의 해당 품목류 또는 품목의 1년간 총생산금액 또는 총수입금액을 기준으로 한다.
      3) 1) 및 2)의 경우 제조업자 또는 수입업자가 신규로 품목류 또는 품목을 제조 또는 수입하거나 휴업 등으로 인하여 1년간의 총생산금액 또는 총수입금액을 기준으로 과징금을 산정하는 것이 불합리하다고 인정되는 경우에는 분기별 또는 월별 생산(수입)금액을 기준으로 산정한다.
   마. 제조업자 또는 수입업자에 대한 과징금의 산정기준 적용 시 그 처분내용에 제조(수입) 업무정지나 품목류 또는 품목의 제조(수입) 업무정지 외의 다른 종류의 업무정지 기간만 표시되어 있는 때에는 그 기간에 2분의 1을 곱하여 산정한다.
   바. 수리업자, 판매업자 또는 임대업자에 대한 과징금 처분을 하는 경우에는 해당 업소의 처분 전년도 1년간의 총매출금액을 기준으로 한다. 다만, 신규사업이나 휴업 등으로 인하여 1년간 총매출금액을 산정할 수 없거나 1년간의 총매출금액을 기준으로 하는 것이 불합리하다고 인정되는 경우에는 분기별 또는 월별 매출금액을 기준으로 산정한다.
   사. 나목부터 바목까지의 규정에도 불구하고 과징금 산정금액이 10억 원을 초과하는 경우에는 10억 원으로 한다.

구분	업무정지 1일에 해당하는 과징금 (단위 : 만 원)	의료기기 제조업자 또는 수입업자의 경우	업무정지 1일에 해당하는 과징금 (단위 : 만 원)	의료기기 수리업자, 판매업자 또는 임대업자의 경우
		해당 품목류 · 품목의 전년도 총생산금액 또는 총수입금액 (단위 : 백만 원)		전년도 총매출금액 (단위 : 백만 원)
1	0.7	20 미만	3	30 미만
2	2.2	20 이상~ 50 미만	6	30 이상~45 미만
3	3.8	50 이상~70 미만	9	45 이상~60 미만
4	5.4	70 이상~100 미만	12	60 이상~75 미만
5	8	100 이상~150 미만	15	75 이상~90 미만
6	11	150 이상~200 미만	18	90 이상~105 미만
7	15.8	200 이상~300 미만	21	105 이상~120 미만
8	24	300 이상~500 미만	24	120 이상~135 미만
9	27	500 이상~700 미만	27	135 이상~150 미만
10	30	700 이상~1,000 미만	30	150 이상~165 미만
11	33	1,000 이상~2,000 미만	33	165 이상~180 미만
12	43	2,000 이상~3,000 미만	36	180 이상~195 미만
13	69	3,000 이상~5,000 미만	39	195 이상~210 미만
14	103	5,000 이상~7,000 미만	42	210 이상~225 미만
15	146	7,000 이상~10,000 미만	45	225 이상~240 미만
16	258	10,000 이상~20,000 미만	48	240 이상~255 미만
17	431	20,000 이상~30,000 미만	51	255 이상~270 미만
18	604	30,000 이상~40,000 미만	54	270 이상~285 미만
19	690	40,000 이상	57	285 이상~

2.4 과징금 전환 기준

「식품의약품안전처 과징금 부과처분 기준 등에 관한 규정」(식약처 훈령 제193호, 2021. 12. 19. 일부개정, 2021. 12. 19. 시행)에 따라 업무정지처분으로 인해 이용자에게 심한 불편을 초래하는 경우, 그 밖에 특별한 사유가 인정되는 경우에는 업무정치처분에 갈음한 과징금을 부과한다. 여기서 과징금 부과 대상의 세부기준은 아래와 같다.

① 희귀질환 치료용, 대체품목이 없는 등 이용자의 치료에 문제를 초래할 우려가 있는 경우
② 전염병 치료(예방), 재해, 구호, 국방조달용 등 긴급한 공급이 필요한 경우
③ 제조, 수입만 하고 시중에 유통시키지 아니한 경우(무허가 · 신고의 경우는 제외)
④ 행정처분의 기준에서 그 처분을 감경할 수 있는 경우(단, 처분감경과 과징금 부과를 중복하여 적용할 수 없다)
⑤ 처분권자가 식약처 행정처분사전심의위원회의 의결을 거쳐 과징금 처분으로 행정처분의 실효성을 확보할 수 있다고 판단한 경우

〈표 9-2〉 과징금 전환 기준

세부기준
가. 해당 품목(분류번호)의 시장 점유율(연간 생산 또는 수입실적 기준) 또는 국내 총 생산실적 대비 점유율이 30% 이상이거나 생산 또는 수입하는 업체가 실질적으로 3개 업체 이하인 경우
나. 성능 등 기준에 부적합한 경우로서 인체에 유해성이 없다고 인정된 경우
다. 제조 또는 수입업자가 「의료기기법 시행규칙」 제52조부터 제54조까지의 규정에 따라 자진회수계획을 통보하고 그에 따라 회수한 결과 국민보건에 나쁜 영향을 끼치지 아니한 것으로 확인된 경우
라. 수탁 제조업자가 「의료기기법 시행규칙」 [별표 8] Ⅱ. 개별기준 3. 라목을 위반한 경우로서 의료기기의 안전성·유효성에 이상이 없다고 인정된 경우
마. 제조 또는 수입업자가 제조 또는 수입업소의 대표자, 명칭을 변경허가 받지 아니하거나 신고하지 아니하고 변경한 경우(외관, 포장재료, 포장단위 등의 경미한 사항의 변경 내용을 적은 문서를 제출하지 않은 경우 포함)
바. 「의료기기법」 제20조부터 제23조까지에 따른 제품의 용기나 포장 첨부문서의 기재사항을 위반한 경우

* 출처 : 식품의약품안전처, 「식품의약품안전처 과징금 부과처분 기준 등에 관한 규정」, 2021. 12. 9.

「식품의약품안전처 과징금 부과처분 기준 등에 관한 규정」 제3조(판단기준) 제3항에 따라 전(제조, 수입, 판매 또는 수리) 업무정지 처분의 경우에는 품목별로 제2항 해당 여부(상기 세부기준 해당여부)에 따라 처분을 달리할 수 있다.

「식품의약품안전처 과징금 부과처분 기준 등에 관한 규정」 제4조(심의 등)에 따라 과징금 부과 여부는 처분권자가 해당 법령 및 이 규정에 따라 판단하는데, 처분권자는 과징금 부과에 대한 심의, 조정이 필요하다고 판단한 경우 식약처 행정처분사전심의위원회에 심의를 요청할 수 있고, 처분권자가 위원회에 심의를 요청한 경우에는 식약처 행정처분사전심의위원회 운영 규정(식약처 예규 제194호, 2023. 7. 26. 시행)에 따라 처리하게 된다.

3 과태료

3.1 과태료의 정의

금전벌의 일종으로서 과태료는 과료와 달리 형법상의 형벌이 아니다. 과태료에는 1. 질서유지를 위해 법령 위반자에 대한 제재로서의 질서벌이 있는데, 이에는 지방자치법상 조례로 정하는 과태료도 포함된다. 또한 2. 징계벌의 일종 3. 행정상 의무의 이행을 강제하기 위한 수단으로서의 집행벌이 있다.

3.2 과태료 관련 법령 내용(「의료기기법」 제56조)

가. 「의료기기법」 제56조

> **제56조(과태료)**
> ① 다음 각 호의 어느 하나에 해당하는 자에게는 100만원 이하의 과태료를 부과한다. 〈개정 2014. 1. 28., 2015. 1. 28., 2016. 12. 2., 2018. 12. 11., 2020. 4. 7., 2023. 8. 8.〉
> 1. 제6조의2제2항(제15조제6항에서 준용하는 경우를 포함한다) 또는 제3항(제15조제6항에서 준용하는 경우를 포함한다)을 위반하여 교육을 받지 아니한 사람
> 1의2. 제13조제2항(제15조제6항에서 준용하는 경우를 포함한다)을 위반하여 의료기기의 생산실적, 수입실적 등을 보고하지 아니한 자
> 2. 제14조(제15조제6항·제16조제4항 및 제17조제3항에서 준용하는 경우를 포함한다) 또는 제18조의2제2항을 위반하여 폐업·휴업 등을 신고하지 아니한 자
> 2의2. 제18조의3제1항을 위반하여 의료기기의 판매질서 등에 관한 교육을 받지 아니한 자
> 2의3. 제31조의2제1항을 위반하여 의료기기 공급내역을 보고하지 아니하거나 거짓으로 보고한 자
> 2의4. 제31조의3제2항을 위반하여 의료기기통합정보시스템에 정보를 등록하지 아니한 자 또는 같은 조 제3항을 위반하여 의료기기통합정보관리기준을 준수하지 아니한 자
> 3. 제31조의5를 위반하여 이물 발견 사실을 보고하지 아니하거나 거짓으로 보고한 자
> 4. 삭제 〈2021. 8. 17.〉
>
> ② 제1항에 따른 과태료는 대통령령으로 정하는 바에 따라 식품의약품안전처장 또는 특별자치시장· 특별자치도지사·시장·군수·구청장이 부과·징수한다. 〈개정 2013. 3. 23., 2017. 12. 19.〉
> [시행일 : 2025. 2. 9.]

3.3 과태료 부과 기준(「의료기기법 시행령」 제14조)

「의료기기법」 제56조제1항에 따른 과태료의 부과 기준은 [별표 2]와 같다.

〈표 9-3〉 과태료 부과 기준

과태료의 부과 기준(제14조 관련)

[별표 2] 〈개정 2022. 1. 18.〉

[시행일] 1. 법률 제14330호 의료기기법 일부개정법률 제31조의3, 제56조제1항제2호의3의 개정규정
가. 4등급 의료기기의 경우 : 2019년 7월 1일
나. 3등급 의료기기의 경우 : 2020년 7월 1일
다. 2등급 의료기기의 경우 : 2021년 7월 1일
라. 1등급 의료기기의 경우 : 2022년 7월 1일

[시행일] 2. 법률 제14330호 의료기기법 일부개정법률 제31조의2, 제56조제1항제2호의2의 개정규정 : 다음 각 목의 구분에 따른 날
가. 4등급 의료기기 : 2020년 7월 1일
나. 3등급 의료기기 : 2021년 7월 1일
다. 2등급 의료기기 : 2022년 7월 1일
라. 1등급 의료기기 : 2023년 7월 1일

1. 일반 기준
가. 위반행위의 횟수에 따른 과태료의 가중된 부과 기준은 최근 1년간 같은 위반행위로 과태료 부과처분을 받은 경우에 적용한다. 이 경우 기간의 계산은 위반행위에 대하여 과태료 부과처분을 받은 날과 그 처분 후 다시 같은 위반행위를 하여 적발된 날을 기준으로 한다.
나. 가목에 따라 가중된 부과처분을 하는 경우 가중처분의 적용 차수는 그 위반행위 전 부과처분 차수(가목의 기간 내에 과태료 부과처분이 둘 이상 있었던 경우에는 높은 차수를 말한다)의 다음 차수로 한다.
다. 부과권자는 다음의 어느 하나에 해당하는 경우에는 제2호에 따른 과태료 금액의 2분의 1의 범위에서 그 금액을 줄일 수 있다. 다만, 과태료를 체납하고 있는 위반행위자에 대해서는 그렇지 않다.
1) 위반행위자가 「질서위반행위규제법 시행령」 제2조의2제1항 각 호의 어느 하나에 해당하는 경우
2) 위반행위가 사소한 부주의나 오류로 인한 것으로 인정되는 경우
3) 그 밖에 위반행위의 정도, 위반행위의 동기와 그 결과 등을 고려하여 그 금액을 줄일 필요가 있다고 인정되는 경우

2. 개별 기준

(단위 : 만 원)

위반행위	근거 법조문	과태료 금액		
		1차 위반	2차 위반	3차 이상 위반
가. 법 제6조의2제2항(제15조제6항에서 준용하는 경우를 포함한다) 또는 제3항(제15조제6항에서 준용하는 경우를 포함한다)을 위반하여 교육을 받지 아니한 사람	법 제56조 제1항제1호	50	80	100
나. 법 제13조제2항(법 제15조제6항에서 준용하는 경우를 포함한다)을 위반하여 의료기기의 생산실적, 수입실적 등을 보고하지 않은 경우	법 제56조 제1항제1호의2	50	80	100
다. 법 제14조(법 제15조제6항, 제16조제4항 및 제17조제3항에서 준용하는 경우를 포함한다)를 위반하여 폐업·휴업 등을 신고하지 않은 경우	법 제56조 제1항제2호	30	50	80
라. 법 제31조의2제1항을 위반하여 의료기기 공급내역을 보고하지 않거나 거짓으로 보고한 경우	법 제56조 제1항제2호의2	50	80	100
마. 법 제31조의3제2항을 위반하여 의료기기통합정보시스템에 정보를 등록하지 않은 경우	법 제56조 제1항제2호의3	50	80	100
바. 법 제31조의3제3항을 위반하여 의료기기통합정보관리 기준을 준수하지 않은 경우	법 제56조 제1항제2호의3	50	80	100
사. 법 제31조의5를 위반하여 이물 발견 사실을 보고하지 않거나 거짓으로 보고한 경우	법 제56조 제1항제3호	50	80	100
아. 삭제 〈2022. 1. 1〉				

4 행정처분

4.1 행정처분의 정의

행정청이 행하는 구체적 사실에 관한 법집행으로서 공권력 행사 또는 그 거부와 그 밖에 이에 준하는 행정작용을 말한다.

4.2 행정처분 관련 법령 내용

가.「의료기기법 시행규칙」 제58조

① 법 제36조에 따른 행정처분의 기준은 「의료기기법 시행규칙」 [별표 8]과 같다.

② 법 제37조에 따른 행정처분의 기준은 「의료기기법 시행규칙」 [별표 9]와 같다.

〈표 9-4〉 행정처분 기준(1)

행정처분 기준(제58조제1항 관련)

의료기기법 시행규칙 [별표 8] 〈개정 2024. 1. 16.〉

[시행일] II의 제29호의2의 개정규정은 다음 각 호의 구분에 따른 날
4등급 의료기기 : 2020년 7월 1일
3등급 의료기기 : 2021년 7월 1일
2등급 의료기기 : 2022년 7월 1일
1등급 의료기기 : 2023년 7월 1일

[시행일] II의 제29호의3의 개정규정은 다음 각 호의 구분에 따른 날
1. 4등급 의료기기 : 2019년 7월 1일
2. 3등급 의료기기 : 2020년 7월 1일
3. 2등급 의료기기 : 2021년 7월 1일
4. 1등급 의료기기 : 2022년 7월 1일

Ⅰ. 일반 기준

1. 위반사항이 2종 이상인 경우의 행정처분 기준

가. 위반사항이 2종 이상인 경우에는 그중 중한 행정처분의 기준에 의하되, 그 처분 기준이 동일한 업무정지나 품목 또는 품목류(이하 "품목"이라 한다)정지에 해당하는 경우에는 중한 처분 기준의 업무정지 기간에 경한 처분 기준의 각 업무정지 기간별로 2분의 1까지 합산·가중하여 행정처분을 행한다. 이 경우 그 최대 기간은 12월을 초과할 수 없다. 다만, 위반 내용이 원인과 결과 관계에 있어 동일 사안으로 2 이상의 개별 기준 적용이 가능할 경우(시험기기 미비 및 시험 미실시 등)에는 그중 중한 행정처분만 적용하고 합산·가중하여 처분하지 아니한다.

나. 위반사항이 2종 이상으로서 업무정지와 품목정지에 해당하는 경우 업무정지 기간과 품목정지 기간을 각각 가목에 따라 산정한 후 그 업무정지 기간이 품목정지 기간보다 길거나 같은 때에는 업무정지 처분만을 행하고 업무정지 기간이 품목정지 기간보다 짧을 때에는 업무정지 처분과 품목정지 기간이 업무정지 기간을 초과하는 기간에 대한 품목정지 처분을 병과한다.

2. 위반사항의 횟수에 따른 행정처분 기준

가. 위반사항의 횟수에 따른 행정처분(가중처분)의 기준은 최근에 행한 행정처분을 받은 후 1년[품질부적합은 2년, 법 제13조제3항(법 제15조제6항에 따라 준용되는 경우를 포함한다) 또는 법 제18조제2항을 위반한 경우는 5년] 이내에 다시 Ⅱ. 개별기준의 같은 위반행위를 하여 행정처분을 행하는 경우에 적용한다. 이 경우 기간의 계산은 위반행위에 대하여 행정처분을 한 날(업무정지처분에 갈음하여 과징금을 부과하는 경우에는 과징금부과처분을 한 날)과 그 처분 후 다시 같은 위반행위를 적발한 날을 기준으로 한다. 다만, 품목이 다를 경우에는 이 규정을 적용하지 아니한다.

나. 가목에 따라 가중된 부과처분을 하는 경우 가중처분의 적용 차수는 그 위반행위 전 부과처분 차수(가목에 따른 기간 내에 행정처분이 둘 이상 있었던 경우에는 높은 차수를 말한다)의 다음 차수로 한다.

다. 행정처분을 하기 위한 절차가 진행되는 기간 중에 반복하여 동일사항을 위반한 때에는 그 위반 횟수마다 행정처분 기준의 2분의 1씩을 더하여 처분한다. 이 경우 업무정지 또는 품목정지의 최대기간이 12월을 초과하는 경우에는 그 제조·수입업허가 또는 해당 품목의 허가·인증을 취소하거나 수리업소 또는 영업소를 폐쇄한다.

라. 업무정지기간 또는 품목정지기간이 소수점 이하로 산출되는 경우에는 소수점 이하를 버린다.

3. 동일한 위반사항의 횟수가 3차 이상의 위반인 경우에는 과징금 부과 대상에서 제외하며, 5차 이상의 위반인 경우에는 4차 위반의 처분 기준을 적용한다.

4. 행정처분의 기준 중 그 위반사항이 허가·인증을 받거나 신고한 개별품목에 대한 위반사항인 경우에는 해당 품목의 허가·인증·신고 또는 해당 업무에 대하여, 허가·인증을 받거나 신고한 전 품목에 대한 위반사항인 경우에는 허가· 인증·신고 또는 해당 업무에 대하여 행정처분을 한다.

5. 허가 또는 인증을 받거나 신고한 품목에 대한 위반사항이 개별 제조소에 대한 위반사항인 경우에는 해당 제조소에서 제조하는 품목에 대하여 행정처분을 한다.

6. 위반사항에 대하여 행정처분이 이루어진 경우에는 해당 처분 이전에 이루 어진 동일한 위반행위에 대하여도 행정처분이 이루어진 것으로 보아 다시 처분하지 않는다. 다만, 품목이 다르거나 Ⅱ. 개별 기준 제2호를 위반한 경우에는 그러하지 아니하다.

7. 다음 각 목의 어느 하나에 해당하는 사유가 있는 경우 행정처분 기준이 업무정지 또는 품목정지에 해당하는 때에는 그 업무정지 기간 또는 품목정지 기간을 2분의 1(바 목의 경우 3분의 2)의 범위에서 감경할 수 있고, 행정처분 기준이 제조·수입업허가 및 해당 품목의 허가·인증의 취소, 해당 품목의 제조·수입의 금지 또는 수리업소·영업소의 폐쇄에 해당하는 경우에는 이를 3개월 이상의 업무정지 또는 품목정지로 할 수 있다.

가. 국민보건 및 수요공급 그 밖에 공익상 필요하다고 인정되는 경우

나. 의료기기에 대한 품질검사 결과, 성능·안전성 등 기준에 부적합한 경우 부적합의 정도 등이 경미하여 인체에 유해성이 없다고 인정되는 때

다. 의료기기를 제조·수입 및 수리하였으나 해당 의료기기를 시중에 유통시키지 아니한 경우

라. 해당 위반사항에 관하여 검사로부터 기소유예의 처분을 받거나 법원으로 부터 선고유예의 판결을 받은 때

마. 의료기기의 제조업자 또는 수입업자가 제52조부터 제54조까지의 규정에 따라 회수계획을 보고하고 그에 따라 성실하게 회수한 후 회수 결과를 알린 때

바. 법 제13조제3항(법 제15조제6항에 따라 준용되는 경우를 포함한다) 또는 법 제18조제2항을 위반하여 경제적 이익 등을 제공한 자가 위반행위가 발각되기 전에 수사기관 또는 감독청에 위반행위를 자진하여 신고하고, 관련된 조사·소송 등에서 진술·증언하거나 자료를 제공한 경우

8. 제1호부터 제6호까지에도 불구하고 의료기기의 제조업자 또는 수입업자가 제52조부터 제54조까지의 규정에 따라 회수대상 의료기기를 회수한 결과 국민보건에 나쁜 영향을 끼치지 않는 것으로 확인되거나 의료기기의 제조업자 또는 수입업자에게 책임 있는 사유가 없는 것으로 확인되는 경우에는 이 기준에 의한 행정처분을 면제할 수 있다.

Ⅱ. 개별 기준

위반행위	근거 법조문	행정처분의 기준			
		1차 위반	2차 위반	3차 위반	4차 이상 위반
1. 제조업자 또는 수입업자가 법 제6조제1항 각 호(법 제15조제6항에 따라 준용되는 경우를 포함한다)의 어느 하나에 해당하는 경우	법 제36조 제1항 제1호	제조업·수입업 허가취소			
2. 제조업자 또는 수입업자가 법 제6조제2항 또는 제15조제2항을 위반하여 허가 또는 인증을 받지 않거나 신고를 하지 않고 의료기기를 제조·수입한 경우	법 제36조 제1항 제2호	전제조·수입 업무 정지 6개월	제조업·수입업 허가취소		
3. 제조업자가 법 제6조제4항 및 제13조제4항을 위반하여 별표 2에 따른 시설 기준을 갖추지 않은 경우	법 제36조 제1항 제3호				
가. 해당 품목의 제조 또는 시험에 필요한 시설 및 기구 중 전부 또는 일부가 없거나 있더라도 사용할 수 없는 상태인 경우		해당 품목 제조업무 정지 5개월	해당 품목 제조업무 정지 10개월	해당 품목 제조 허가·인증취소 또는 제조금지	
나. 제품의 종류, 제조방법 및 제조시설에 따라 필요한 작업소가 없는 경우		해당 품목 제조업무 정지 1개월	해당 품목 제조업무 정지 3개월	해당 품목 제조업무 정지 6개월	해당 품목 제조 허가·인증취소 또는 제조금지
다. 그 밖의 시설관리기준을 위반한 경우		해당 품목 제조업무 정지 15일	해당 품목 제조업무 정지 1개월	해당 품목 제조업무 정지 3개월	해당 품목 제조업무 정지 6개월
라. 시험을 위탁할 수 있는 자가 아닌 자에게 시험을 위탁한 경우		해당 품목 제조업무 정지 3개월	해당 품목 제조업무 정지 6개월	해당 품목 제조업무 정지 9개월	해당 품목 제조 허가·인증취소 또는 제조금지
마. 제조공정 또는 시험을 위탁한 경우로서 수탁자에 대한 관리책임을 위반한 경우		해당 품목 제조업무 정지 3개월	해당 품목 제조업무 정지 6개월	해당 품목 제조업무 정지 9개월	해당 품목 제조 허가·인증취소 또는 제조금지
3의2. 법 제6조제7항(제15조제6항에 따라 준용되는 경우를 포함한다)을 위반하여 품질책임자를 두지 않은 경우	법 제36조 제1항 제3호의2	전제조·수입 업무정지 1개월	전제조·수입 업무정지 3개월	전제조·수입 업무정지 6개월	제조·수입허가 취소
3의3. 법 제6조의2제4항(제15조제6항에 따라 준용되는 경우를 포함한다)을 위반하여 교육을 받지 않은 품질책임자를 그 업무에 종사하게 한 경우	법 제36조 제1항 제3호의3	전제조·수입 업무정지 15일	전제조·수입 업무정지 1개월	전제조·수입 업무정지 3개월	전제조·수입 업무정지 6개월
4. 제조업자 또는 수입업자가 법 제7조제1항(법 제15조제6항에 따라 준용되는 경우를 포함한다)에 따른 조건을 이행하지 않은 경우	법 제36조 제1항 제4호				
가. 조건부 제조업·수입업 허가		제조·수입업 허가취소			
나. 조건부 제조허가·수입허가		해당 품목 제조·수입 허가취소			
다. 조건부 제조인증·수입인증		해당 품목 제조·수입 인증취소			
라. 조건부 제조신고·수입신고		해당 품목 제조·수입 금지			

위반행위	근거 법조문	행정처분의 기준			
		1차 위반	2차 위반	3차 위반	4차 이상 위반
5. 제조업자 또는 수입업자가 법 제8조를 위반하여 시판 후 조사를 실시하지 않은 경우	법 제36조 제1항 제5호	해당 품목 판매업무 정지 3개월	해당 품목 판매업무 정지 6개월	해당 품목 판매업무정지 9개월	해당 품목 제조·수입허가 취소
5의2. 제조업자 또는 수입업자가 법 제8조제3항을 위반하여 승인 또는 변경승인을 받지 않거나 승인 또는 변경승인을 받은 조사계획서를 준수하지 않은 경우	법 제36조 제1항 제5호의2	해당 품목 판매업무 정지 1개월	해당 품목 판매업무 정지 3개월	해당 품목 판매업무정지 6개월	해당 품목 제조·수입허가 취소
5의3. 제조업자 또는 수입업자가 법 제8조제4항을 위반하여 정기적으로 보고하지 않거나 거짓 또는 그 밖의 부정한 방법으로 보고한 경우	법 제36조 제1항 제5호의3				
가. 기한 내 시판 후 조사 결과에 대한 정기보고를 하지 않은 경우		해당 품목 판매업무 정지 1개월	해당 품목 판매업무 정지 3개월	해당 품목 판매업무정지 6개월	해당 품목 제조·수입허가 취소
나. 거짓 또는 그 밖의 부정한 방법으로 보고한 경우		해당 품목 제조·수입 허가취소			
5의4. 제조업자 또는 수입업자가 법 제8조제5항에 따른 조치명령을 이행하지 않은 경우	법 제36조 제1항 제5호의4	해당 품목 판매업무 정지 1개월	해당 품목 판매업무 정지 3개월	해당 품목 판매업무정지 5개월	해당 품목 제조·수입허가 취소
5의5. 제조업자 또는 수입업자가 법 제8조의2에 따른 검토 결과 안전성 또는 유효성을 갖추지 못한 경우	법 제36조 제1항 제5호의5	해당 품목 제조·수입 허가취소			
5의6. 제조업자 또는 수입업자가 법 제8조의2제1항을 위반하여 기한 내 자료를 제출하지 않거나 거짓 또는 그 밖의 부정한 방법으로 자료를 제출한 경우	법 제36조 제1항 제5호의6				
가. 기한 내 시판 후 자료를 제출하지 않은 경우		해당 품목 판매업무 정지 6개월	해당 품목 제조·수입 허가 취소		
나. 거짓 또는 그 밖의 부정한 방법으로 자료를 제출한 경우		해당 품목 제조·수입 허가취소			
5의7. 제조업자 또는 수입업자가 법 제8조의2제2항에 따른 조치명령을 이행하지 않은 경우	법 제36조 제1항 제5호의7	해당 품목 판매업무 정지 2개월	해당 품목 판매업무 정지 4개월	해당 품목 판매업무정지 6개월	해당 품목 제조·수입허가 취소
5의8. 제조업자 또는 수입업자가 법 제8조의2제3항을 위반하여 자료 보존에 관한 사항을 지키지 않은 경우	법 제36조 제1항 제5호의8	해당 품목 판매업무 정지 1개월	해당 품목 판매업무 정지 3개월	해당 품목 판매업무정지 6개월	해당 품목 제조·수입허가 취소
6. 제조업자 또는 수입업자가 법 제9조(법 제15조제6항에 따라 준용되는 경우를 포함한다)를 위반하여 재평가를 받지 않거나, 재평가 결과에 따른 조치를 하지 않거나, 재평가 결과 안전성 또는 유효성을 갖추지 못한 경우	법 제36조 제1항 제6호				
가. 재평가를 받지 않은 경우		해당 품목 판매업무 정지 2개월	해당 품목 판매업무 정지 6개월	해당 품목 제조·수입허가·인증 취소 또는 제조·수입금지	

위반행위	근거 법조문	행정처분의 기준			
		1차 위반	2차 위반	3차 위반	4차 이상 위반
나. 재평가 결과에 따른 조치(표시·기재 및 수거·폐기조치는 제외한다)를 하지 않은 경우		해당 품목 판매업무 정지 1개월	해당 품목 판매업무 정지 3개월	해당 품목 판매업무 정지 5개월	해당 품목 제조·수입허가·인증 취소 또는 제조·수입금지
다. 재평가 결과 안전성 또는 유효성을 갖추지 못한 경우		해당 품목 제조·수입 허가·인증 취소 또는 제조·수입 금지			
7. 의료기기 제조 또는 수입업자가 법 제10조제2항을 위반하여 기준에 적합하지 아니한 제조시설에서 의료기기를 제조하거나 제조된 의료기기를 수입한 경우	법 제36조 제1항 제7호	해당 품목 제조·수입 업무정지 6개월	해당 품목 제조·수입 허가·인증 취소		
8. 제조업자 또는 수입업자가 법 제12조제1항(법 제15조제6항에 따라 준용되는 경우를 포함한다)을 위반하여 변경허가·인증을 받지 않거나 변경신고를 하지 않은 경우	법 제36조 제1항 제8호				
가. 제조업소·수입업소의 소재지 변경(제조소 추가를 포함)		전 제조·수입업무 정지 1개월	전 제조·수입업무 정지 3개월	전 제조·수입업무 정지 6개월	제조·수입업 허가취소
나. 제조업소·수입업소의 대표자 또는 명칭 변경		경고	전 제조·수입업무 정지 15일	전 제조·수입업무 정지 1개월	전 제조·수입업무 정지 3개월
다. 의료기기의 구성 부분품 중 일부의 형태, 규격 또는 재질 등의 변경		해당 품목 제조·수입 업무정지 3개월	해당 품목 제조·수입 업무정지 6개월	해당 품목 제조·수입허가·인증취소 또는 제조·수입금지	
라. 품질책임자 변경		경고	전 제조업무 정지 7일	전 제조업무 정지 15일	전 제조업무 정지 1개월
마. 외관, 포장재료, 포장단위 등의 경미한 사항의 변경 내용을 적은 문서를 제출하지 않은 경우		해당 품목 제조·수입 업무정지 1개월	해당 품목 제조·수입 업무정지 3개월	해당 품목 제조·수입 업무정지 6개월	해당 품목 제조·수입허가·인증 취소 또는 제조·수입금지
바. 허가받은 제조업소 또는 수입업소 외의 장소에서 의료기기를 제조·수입하여 판매한 경우		전 제조·수입업무정지 6개월	제조·수입업 허가취소		
9. 제조업자가 법 제13조제1항을 위반하여 제27조제1항에 따른 제조 및 품질관리 또는 생산관리에 관한 준수사항을 지키지 않은 경우	법 제36조 제1항 제9호				
가. 제27조제1항제1호를 위반하여 제조소의 시설의 위생적으로 관리하지 않거나 오염 등을 방지하지 않은 경우		전 제조업무 정지 또는 해당 품목 제조업무 정지 1개월	전 제조업무 정지 또는 해당 품목 제조업무 정지 3개월	전 제조업무 정지 또는 해당 품목 제조업무 정지 6개월	제조업 허가취소 또는 해당 품목 제조허가·인증 취소 또는 제조금지

위반행위	근거 법조문	행정처분의 기준			
		1차 위반	2차 위반	3차 위반	4차 이상 위반
나. 제27조제1항제2호를 위반하여 작업소에 위해가 발생할 염려가 있는 물건을 두거나 유해한 물질을 유출·방출시킨 경우		해당 품목 제조업무 정지 2개월	해당 품목 제조업무 정지 4개월	해당 품목 제조업무 정지 6개월	제조업 허가취소 또는 해당 품목 제조 허가·인증취소 또는 제조금지
다. 제27조제1항제10호 또는 제11호를 위반하여 별표 2 제2호에 따른 품질매뉴얼을 작성·비치하지 않은 경우		전 제조업무 정지 3개월	전 제조업무 정지 6개월	제조업 허가취소	
라. 제27조제1항제3호를 위반하여 원자재·완제품의 입출고, 제조공정 및 품질관리에 관한 문서를 작성·비치하지 않은 경우나 같은 항 제10호 또는 제11호를 위반하여 별표 2 제2호에 따른 품질경영시스템의 문서를 작성·비치하지 않은 경우		전 제조업무 정지 또는 해당 품목 제조업무 정지 2개월	전 제조업무 정지 또는 해당 품목 제조업무 정지 4개월	전 제조업무 정지 또는 해당 품목 제조업무 정지 6개월	제조업 허가취소 또는 해당 품목 제조허가·인증 취소
마. 제27조제1항제4호부터 제8호까지 또는 제13호를 위반한 경우나 같은 항 제10호 또는 제11호를 위반하여 별표 2 제2호에 따른 품질경영시스템의 문서의 내용을 지키지 않은 경우					
1) 제27조제1항제4호부터 제8호까지를 위반한 경우나 같은 항 제10호 또는 제11호를 위반하여 별표 2 제2호에 따라 생산관리(제조공정), 시험검사, 설계관리(유효성 확인을 포함한다) 및 시정·예방조치(고객 불만처리 기록을 포함한다)에 관하여 작성된 문서의 내용을 지키지 않은 경우		전 제조업무 정지 또는 해당 품목 제조업무 정지 1개월	전 제조업무 정지 또는 해당 품목 제조업무 정지 3개월	전 제조업무 정지 또는 해당 품목 제조업무 정지 6개월	제조업 허가취소 또는 해당 품목 제조허가·인증 취소
2) 제27조제1항제10호 또는 제11호를 위반하여 별표 2 제2호에 따라 구매관리, 부적합품관리, 측정장비관리, 문서·기록관리 및 내부품질감사에 관하여 작성된 문서의 내용을 지키지 않은 경우		전 제조업무 정지 또는 해당 품목 제조업무 정지 15일	전 제조업무 정지 또는 해당 품목 제조업무 정지 1개월	전 제조업무 정지 또는 해당 품목 제조업무 정지 3개월	전 제조업무 정지 또는 해당 품목 제조업무 정지 6개월
3) 제27조제1항제13호를 위반한 경우나 같은 항 제10호 또는 제11호를 위반하여 별표 2 제2호에 따라 그 밖의 사항에 관하여 작성된 문서의 내용을 지키지 않은 경우		경고	전 제조업무 정지 또는 해당 품목 제조업무 정지 7일	전 제조업무 정지 또는 해당 품목 제조업무 정지 15일	전 제조업무 정지 또는 해당 품목 제조업무 정지 1개월
바. 제27조제1항제4호를 위반하여 제조 및 품질검사에 관한 제조단위별 기록을 거짓으로 작성한 경우나 같은 항 제10호 또는 제11호를 위반하여 별표 2 제2호에 따른 제조기록 또는 시험검사기록을 거짓으로 작성한 경우		해당 품목 제조업무 정지 6개월	해당 품목 제조허가·인증 취소		
사. 삭제〈2022. 1. 21.〉					
아. 제27조제1항제9호를 위반하여 필요한 안전조치를 실시하지 않은 경우		전제조 업무 정지 또는 해당 품목 제조업무 정지 1개월	전제조 업무 정지 또는 해당 품목 제조 업무 정지 3개월	전제조 업무 정지 또는 해당 품목 제조 업무 정지 6개월	제조업 허가 취소 또는 해당 품목 제조허가·인증 취소 또는 제조 금지

위반행위	근거 법조문	행정처분의 기준			
		1차 위반	2차 위반	3차 위반	4차 이상 위반
자. 제27조제1항제10호 또는 제11호를 위반하여 별표 2 제2호에 적합함을 인정받지 않고 의료기기를 판매한 경우		해당 품목 제조업무 정지 6개월	해당 품목 제조허가·인증 취소		
차. 제27조제1항제10호 또는 제11호를 위반하여 별표 2 제2호에 따른 품질관리기준 적합 여부에 대한 정기심사를 받지 않은 경우		해당 품목 제조업무 정지 3개월	해당 품목 제조업무 정지 6개월	해당 품목 제조 허가·인증 취소 또는 제조 금지	
카. 제27조제1항제12호를 위반하여 최신의 기준 규격을 반영하여 시설 및 품질관리체계 유지, 제조 및 품질관리 또는 생산관리를 하지 않은 경우		전 제조업무 정지 또는 해당 품목 제조업무 정지 15일	전 제조업무 정지 또는 해당 품목 제조업무 정지 1개월	전 제조업무 정지 또는 해당 품목 제조업무 정지 3개월	전 제조업무 정지 또는 해당 품목 제조업무 정지 6개월
타. 제27조제1항제15호를 위반하여 의료기관으로부터 자기 회사가 제조한 의료기기를 구입한 경우의 준수사항을 지키지 않은 경우					
1) 제27조제1항제15호가목을 위반하여 검사를 하지 않거나 검사필증을 붙여서 출고하지 않은 경우		해당 품목 판매업무 정지 1개월	해당 품목 판매업무 정지 3개월	해당 품목 판매업무 정지 6개월	해당 품목 제조 허가·인증취소 또는 제조 금지
2) 제27조제1항제15호나목을 위반하여 기록을 작성·비치하지 않거나 보존하지 않은 경우		해당 품목 판매업무 정지 15일	해당 품목 판매업무 정지 1개월	해당 품목 판매업무 정지 3개월	해당 품목 판매업무 정지 6개월
파. 제27조제1항제16호를 위반하여 판매업자 또는 임대업자로부터 검사를 의뢰받은 경우의 준수사항을 지키지 않은 경우					
1) 제27조제1항제16호가목을 위반하여 의료기기 제조 및 품질관리기준에 적합하게 검사하지 않고 검사필증을 발행한 경우		해당 품목 판매업무 정지 1개월	해당 품목 판매업무 정지 3개월	해당 품목 판매업무 정지 6개월	해당 품목 제조 허가·인증취소 또는 제조금지
2) 제27조제1항제16호나목을 위반하여 식약처장이 정하여 고시하는 사항을 지키지 않은 경우		해당 품목 판매업무 정지 15일	해당 품목 판매업무 정지 1개월	해당 품목 판매업무 정지 3개월	해당 품목 판매업무 정지 6개월
9의2. 법 제13조제2항(제15조제6항을 준용하는 경우를 포함한다)을 위반하여 의료기기 생산실적, 수입실적 등을 보고하지 않거나 거짓으로 보고한 경우	법 제36조 제1항 제9호의2				
가. 제27조제2항 각 호 및 제33조제2항 각 호의 사항을 보고하지 않거나 거짓으로 보고한 경우		해당 품목 판매업무 정지 1개월	해당 품목 판매업무 정지 3개월	해당 품목 판매업무 정지 6개월	해당 품목 제조 및 수입 허가·인증 취소 또는 제조·수입 금지
나. 제27조제2항제2호 및 제33조제2항제2호의 사항을 식품의약품안전처장이 정하여 고시한 절차나 방법을 위반하여 보고한 경우		해당 품목 판매업무 정지 7일	해당 품목 판매업무 정지 15일	해당 품목 판매업무 정지 1개월	해당 품목 판매업무 정지 3개월
10. 제조업자 또는 수입업자가 법 제13조제3항(법제15조제6항에 따라 준용되는 경우를 포함한다)을 위반하여 경제적 이익 등을 제공한 경우	법 제36조 제1항 제10호	해당 품목 판매업무 정지 3개월	해당 품목 판매업무 정지 6개월	해당 품목 제조 및 수입 허가·인증 취소 또는 제조·수입 금지	

위반행위	근거 법조문	행정처분의 기준			
		1차 위반	2차 위반	3차 위반	4차 이상 위반
11. 수입업자가 법 제15조제4항을 위반하여 별표 4에 따른 시설기준을 갖추지 않은 경우	법 제36조 제1항 제3호				
가. 영업소 또는 보관창고를 갖추지 않은 경우		전수입업무 정지 6개월	수입업 허가취소		
나. 보관창고에 해당 의료기기의 취급에 필요한 보관시설이 없는 경우		전수입업무 정지 1개월	전수입업무 정지 3개월	전수입업무 정지 6개월	수입업 허가취소
다. 해당 품목에 관한 시설 중 일부가 없거나 있더라도 사용할 수 없는 상태인 경우		해당 품목 수입업무 정지 3개월	해당 품목 수입업무 정지 6개월	해당 품목 수입업무 정지 1년	전수입업무 정지 3개월
라. 그 밖의 시설관리기준을 위반한 경우		해당 품목 수입업무 정지 15일	해당 품목 수입업무지 1개월	해당 품목 수입업무 정지 3개월	해당 품목 수입업무 정지 6개월
12. 수입업자가 법 제15조제6항에 따라 준용되는 법 제13조제1항을 위반하여 수입 및 품질관리 또는 수입관리에 관한 준수사항을 지키지 않은 경우	법 제36조 제1항 제9호				
가. 제33조제1항제1호를 위반하여 수입업소의 시설을 위생적으로 관리하지 않거나, 오염 등을 방지하지 않은 경우		전수입 업무 정지 또는 해당 품목 수입업무 정지 1개월	전수입 업무 정지 또는 해당 품목 수입업무 정지 3개월	전수입 업무 정지 또는 해당 품목 수입업무 정지 6개월	수입업 허가 취소 또는 해당 품목 수입허가·인증 취소 또는 수입금지
나. 제33조제1항제2호를 위반하여 수입의료기기 및 부속품의 보관, 입출고 및 품질관리에 관한 문서를 작성·비치하지 않은 경우나 같은 항 제7호 및 제8호에 따른 제품표준서 및 수입관리기준서를 작성·비치하지 않은 경우		전수입 업무 정지 또는 해당 품목 수입업무 정지 3개월	전수입 업무 정지 또는 해당 품목 수입업무 정지 6개월	수입업 허가취소 또는 수입금지	
다. 제33조제1항제7호 및 제8호를 제외한 품질관리업무 관련 문서를 작성·비치하지 않은 경우		전수입 업무 정지 또는 해당 품목 수입업무 정지 2개월	전수입 업무 정지 또는 해당 품목 수입업무 정지 4개월	전수입 업무정지 또는 해당 품목 수입업무 정지 6개월	수입업 허가 취소 또는 해당 품목 수입허가·인증 취소 또는 수입금지
라. 제33조제1항제3호부터 제6호까지, 제10호부터 제13호까지의 어느 하나를 위반한 경우나 관련 문서의 내용을 지키지 않은 경우					
1) 제33조제1항제3호부터 제6호까지 및 제12호의 어느 하나를 위반한 경우나 같은 항 제11호를 위반하여 시정 및 예방조치(고객불만처리 기록을 포함한다), 시험검사 및 외국제조원의 제조 및 품질관리상황 확인에 관하여 작성된 문서의 내용을 지키지 않은 경우		전수입 업무 정지 또는 해당 품목 수입업무 정지 1개월	전수입 업무 정지 또는 해당 품목 수입업무 정지 3개월	전수입 업무 정지 또는 해당 품목 수입업무 정지 6개월	수입업 허가 취소 또는 해당 품목 수입허가·인증 취소 또는 수입금지
2) 제33조제1항제2호 및 제10호를 위반하여 의료기기의 보관·출하, 제품보관시설, 시험시설 관리에 관하여 작성된 문서의 내용을 지키지 않은 경우		전수입 업무 정지 또는 해당 품목 수입업무 정지 15일	전수입 업무 정지 또는 해당 품목 수입업무 정지 1개월	전수입 업무 정지 또는 해당 품목 수입업무 정지 3개월	전수입 업무 정지 또는 해당 품목 수입업무 정지 6개월

위반행위	근거 법조문	행정처분의 기준			
		1차 위반	2차 위반	3차 위반	4차 이상 위반
3) 제33조제1항제13호를 위반한 경우나 그 밖의 사항에 관하여 작성된 문서의 내용을 지키지 않은 경우		경고	전수입 업무 정지 또는 해당 품목 수입업무 정지 7일	전수입 업무 정지 또는 해당 품목 수입업무 정지 15일	전수입 업무 정지 또는 해당 품목 수입업무 정지 1개월
마. 제33조제1항제3호를 위반하여 수입 및 품질검사에 관한 수입단위별 기록을 거짓으로 작성한 경우나 같은 항 제7호 및 제8호에 따른 시험검사기록을 거짓으로 작성한 경우		해당 품목 수입업무 정지 6개월	해당 품목 수입허가·인증 취소 또는 수입금지		
바. 삭제 〈2022. 1. 21.〉					
사. 제33조제1항제14호를 위반하여 필요한 안전조치를 실시하지 않은 경우		전수입 업무 정지 또는 해당 품목 수입업무 정지 1개월	전수입 업무 정지 또는 해당 품목 수입업무 정지 3개월	전수입 업무 정지 또는 해당 품목 수입업무 정지 6개월	수입업 허가 취소 또는 해당 품목 수입허가·인증 취소 또는 수입 금지
아. 제33조제1항제15호를 위반하여 별표 4 제3호에 따른 적합함을 인정받지 않고 의료기기를 판매한 경우		해당 품목 수입업무 정지 6개월	해당 품목 수입허가·인증 취소		
자. 제33조제1항제15호를 위반하여 별표 4 제3호에 따른 수입의료기기 제조소에 대한 정기심사를 받지 않은 경우		해당 품목 수입업무 정지 3개월	해당 품목 수입업무 정지 6개월	해당 품목 수입허가·인증 취소	
차. 제33조제1항제16호를 위반하여 산업통상자원부장관이 공고하는 의료기기의 수출입요령과 식약처장이 정하는 수입의료기기의 관리에 관한 규정을 지키지 않은 경우		전수입 업무 정지 또는 해당 품목 수입업무 정지 1개월	전수입 업무 정지 또는 해당 품목 수입업무 정지 3개월	전수입 업무 정지 또는 해당 품목 수입업무 정지 6개월	수입업 허가 취소 또는 해당 품목 수입허가·인증 취소 또는 수입금지
카. 제33조제1항제19호를 위반하여 중고의료기기를 수입하거나 의료기관으로부터 자기 회사가 수입한 의료기기를 구입한 경우의 준수사항을 지키지 않은 경우					
1) 제33조제1항제19호가목을 위반하여 검사를 하지 않거나 검사필증을 붙여서 출고하지 않은 경우		해당 품목 판매업무 정지 1개월	해당 품목 판매업무 정지 3개월	해당 품목 판매업무 정지 6개월	해당 품목 수입허가·인증 취소 또는 수입금지
2) 제33조제1항제19호나목을 위반하여 기록을 작성·비치하지 않거나 보존하지 않은 경우		해당 품목 판매업무 정지 15일	해당 품목 판매업무 정지 1개월	해당 품목 판매업무 정지 3개월	해당 품목 판매업무 정지 6개월
타. 제33조제1항제20호를 위반하여 판매업자 또는 임대업자로부터 검사를 의뢰받은 경우의 준수사항을 지키지 않은 경우					
1) 제33조제1항제20호가목을 위반하여 의료기기 제조 및 품질관리기준에 적합하게 검사하지 않고 검사필증을 발행한 경우		해당 품목 판매업무 정지 1개월	해당 품목 판매업무 정지 3개월	해당 품목 판매업무 정지 6개월	해당 품목 수입허가·인증 취소 또는 수입금지

위반행위	근거 법조문	행정처분의 기준			
		1차 위반	2차 위반	3차 위반	4차 이상 위반
2) 제33조제1항제20호나목을 위반하여 식약처장이 정하여 고시하는 사항을 지키지 않은 경우		해당 품목 판매업무 정지 15일	해당 품목 판매업무 정지 1개월	해당 품목 판매업무 정지 3개월	해당 품목 판매업무 정지 6개월
파. 제33조제1항제17호를 위반하여 최신의 기준 규격을 반영하여 시설 및 품질관리체계 유지, 제조 및 품질관리 또는 수입관리를 하지 않은 경우		전수입 업무 정지 또는 해당 품목 수입업무 정지 15일	전수입 업무 정지 또는 해당 품목 수입업무 정지 1개월	전수입 업무 정지 또는 해당 품목 수입업무 정지 3개월	전수입 업무 정지 또는 해당 품목 수입업무 정지 6개월
13. 수리업자가 법 제16조제4항에 따라 준용되는 법 제6조제1항 각 호의 어느 하나에 해당하는 경우	법 제36조 제1항 제1호	수리업소 폐쇄			
14. 수리업자가 법 제16조제2항을 위반하여 별표 5에 따른 시설 및 품질관리체계기준을 갖추지 경우	법 제36조 제1항 제3호	전수리 업무정지 2개월	전수리 업무정지 5개월	전수리 업무정지 8개월	수리업소 폐쇄
15. 수리업자가 법 제16조제4항에 따라 준용되는 법 제12조제1항을 위반하여 변경신고를 하지 않은 경우	법 제36조 제1항 제8호				
가. 대표자 또는 명칭 변경		경고	전수리 업무 정지 7일	전수리 업무 정지 15일	전수리 업무 정지 1개월
나. 소재지 등 그 밖의 신고사항 변경		전수리 업무 정지 1개월	전수리 업무 정지 3개월	전수리 업무 정지 6개월	수리업소 폐쇄
16. 수리업자가 법 제16조제4항에 따라 준용되는 법 제13조제1항을 위반하여 제36조에 따른 수리관리에 관한 준수사항을 지키지 않은 경우	법 제36조 제1항 제9호				
가. 제36조제1호를 위반하여 허가 또는 인증을 받거나 신고한 내용과 다르게 변조하여 의료기기를 수리한 경우		전수리 업무 정지 3개월	전수리 업무 정지 6개월	수리업소 폐쇄	
나. 제36조제2호를 위반하여 상호 및 주소를 의료기기의 용기 또는 외장에 적지 않은 경우		전수리 업무 정지 1개월	전수리 업무 정지 3개월	전수리 업무 정지 6개월	수리업소 폐쇄
다. 제36조제3호를 위반하여 수리를 의뢰한 자에게 수리내역을 문서로 통보하지 않은 경우		전수리 업무 정지 1개월	전수리 업무 정지 3개월	전수리 업무 정지 6개월	수리업소 폐쇄
17. 판매업자·임대업자가 법 제17조제3항에 따라 준용되는 법 제6조제1항제2호·제4호 또는 제5호에 해당하는 경우	법 제36조 제1항 제1호	영업소 폐쇄			
18. 판매업자·임대업자가 법 제17조제3항에 따라 준용되는 법 제12조제1항을 위반하여 변경신고를 하지 않은 경우	법 제36조 제1항 제8호				
가. 영업소 소재지의 변경		판매·임대 업무정지 1개월	판매·임대 업무정지 3개월	판매·임대 업무정지 6개월	영업소 폐쇄
나. 영업소 명칭 또는 대표자 성명의 변경		경고	판매·임대 업무정지 3일	판매·임대 업무정지 7일	판매·임대 업무정지 15일

위반행위	근거 법조문	행정처분의 기준			
		1차 위반	2차 위반	3차 위반	4차 이상 위반
19. 판매업자·임대업자가 법 제18조제1항을 위반하여 제39조 및 제40조에 따른 판매질서 유지 등에 관한 준수사항을 지키지 않은 경우	법 제36조 제1항 제11호				
가. 제39조 및 제40조(제39조제4호, 제40조제3호 가목 및 제4호는 제외한다)를 위반한 경우		판매·임대 업무정지 15일	판매·임대 업무정지 1개월	판매·임대 업무정지 3개월	판매·임대 업무정지 6개월
나. 제39조제4호를 위반하여 별표 6에 따른 의료기기 유통품질 관리기준을 준수하지 않은 경우					
1) 냉동·냉장설비를 갖추지 않거나 사용할 수 없는 경우		판매·임대 업무정지 1개월	판매·임대 업무정지 3개월	판매·임대 업무정지 6개월	영업소 폐쇄
2) 보관온도가 설정된 의료기기에 대하여 별표 6 제2호에 따른 적정온도를 유지할 수 없는 장소에 보관하거나 적정온도를 유지하지 않은 경우		판매·임대 업무정지 15일	판매·임대 업무정지 1개월	판매·임대 업무정지 3개월	판매·임대 업무정지 6개월
3) 문서기록에 필요한 대장을 작성하지 않거나 비치하지 아니한 경우		판매·임대 업무정지 7일	판매·임대 업무정지 15일	판매·임대 업무정지 1개월	판매·임대 업무정지 3개월
4) 그 밖에 의료기기 유통품질 관리기준을 위반한 경우		경고	판매·임대 업무정지 3일	판매·임대 업무정지 7일	판매·임대 업무정지 15일
다. 제40조제3호가목 및 제4호를 위반한 경우		판매·임대 업무정지 1개월	판매·임대 업무정지 3개월	판매·임대 업무정지 6개월	영업소 폐쇄
20. 판매업자·임대업자가 법 제18조제2항을 위반하여 경제적 이익등을 제공한 경우	법 제36조 제1항 제10호	판매·임대 업무정지 1개월	판매·임대 업무정지 3개월	영업소 폐쇄	
20의2. 제조업자·수입업자 또는 판매업자가 법 제18조의2를 위반하여 봉함한 의료기기의 용기나 포장을 개봉하여 판매한 경우	법 제36조 제1항 제11호의2	판매업무 정지 15일	판매업무 정지 1개월	판매업무 정지 3개월	판매업무 정지 6개월
21. 제조업자 또는 수입업자가 법 제20조를 위반하여 의료기기의 용기나 외장에 기재사항을 적지 않은 경우	법 제36조 제1항 제12호				
가. 기재사항의 전부를 적지 않은 경우		해당 품목 판매업무 정지 3개월	해당 품목 판매업무 정지 6개월	해당 품목 제조 및 수입 허가·인증 취소 또는 제조·수입금지	
나. 기재사항의 일부를 적지 않은 경우		해당 품목 판매업무 정지 1개월	해당 품목 판매업무 정지 3개월	해당 품목 판매업무 정지 6개월	해당 품목 제조 및 수입 허가·인증 취소 또는 제조·수입 금지
22. 제조업자 또는 수입업자가 법 제21조를 위반하여 의료기기 외부의 용기나 포장에 기재사항을 적지 않은 경우	법 제36조 제1항 제12호				

위반행위	근거 법조문	행정처분의 기준			
		1차 위반	2차 위반	3차 위반	4차 이상 위반
가. 기재사항의 전부를 적지 않은 경우		해당 품목 판매업무 정지 2개월	해당 품목 판매업무 정지 4개월	해당 품목 판매업무 정지 6개월	해당 품목 제조 및 수입 허가·인증 취소 또는 제조·수입금지
나. 기재사항의 일부를 적지 않은 경우		해당 품목 판매업무 정지 15일	해당 품목 판매업무 정지 1개월	해당 품목 판매업무 정지 3개월	해당 품목 판매업무 정지 6개월
23. 제조업자 또는 수입업자가 법 제22조를 위반하여 의료기기 첨부문서에 기재사항을 적지 않은 경우	법 제36조 제1항 제12호				
가. 기재사항의 전부를 적지 않은 경우		해당 품목 판매업무 정지 1개월	해당 품목 판매업무 정지 3개월	해당 품목 판매업무 정지 6개월	해당 품목 제조·수입허가·인증 취소 또는 제조·수입금지
나. 기재사항의 일부를 적지 않은 경우		해당 품목 판매업무 정지 7일	해당 품목 판매업무 정지 15일	해당 품목 판매업무 정지 1개월	해당 품목 판매업무 정지 3개월
24. 제조·수입업자가 법 제23조를 위반하여 기재 시 주의사항을 지키지 않은 경우	법 제36조 제1항 제12호	경고	해당 품목 판매업무 정지 15일	해당 품목 판매업무 정지 1개월	해당 품목 판매업무 정지 3개월
25. 제조업자 또는 수입업자가 법 제24조제1항을 위반하여 표시나 기재가 금지된 사항을 표시하거나 적은 경우	법 제36조 제1항 제13호				
가. 제43조제1항제1호, 제2호 또는 제4호의 사항을 허가 또는 인증을 받은 사항과 다르게 표시하거나 적은 경우		해당 품목 판매업무 정지 3개월	해당 품목 판매업무 정지 6개월	해당 품목 제조·수입허가·인증 취소 또는 제조·수입금지	
나. 법 제22조제1호 또는 제2호의 사항이나 제43조제1항제3호, 제6호 또는 제7호의 사항을 허가 또는 인증을 받은 사항과 다르게 표시하거나 적은 경우		해당 품목 판매업무 정지 2개월	해당 품목 판매업무 정지 4개월	해당 품목 판매업무 정지 6개월	해당 품목 제조 및 수입 허가·인증 취소 또는 제조·수입금지
다. 제43조제1항제8호의 사항을 허가 또는 인증을 받은 사항과 다르게 표시하거나 적은 경우		해당 품목 판매업무 정지 1개월	해당 품목 판매업무 정지 3개월	해당 품목 판매업무 정지 6개월	해당 품목 제조 및 수입허가·인증 취소 또는 제조·수입 금지
라. 법 제24조제1항제1호의 거짓이나 오해할 염려가 있는 사항을 표시하거나 적은 경우		해당 품목 판매업무 정지 1개월	해당 품목 판매업무 정지 3개월	해당 품목 판매업무 정지 6개월	해당 품목 제조 및 수입허가·인증 취소 또는 제조·수입 금지
마. 그 밖에 법 제20조부터 제22조까지 또는 제43조에 따른 기재사항을 허가 또는 인증을 받은 사항과 다르게 표시하거나 적은 경우		해당 품목 판매업무 정지 15일	해당 품목 판매업무 정지 1개월	해당 품목 판매업무 정지 3개월	해당 품목 판매업무 정지 6개월
26. 법 제24조제2항을 위반하여 제45조제1항에 따른 「표시·광고의 공정화에 관한 법률」에 따른 광고로서 별표 7에 해당하는 광고를 한 경우	법 제36조 제1항 제14호				

위반행위	근거 법조문	행정처분의 기준			
		1차 위반	2차 위반	3차 위반	4차 이상 위반
가. 별표 7 제1호, 제2호, 제5호, 제12호 또는 제15호에 해당하는 광고를 한 경우					
1) 제조업자 또는 수입업자		해당 품목 판매업무 정지 1개월	해당 품목 판매업무 정지 3개월	해당 품목 판매업무 정지 6개월	해당 품목 제조 및 수입허가·인증 취소 또는 제조·수입금지
2) 판매업자 또는 임대업자		판매·임대 업무정지 15일	판매·임대 업무정지 1개월	판매·임대 업무정지 3개월	판매·임대 업무정지 6개월
나. 별표 7 제3호, 제4호, 제6호부터 제11호까지, 제13호, 제14호, 제16호부터 제18호까지의 어느 하나에 해당하는 광고를 한 경우					
1) 제조업자 또는 수입업자		해당 품목 판매업무 정지 15일	해당 품목 판매업무 정지 1개월	해당 품목 판매업무 정지 3개월	해당 품목 판매업무 정지 6개월
2) 판매업자 또는 임대업자		판매·임대 업무정지 7일	판매·임대 업무정지 15일	판매·임대 업무정지 1개월	판매·임대 업무정지 3개월
26의2. 제조업자 또는 수입업자가 법 제25조의5를 위반하여 의료기기의 용기나 포장을 봉함하지 않고 판매한 경우	법 제36조 제1항 제14호의2	해당 품목 제조·수입 업무정지 1개월	해당 품목 제조·수입 업무정지 3개월	해당품목 제조·수입 업무정지 6개월	해당품목 제조·수입 업무정지 9개월
27. 법 제30조를 위반한 경우	법 제36조 제1항 제14호의4 및 제15호				
가. 법 제30조제1항을 위반하여 추적관리대상 의료기기에 대한 기록을 작성·보존·제출하지 않거나 거짓으로 작성·보존·제출한 경우	법 제36조 제1항 제14호의4				
1) 제조업자 또는 수입업자		해당 품목 판매업무 정지 1개월	해당 품목 판매업무 정지 3개월	해당 품목 판매업무 정지 6개월	해당 품목 제조 및 수입허가·인증 취소
2) 수리업자, 판매업자 또는 임대업자		수리·판매·임대업무 정지 1개월	수리·판매·임대업무 정지 3개월	수리·판매·임대업무 정지 6개월	수리·판매·임대업무 정지 1년
나. 법 제30조제2항을 위반하여 추적관리대상 의료기기에 대한 자료 제출 등의 명령을 정당한 사유 없이 거부한 경우	법 제36조 제1항 제15호				
1) 제조업자 또는 수입업자		해당 품목 판매업무 정지 15일	해당 품목 판매업무 정지 1개월	해당 품목 판매업무 정지 2개월	해당 품목 판매업무 정지 3개월
2) 수리업자, 판매업자 또는 임대업자		수리·판매·임대업무 정지 15일	수리·판매·임대업무 정지 1개월	수리·판매·임대업무 정지 2개월	수리·판매·임대업무 정지 3개월

위반행위	근거 법조문	행정처분의 기준			
		1차 위반	2차 위반	3차 위반	4차 이상 위반
28. 의료기기취급자가 법 제31조제1항을 위반하여 부작용 발생 사실을 보고하지 않거나 기록을 유지하지 않은 경우	법 제36조 제1항 제16호				
가. 제조업자 또는 수입업자		전제조·수입 업무정지 또는 해당 품목 제조·수입업무 정지 1개월	전제조·수입 업무정지 또는 해당 품목 제조·수입업무 정지 3개월	전제조·수입 업무정지 또는 해당 품목 제조·수입 업무정지 6개월	해당 품목 제조 및 수입 허가·인증 취소 또는 제조·수입 금지
나. 수리업자, 판매업자 또는 임대업자		수리·판매·임대업무 정지 15일	수리·판매·임대업무 정지 1개월	수리·판매·임대업무 정지 3개월	수리·판매·임대 업무 정지 6개월
29. 법 제31조제2항을 위반하여 회수 또는 회수에 필요한 조치를 하지 않거나 회수계획을 보고하지 않은 경우 또는 같은 조 제3항을 위반하여 회수계획의 공표 명령에 따르지 않은 경우	법 제36조 제1항 제17호				
가. 수리업자, 판매업자 또는 임대업자가 제52조제1항을 위반하여 회수대상 의료기기의 수리, 판매 또는 임대를 중단하지 않은 경우		수리·판매·임대업무 정지 15일	수리·판매·임대업무 정지 1개월	수리·판매·임대업무 정지 3개월	수리·판매·임대업무 정지 6개월
나. 수리업자, 판매업자 또는 임대업자가 제52조제1항을 위반하여 회수의무자에게 알리지 않은 경우		수리·판매·임대업무 정지 3일	수리·판매·임대업무 정지 7일	수리·판매·임대업무 정지 15일	수리·판매·임대업무 정지 1개월
다. 제조업자 또는 수입업자가 제52조제3항을 위반하여 회수대상 의료기기의 판매중지 등의 조치를 하지 않은 경우		해당 품목 판매업무 정지 3개월	해당 품목 판매업무 정지 6개월	해당 품목 제조 및 수입허가·인증취소 또는 제조·수입금지	
라. 제조업자 또는 수입업자가 제52조제3항을 위반하여 회수계획서를 제출하지 않거나 거짓으로 제출한 경우		전제조·수입 업무정지 또는 해당 품목 제조·수입업무 정지 1개월	전제조·수입 업무정지 또는 해당 품목 제조·수입업무 정지 3개월	전제조·수입 업무정지 또는 해당 품목 제조·수입 업무정지 6개월	해당 품목 제조 및 수입 허가·인증 취소 또는 제조·수입 금지
마. 제조업자 또는 수입업자가 제52조제6항에 따른 회수계획의 보완명령에 따르지 않은 경우		해당 품목 판매업무 정지 1개월	해당 품목 판매업무 정지 3개월	해당 품목 판매업무 정지 6개월	해당 품목 제조 및 수입허가·인증 취소 또는 제조·수입금지
바. 제조업자 또는 수입업자가 제53조제1항을 위반하여 회수계획을 공표하지 않은 경우		해당 품목 판매업무 정지 1개월	해당 품목 판매업무 정지 3개월	해당 품목 판매업무 정지 6개월	해당 품목 제조 및 수입허가·인증 취소 또는 제조·수입금지
사. 제조업자 또는 수입업자가 제53조제3항을 위반하여 회수대상 의료기기의 취급자에게 회수계획의 일부 또는 전부를 알리지 않은 경우		해당 품목 판매업무 정지 1개월	해당 품목 판매업무 정지 3개월	해당 품목 판매업무 정지 6개월	해당 품목 제조 및 수입허가·취소 또는 제조·수입금지

위반행위	근거 법조문	행정처분의 기준			
		1차 위반	2차 위반	3차 위반	4차 이상 위반
아. 수리업자, 판매업자 또는 임대업자가 제53조제4항에 따라 반품 등의 조치를 하지 않거나 회수확인서를 회수의무자에게 송부하지 않은 경우		수리·판매·임대업무 정지 3일	수리·판매·임대업무 정지 7일	수리·판매·임대업무 정지 15일	수리·판매·임대업무 정지 1개월
자. 제조업자 또는 수입업자가 제54조제1항 및 제2항을 위반하여 폐기 또는 위해를 방지할 수 있는 조치를 하지 않은 경우나 회수평가보고서를 작성하지 않은 경우		해당 품목 판매업무 정지 15일	해당 품목 판매업무 정지 1개월	해당 품목 판매업무 정지 3개월	해당 품목 판매업무 정지 6개월
차. 제조업자 또는 수입업자가 제54조제2항을 위반하여 폐기확인서를 보관하지 않은 경우		해당 품목 판매업무 정지 15일	해당 품목 판매업무 정지 1개월	해당 품목 판매업무 정지 3개월	해당 품목 판매업무 정지 6개월
카. 제조업자 또는 수입업자가 제54조제3항을 위반하여 회수종료보고서를 제출하지 않거나 거짓 회수종료보고서를 제출한 경우		전제조·수입 업무정지 또는 해당 품목 제조·수입업무 정지 1개월	전제조·수입 업무정지 또는 해당 품목 제조·수입업무 정지 3개월	전제조·수입 업무정지 또는 해당 품목 제조·수입업무 정지 6개월	해당 품목 제조 및 수입 허가·인증 취소 또는 제조·수입 금지
29의2. 법 제31조의2 제1항을 위반하여 의료기기 공급내역을 보고하지 않거나 거짓으로 보고한 경우	법 제36조 제1항 제17호의2				
가. 공급내역 보고기한이 경과된 날부터 1개월 이내에 보고한 경우					
1) 제조업자 또는 수입업자		해당 품목 판매업무 정지 15일	해당 품목 판매업무 정지 1개월	해당 품목 판매업무 정지 3개월	해당 품목 판매업무 정지 6개월
2) 판매업자 또는 임대업자		판매·임대 업무정지 7일	판매·임대 업무정지 15일	판매·임대 업무정지 1개월	판매·임대 업무정지 3개월
나. 공급내역 보고기한이 경과된 날부터 1개월 이내에 보고하지 않은 경우					
1) 제조업자 또는 수입업자		해당 품목 판매업무 정지 1개월	해당 품목 판매업무 정지 3개월	해당 품목 판매업무 정지 6개월	해당 품목 제조 및 수입 허가·인증 취소 또는 제조·수입금지
2) 판매업자 또는 임대업자		판매·임대 업무정지 15일	판매·임대 업무정지 1개월	판매·임대 업무정지 3개월	판매·임대 업무정지 6개월
다. 의료기기 공급내역을 거짓으로 보고한 경우					
1) 제조업자 또는 수입업자		해당 품목 판매업무 정지 1개월	해당 품목 판매업무 정지 3개월	해당 품목 판매업무 정지 6개월	해당 품목 제조 및 수입 허가·인증 취소 또는 제조·수입금지
2) 판매업자 또는 임대업자		판매·임대 업무정지 15일	판매·임대 업무정지 1개월	판매·임대 업무정지 3개월	판매·임대 업무정지 6개월

위반행위	근거 법조문	행정처분의 기준			
		1차 위반	2차 위반	3차 위반	4차 이상 위반
29의3. 법 제31조의3제2항을 위반하여 의료기기통합정보시스템에 정보를 등록하지 않거나 법 제31조의3제3항을 위반하여 의료기기통합정보관리기준을 준수하지 않은 경우	법 제36조 제1항 제17호의3				
가. 의료기기 통합정보시스템에 정보를 등록하지 않은 경우		해당 품목 판매업무 정지 1개월	해당 품목 판매업무 정지 3개월	해당 품목 판매업무 정지 6개월	해당 품목 제조 및 수입허가·인증 취소 또는 제조·수입금지
나. 의료기기통합정보관리기준을 준수하지 않은 경우		해당 품목 판매업무 정지 15일	해당 품목 판매업무 정지 1개월	해당 품목 판매업무 정지 3개월	해당 품목 판매업무 정지 6개월
29의4. 의료기기취급자가 법 제31조의5제1항을 위반하여 이물 발견 사실을 보고하지 않거나 거짓으로 보고한 경우	법 제36조 제1항 제18호				
가. 제조업자 또는 수입업자		해당 품목 판매업무 정지 15일	해당 품목 판매업무 정지 1개월	해당 품목 판매업무 정지 3개월	해당 품목 판매업무 정지 6개월
나. 수리업자, 판매업자 또는 임대업자		수리·판매·임대업무 정지 7일	수리·판매·임대업무 정지 15일	수리·판매·임대업무 정지 1개월	수리·판매·임대업무 정지 3개월
30. 법 제32조제1항에 따른 보고명령에 따르지 않거나 관계 공무원의 출입·검사·질문 또는 수거를 거부·방해 또는 기피한 경우	법 제36조 제1항 제19호				
가. 제조업자 또는 수입업자		전 제조·수입업무정지 1개월 또는 해당 품목 제조·수입 업무 정지 2개월	전 제조·수입업무정지 3개월 또는 해당 품목 제조·수입 업무 정지 5개월	전 제조·수입업무정지 6개월 또는 해당 품목 제조·수입 업무 정지 8개월	제조·수입업 허가취소
나. 수리업자, 판매업자 또는 임대업자		수리·판매·임대업무 정지 1개월	수리·판매·임대업무 정지 3개월	수리·판매·임대업무 정지 6개월	수리업소 또는 영업소 폐쇄
31. 제조업자 또는 수입업자가 판매의 목적으로 제조·수입한 의료기기에 대한 법 제32조 또는 법 제33조에 따른 검사 등의 결과가 다음 각 목에 해당하는 경우	법 제36조 제1항 제20호				
가. 물리·화학적 특성에 관한 시험의 시험결과가 기준에 부적합한 경우		해당 품목 제조·수입 업무정지 1개월	해당 품목 제조·수입 업무정지 3개월	해당 품목 제조·수입 업무정지 6개월	해당 품목 제조 및 수입허가·인증 취소 또는 제조·수입금지
나. 전기·기계적 안전성에 관한 시험의 시험결과가 기준에 부적합한 경우					

위반행위	근거 법조문	행정처분의 기준			
		1차 위반	2차 위반	3차 위반	4차 이상 위반
1) 전원입력, 전압 및/또는 에너지 제한, 연속누설전류 및 환자측정전류, 내전압, 기계적 강도, X선, 과온, 넘침·유출·누설·습기·액체의 침입, 청소·소독 및 멸균, 위험한 출력에 대한 안전, 이상동작 및 고장 상태에 관한 시험의 시험결과가 기준에 부적합한 경우		해당 품목 제조·수입 업무정지 3개월	해당 품목 제조·수입 업무정지 6개월	해당 품목 제조 및 수입허가·인증 취소 또는 제조·수입금지	
2) 외장 및 보호 커버, 보호접지·기능접지 및 등전위화, 정상적인 사용 시의 안정성, 비산물, 압력용기 및 압력을 받는 부분, 부품 및 조립 일반, 전원부(부품 및 배치), 구조 및 배치에 관한 시험의 시험결과가 기준에 부적합한 경우		해당 품목 제조·수입 업무정지 2개월	해당 품목 제조·수입 업무정지 4개월	해당 품목 제조·수입 업무정지 6개월	해당 품목 제조 및 수입허가·인증 취소 또는 제조·수입금지
3) 그 밖의 전기·기계적 안전성에 관한 시험의 시험결과가 기준에 부적합한 경우		해당 품목 제조·수입 업무정지 1개월	해당 품목 제조·수입 업무정지 3개월	해당 품목 제조·수입 업무정지 6개월	해당 품목 제조 및 수입허가·인증 취소 또는 제조·수입금지
다. 생물학적 안전성에 관한 시험의 시험결과가 기준에 부적합한 경우		해당 품목 제조·수입 업무정지 6개월	해당 품목 제조 및 수입 허가·인증 취소 또는 제조·수입 금지		
라. 방사선에 관한 안전성 시험의 시험결과가 기준에 부적합한 경우					
1) 누설 X선 제한, 여과, 촬영용 X선장치의 X선속의 제한, 1차선 방어벽의 이용선 제한, 투시촬영장치의 X선속 제한, 투시촬영장치의 주변으로부터의 산란성 방어, 입사조사선량율의 제한에 관한 시험의 시험결과가 기준에 부적합한 경우		해당 품목 제조·수입 업무정지 3개월	해당 품목 제조·수입 업무정지 6개월	해당 품목 제조 및 수입허가·인증 취소 또는 제조·수입금지	
2) 초점(수상면 간 거리, 피부 간 거리) 측정, 주요부품의 안전을 위한 구조(X선 제어장치, 고전압발생장치, X선관장치, X선 조사야제한기구, X선 기계장치, XTV모니터, 이미지인텐시화이어)에 관한 시험의 시험결과가 기준에 부적합한 경우		해당 품목 제조·수입 업무정지 2개월	해당 품목 제조·수입 업무정지 4개월	해당 품목 제조·수입 업무정지 6개월	해당 품목 제조 및 수입허가·인증 취소 또는 제조·수입금지
3) 그 밖의 방사선에 관한 안전성 시험의 시험결과가 기준에 부적합한 경우		해당 품목 제조·수입 업무정지 1개월	해당 품목 제조·수입 업무정지 3개월	해당 품목 제조·수입 업무정지 6개월	해당 품목 제조 및 수입허가·인증 취소 또는 제조·수입금지
마. 전자파 안전에 관한 시험의 시험결과가 기준에 부적합한 경우		해당 품목 제조·수입 업무정지 2개월	해당 품목 제조·수입 업무정지 4개월	해당 품목 제조·수입 업무정지 6개월	해당 품목 제조 및 수입허가·인증 취소 또는 제조·수입금지
바. 성능에 관한 시험의 시험결과가 기준에 부적합한 경우		해당 품목 제조·수입 업무정지 15일	해당 품목 제조·수입 업무정지 1개월	해당 품목 제조·수입 업무정지 3개월	해당 품목 제조·수입 업무정지 6개월

위반행위	근거 법조문	행정처분의 기준			
		1차 위반	2차 위반	3차 위반	4차 이상 위반
사. 무균시험의 시험결과가 기준에 부적합한 경우		해당 품목 제조·수입 업무정지 3개월	해당 품목 제조·수입 업무정지 6개월	해당 품목 제조 및 수입허가·인증 취소 또는 제조·수입금지	
아. EO가스 잔류량시험의 시험결과가 기준에 부적합한 경우		해당 품목 제조·수입 업무정지 1개월	해당 품목 제조·수입 업무정지 3개월	해당 품목 제조·수입 업무정지 6개월	해당 품목 제조 및 수입허가·인증 취소 또는 제조·수입금지
자. 그 밖의 시험의 시험결과가 기준에 부적합한 경우		해당 품목 제조·수입 업무정지 15일	해당 품목 제조·수입 업무정지 1개월	해당 품목 제조·수입 업무정지 3개월	해당 품목 제조·수입 업무정지 6개월
32. 제조업자 또는 수입업자가 법 제33조에 따른 검사명령에 따르지 않은 경우	법 제36조 제1항 제21호	전 제조·수입업무정지 1개월 또는 해당 품목 판매업무 정지 2개월	전 제조·수입업무정지 3개월 또는 해당 품목 판매업무 정지 6개월	전 제조·수입 업무정지 6개월 또는 해당 품목 제조 및 수입 허가·인증 취소 또는 제조·수입 금지	제조·수입업 허가취소
33. 법 제34조에 따른 명령에 따르지 않은 경우	법 제36조 제1항 제21호				
가. 회수명령 또는 폐기명령에 따르지 않은 경우					
1) 제조업자 또는 수입업자		전 제조·수입업무 정지 1개월	전 제조·수입업무 정지 3개월	전 제조·수입업무 정지 6개월	제조·수입업 허가취소
2) 수리업자, 판매업자 또는 임대업자		수리·판매·임대업무 정지 1개월	수리·판매·임대업무 정지 3개월	수리·판매·임대 업무 정지 6개월	수리업소 또는 영업소 폐쇄
나. 그 밖의 처치명령에 따르지 않은 경우					
1) 제조업자 또는 수입업자		전 제조·수입업무 정지 15일	전 제조·수입업무 정지 1개월	전 제조·수입업무 정지 3개월	전 제조·수입업무 정지 6개월
2) 수리업자, 판매업자 또는 임대업자		수리·판매·임대업무 정지 15일	수리·판매·임대업무 정지 1개월	수리·판매·임대업무 정지 3개월	수리·판매·임대업무 정지 6개월
33의2. 법 제43조의6을 위반하여 보험 등에 가입하지 않은 경우	법 제36조 제1항 제21호의2				
가. 영 제12조의6제1항에 따른 보험금액을 준수하지 않은 경우		경고	해당 품목 판매업무 정지 1개월	해당 품목 판매업무 정지 2개월	해당 품목 판매업무 정지 3개월

위반행위	근거 법조문	행정처분의 기준			
		1차 위반	2차 위반	3차 위반	4차 이상 위반
나. 영 제12조의6제2항에 따른 가입시기를 준수하지 않은 경우		경고	해당 품목 판매업무 정지 2개월	해당 품목 판매업무 정지 4개월	해당 품목 판매업무 정지 6개월
다. 영 제12조의6제1항·제2항에 따른 보험금액 및 가입시기를 모두 준수하지 않은 경우		경고	해당 품목 판매업무 정지 3개월	해당 품목 판매업무 정지 6개월	해당 품목 판매업무 금지
34. 국민보건에 위해를 끼치거나 끼칠 염려가 있는 의료기기나 그 성능이나 효능 및 효과가 없다고 인정되는 의료기기를 제조·수입·수리·판매 또는 임대한 경우	법 제36조 제1항 제22호				
1) 제조업자 또는 수입업자		전 제조·수입업무정지 15일 또는 해당 품목 제조·수입 업무정지 1개월	전 제조·수입업무정지 1개월 또는 해당 품목 제조·수입 업무정지 3개월	전 제조·수입업무정지 3개월 또는 해당 품목 제조·수입 업무정지 6개월	전 제조·수입업무정지 6개월 또는 해당 품목 제조 및 수입허가·인증 취소 또는 제조·수입금지
2) 수리업자, 판매업자 또는 임대업자		수리·판매·임대업무 정지 7일	수리·판매·임대업무 정지 15일	수리·판매·임대업무 정지 1개월	수리·판매·임대업무 정지 3개월
35. 법에 따라 허가 또는 인증을 받거나 신고를 한 소재지에 시설 또는 영업소가 없는 경우	법 제36조 제1항 제23호	제조업·수입업 허가취소 또는 수리업소·영업소 폐쇄			
36. 업무정지기간 중에 업무를 한 경우	법 제36조 제1항 제24호	해당 품목 제조 및 수입 허가·인증 취소 또는 제조업·수입업 허가취소 또는 수리업소·영업소 폐쇄			
37. 제조업자 또는 수입업자가 법 제49조제3항을 위반하여 제조허가등의 갱신을 받지 않고 제조허가등의 유효기간이 끝난 의료기기를 제조 또는 수입한 경우	법 제36조 제1항 제25호	전 제조·수입 업무정지 6개월	제조업·수입업 허가취소		
38. 제조업자 또는 수입업자가 법 제49조제4항에 따라 갱신할 때 부여된 조건을 이행하지 않은 경우	법 제36조 제1항 제25호	해당 품목 판매업무 정지 1개월	해당 품목 판매업무 정지 3개월	해당 품목 판매업무 정지 5개월	해당 품목 제조 및 수입 허가·인증·신고 수리 취소 또는 제조·수입 금지

〈표 9-5〉 행정처분 기준(2)

의료기기법 시행규칙 [별표 9] 〈개정 2024. 1. 16.〉

행정처분 기준(제58조제2항 관련)

[별표 9]

Ⅰ. 일반 기준

1. 위반행위가 둘 이상인 경우에는 그중 가장 무거운 처분 기준을 따른다. 다만, 처분 기준이 모두 업무정지인 경우에는 6개월의 범위에서 가장 무거운 처분 기준에 나머지 처분 기준의 2분의 1을 각각 더하여 처분할 수 있다.
2. 위반행위가 결과에 중대한 영향을 미치지 않거나 단순 착오로 판단되는 경우에는 그 처분 기준이 업무정지에 해당하는 경우에는 처분 기간의 2분의 1의 범위에서 그 기간을 줄일 수 있고, 지정취소에 해당하는 경우에는 3개월 이상 6개월 이하의 업무 정지로 줄일 수 있다.
3. 위반행위의 횟수에 따른 행정처분의 기준은 최근 3년간 같은 위반행위로 행정처분을 받은 경우에 적용한다. 이 경우 위반행위에 대하여 행정처분의 효력이 발생한 날과 다시 같은 위반행위를 적발한 날을 기준으로 한다. 다만, 위반행위에 대하여 행정처분을 하기 위한 절차가 진행되는 기간 중에 같은 위반행위를 적발한 때에는 그 위반 횟수마다 행정처분 기준의 2분의 1씩을 더하여 처분한다.
4. 제3호에 따라 가중된 처분을 하는 경우 가중처분의 적용 차수는 그 위반행위 전 부과처분 차수(제3호에 따른 기간 내에 행정처분이 둘 이상 있었던 경우에는 높은 차수를 말한다)의 다음 차수로 한다.

Ⅱ. 개별 기준

1. 임상시험기관에 대한 행정처분의 기준

위반행위	근거 법조문	행정처분의 기준			
		1차 위반	2차 위반	3차 위반	4차 이상 위반
가. 거짓이나 그 밖의 부정한 방법으로 지정받은 경우	법 제37조 제1항 제1호	지정취소			
나. 고의 또는 중대한 과실로 거짓의 임상시험결과보고서를 작성·발급한 경우	법 제37조 제1항제2호	지정취소			
다. 법 제10조제3항에 따른 지정 요건을 갖추지 않은 경우	법 제37조 제1항제3호	경고	임상시험 업무정지 3개월	임상시험 업무정지 6개월	지정취소
라. 법 제10조제5항에 따른 준수사항을 지키지 않은 경우	법 제37조 제1항제4호				
1) 제24조제1항제4호 및 제5호를 위반하여 피험자 동의 및 보호 규정을 위반한 경우		해당 임상시험 업무정지 3개월 및 임상시험 책임자 변경	해당 임상시험 업무정지 6개월 및 임상시험 책임자 변경	지정취소	
2) 제24조제3항을 위반하여 기록 및 자료를 보존하지 않은 경우		임상시험 업무정지 3개월	임상시험 업무정지 6개월	지정취소	
3) 별표 3을 위반한 경우					
가) 별표 3 제3호바목을 위반하여 승인받지 않은 임상시험계획에 따라 임상시험을 실시한 경우		해당 임상시험 업무정지 6개월 및 해당 임상 시험 책임자 임상시험 제외 3개월	지정취소		

위반행위	근거 법조문	행정처분의 기준			
		1차 위반	2차 위반	3차 위반	4차 이상 위반
나) 별표 3 제5호나목을 위반하여 변경계획서에 대한 승인 이전에 원 임상시험계획서와 다르게 임상시험을 실시한 경우		해당 임상시험 업무정지 3개월	해당 임상시험 업무정지 6개월	지정취소	
다) 별표 3 제6호를 위반하여 심사위원회를 운영한 경우		경고	임상시험 신규승인 업무정지 1개월	임상시험 신규승인 업무정지 3개월	임상시험 신규승인 업무정지 6개월
라) 별표 3 제6호마목을 위반하여 지정심사위원회를 운영한 경우		지정심사위원회 신규승인 업무정지 1개월	지정심사위원회 신규승인 업무정지 3개월	지정심사위원회 신규승인 업무정지 6개월	지정심사위원회 지정취소
마) 별표 3 제7호라목을 위반하여 임상시험심사위원회의 승인을 받지 않은 임상시험을 실시한 경우		해당 임상시험 업무정지 3개월	해당 임상시험 업무정지 6개월	지정취소	
바) 별표 3 제7호라목을 위반하여 임상시험심사위원회의 변경승인을 받지 않은 임상시험을 실시한 경우		해당 임상시험 업무정지 1개월	해당 임상시험 업무정지 3개월	해당 임상시험 업무정지 6개월	지정취소
사) 그 밖의 사항에 관하여 별표 3을 위반한 경우		경고	해당 임상시험 업무정지 1개월	해당 임상시험 업무정지 3개월	해당 임상시험 업무정지 6개월
마. 업무정지 기간 중에 업무를 한 경우	법 제37조 제1항제5호	지정취소			

2. 품질관리심사기관에 대한 행정처분의 기준

위반행위	근거 법조문	행정처분의 기준			
		1차 위반	2차 위반	3차 위반	4차 이상 위반
가. 거짓이나 그 밖의 부정한 방법으로 지정을 받은 경우	법 제37조 제1항제1호	지정취소			
나. 고의 또는 중대한 과실로 거짓의 품질관리심사결과서를 작성·발급한 경우	법 제37조 제1항제2호	지정취소			
다. 법 제28조제3항에 따른 지정 요건을 갖추지 않은 경우	법 제37조 제1항제3호	업무정지 3개월	업무정지 6개월	지정취소	
라. 법 제28조제4항에 따른 준수사항을 지키지 않은 경우	법 제37조 제1항제4호				
1) 제48조제4항제1호를 위반하여 품질 심사에 관한 기록을 보존하지 않은 경우		업무정지 1개월	업무정지 3개월	업무정지 6개월	지정취소
2) 제48조제4항제2호를 위반하여 품질 심사 결과를 보고하지 않은 경우		경고	업무정지 1개월	업무정지 3개월	업무정지 6개월
3) 제48조제4항제3호를 위반하여 품질 관리심사기관 관리운영기준을 지키지 않은 경우		업무정지 1개월	업무정지 3개월	업무정지 6개월	지정취소
마. 업무정지 기간 중에 업무를 한 경우	법 제37조 제1항제5호	지정취소			

3. 기술문서심사기관에 대한 행정처분의 기준

위반행위	근거 법조문	행정처분의 기준			
		1차 위반	2차 위반	3차 위반	4차 이상 위반
가. 거짓이나 그 밖의 부정한 방법으로 지정을 받은 경우	법 제37조 제1항제1호	지정취소			
나. 고의 또는 중대한 과실로 거짓의 기술문서심사결과통지서를 작성·발급한 경우	법 제37조 제1항제2호	지정취소			
다. 법 제6조의4제2항에 따른 지정기준을 갖추지 않은 경우	법 제37조 제1항제3호	업무정지 3개월	업무정지 6개월	지정취소	
라. 법 제6조의4제3항에 따른 준수사항을 지키지 않은 경우	법 제37조 제1항제4호				
1) 제15조의3제1호를 위반하여 기술문서심사기관의 운영기준을 지키지 않은 경우		업무정지 1개월	업무정지 3개월	업무정지 6개월	지정취소
2) 제15조의3 제2호를 위반하여 기술문서심사결과를 보고하지 않은 경우		경고	업무정지 1개월	업무정지 3개월	업무정지 6개월
3) 제15조의3제3호를 위반하여 기술문서심사결과통지서 사본 및 기술문서심사에 관한 기록을 보관하지 않은 경우		업무정지 1개월	업무정지 3개월	업무정지 6개월	지정취소
4) 제15조의3제4호를 위반하여 기술문서심사결과통지서 작성·발급 등에 관하여 식품의약품안전처장이 정하여 고시하는 사항을 지키지 않은 경우		경고	업무정지 1개월	업무정지 3개월	업무정지 6개월
마. 업무정지 기간 중에 업무를 한 경우	법 제37조 제1항제5호	지정취소			

4. 비임상시험실시기관에 대한 행정처분의 기준

위반행위	근거 법조문	행정처분의 기준			
		1차 위반	2차 위반	3차 위반	4차 이상 위반
가. 거짓이나 그 밖의 부정한 방법으로 지정을 받은 경우	법 제37조 제1항제1호	지정취소			
나. 고의 또는 중대한 과실로 거짓의 비임상시험성적서를 작성·발급한 경우	법 제37조 제1항제2호	지정취소			
다. 법 제10조의2제2항에 따른 지정 요건을 갖추지 않은 경우	법 제37조 제1항제3호	업무정지 1개월	업무정지 3개월	업무정지 6개월	지정취소
라. 법 제10조의2제3항에 따른 준수사항을 지키지 않은 경우	법 제37조 제1항제4호				
1) 제24조의3제1호를 위반하여 비임상시험 계획서를 작성하지 아니하거나 비임상시험 계획서에 따라 비임상시험을 실시하지 않은 경우		업무정지 1개월	업무정지 3개월	업무정지 6개월	지정취소

위반행위	근거 법조문	행정처분의 기준			
		1차 위반	2차 위반	3차 위반	4차 이상 위반
2) 제24조의3제2호를 위반하여 비임상시험의 신뢰성을 확보하기 위한 점검 및 감사 업무를 해당 비임상시험과 이해관계가 없는 사람이 수행하지 않은 경우		경고	업무정지 1개월	업무정지 3개월	업무정지 6개월
3) 제24조의3제3호를 위반하여 식품의약품안전처장이 정하여 고시하는 비임상시험의 관리기준에 적합하게 실시되지 않은 경우		경고	업무정지 1개월	업무정지 3개월	업무정지 6개월
4) 제24조의3제4호를 위반하여 비임상시험과 관련된 자료·기록을 보관하지 않은 경우		경고	업무정지 1개월	업무정지 3개월	업무정지 6개월
마. 업무정지 기간 중에 업무를 한 경우	법 제37조 제1항제5호	지정취소			

5. 교육실시기관에 대한 행정처분의 기준

위반행위	근거 법조문	행정처분의 기준			
		1차 위반	2차 위반	3차 위반	4차 이상 위반
가. 거짓이나 그 밖의 부정한 방법으로 지정을 받은 경우	법 제37조 제1항제1호	지정취소			
나. 고의 또는 중대한 과실로 거짓의 교육 수료증을 작성 또는 발급하거나 작성 또는 보고한 경우	법 제37조 제1항제2호	지정취소			
다. 법 제6조의2제5항에 따른 지정 요건을 갖추지 않은 경우	법 제37조 제1항제3호	업무정지 3개월	업무정지 6개월	지정취소	
라. 법 제6조의2제6항에 따른 준수사항을 지키지 않은 경우	법 제37조 제1항제4호				
1) 제15조제1항제1호를 위반하여 교육계획을 제출하여 승인을 받지 않은 경우		업무정지 1개월	업무정지 3개월	업무정지 6개월	지정취소
2) 제15조제1항제2호를 위반하여 연도별 교육계획에 따라 교육을 실시하지 않은 경우		업무정지 1개월	업무정지 3개월	업무정지 6개월	지정취소
3) 제15조제1항제3호를 위반하여 교육교재를 제작하여 교육 대상자에게 제공하지 않은 경우		경고	업무정지 1개월	업무정지 3개월	업무정지 6개월
4) 제15조제1항제4호를 위반하여 교육을 마친 사람에게 수료증을 발급하지 않거나, 교육실시에 관한 사항을 기록·보관하지 않은 경우		업무정지 1개월	업무정지 3개월	업무정지 6개월	지정취소
5) 제15조제1항제5호를 위반하여 교육실시에 관한 기록을 보고하지 않은 경우		경고	업무정지 1개월	업무정지 3개월	업무정지 6개월
라. 업무정지 기간 중에 업무를 한 경우	법 제37조 제1항제5호	지정취소			

제 10 장

의료기기 표준코드 (UDI)

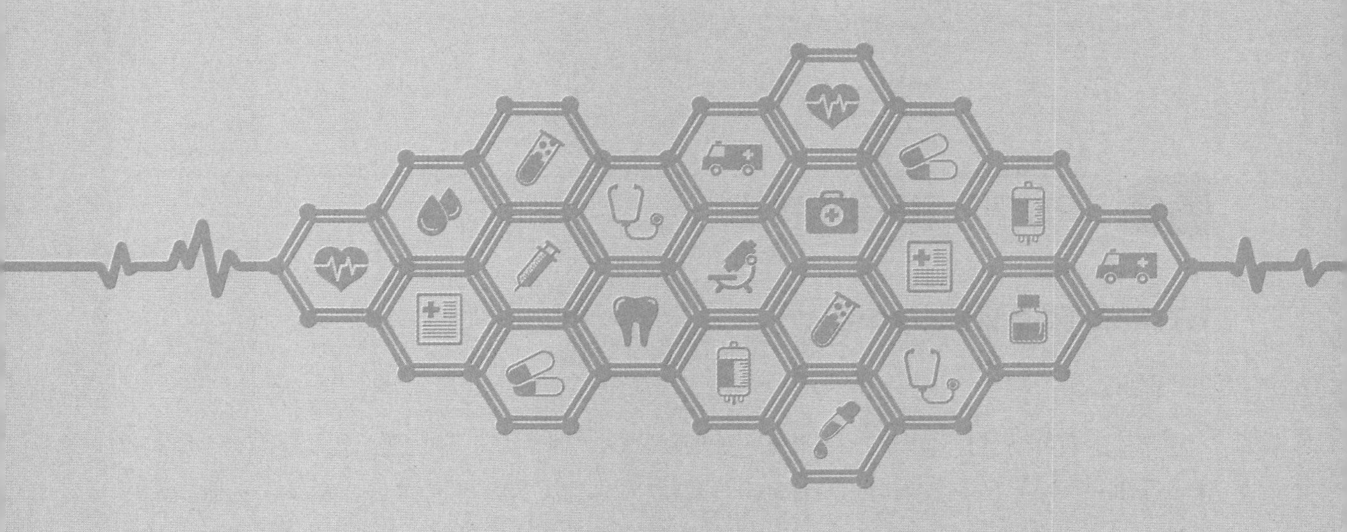

1. 의료기기 표준코드 제도
2. 의료기기 표준코드 제도 관련 법령
3. 국외 의료기기 표준코드 관련 현황

10 의료기기 표준코드(UDI)

학습목표 → 국내 의료기기 표준코드(UDI) 제도의 개요와 특징을 이해하고 학습한다.

NCS 연계 → 해당 없음

핵심 용어 → 의료기기 표준코드, 고유식별코드, UDI, 통합정보시스템(UDI System), 통합정보센터, 통합정보 등록, 공급내역보고

1 의료기기 표준코드 제도

1.1 의료기기 통합정보시스템

가. 개요

의료기기의 허가부터 제조 · 수입 · 판매 · 사용에 이르기까지 의료기기에 관한 정보를 효율적으로 기록 · 관리하기 위한 전자정보처리시스템으로, 「의료기기법」 제31조의3제2항에 따라 의료기기 제조업자 · 수입업자는 의료기기 표준코드 및 의료기기에 관한 정보를 '의료기기통합정보시스템'에 등록하여야 한다.

나. 의료기기 통합정보의 등록

의료기기 제조업자 · 수입업자는 의료기기 정보 등을 효율적으로 기록 · 관리하기 위하여 「의료기기법 시행규칙」 제54조의3제1항에 따라 아래의 정보를 등록하여야 한다.

① 의료기기 표준코드에 관한 정보

② 의료기기 제품에 관한 정보(허가 · 인증 · 신고에 관한 정보 포함)

③ 의료기기 제조 · 수입업자(외국 제조원 포함)에 관한 정보

다. 통합 정보 등록 시행일

의료기기 제조업자 · 수입업자가 의료기기 통합정보를 의료기기 통합정보 시스템에 등록하여야 하는 시점은 시행일 이후 제조, 수입한 의료기기를 공급하는 경우부터 적용한다.

① 4등급 의료기기 : 2019년 7월 1일

② 3등급 의료기기 : 2020년 7월 1일

③ 2등급 의료기기 : 2021년 7월 1일

④ 1등급 의료기기 : 2022년 7월 1일

라. 의료기기 통합정보 등록 항목

<table>
<tr><th>번호</th><th colspan="2">항목명</th><th>입력 조건</th><th>입력내용</th></tr>
<tr><td>1</td><td colspan="2">의료기기 고유식별자(UDI-DI)</td><td>필수</td><td>텍스트 입력</td></tr>
<tr><td>2</td><td colspan="2">바코드 표시체계</td><td>필수</td><td>GS1, HIBCC, ICCBBA 중 택1</td></tr>
<tr><td>3</td><td colspan="2">포장 내 총 수량</td><td>필수</td><td>텍스트 입력</td></tr>
<tr><td>4</td><td colspan="2">독립형 소프트웨어의 경우 버전 정보</td><td>해당 시 필수</td><td>텍스트 입력</td></tr>
<tr><td>5</td><td colspan="2">해당 의료기기의 관리 형태</td><td>필수</td><td>로트번호, 일련번호, 제조연월, 사용기한 중 표준코드에 포함되어있는 정보를 선택</td></tr>
<tr><td>6</td><td colspan="2">멸균 의료기기 여부</td><td>필수</td><td>예(Y) / 아니오(N) 중 택1</td></tr>
<tr><td>7</td><td colspan="2">사용 전 멸균이 필요한 의료기기의 경우 멸균 필요 여부</td><td>필수</td><td>예(Y) / 아니오(N) 중 택1</td></tr>
<tr><td>8</td><td colspan="2">멸균이 필요한 경우 멸균 방법(사용 전 멸균이 필요한 경우)</td><td>해당 시 필수</td><td>① 고압증기멸균, ② 건열멸균, ③ 에틸렌옥사이드가스멸균, ④ 의료용포름알데히드가스멸균, ⑤ 의료용저온플라즈마멸균, ⑥ 냉액멸균, ⑦ 마이크로파멸균, ⑧ 이산화염소가스멸균, ⑨ 그 밖에 제조원이 권장하는 멸균 중 선택(복수 가능)</td></tr>
<tr><td>9</td><td colspan="2">사용자 멸균 정형용품 여부</td><td>필수</td><td>예(Y) / 아니오(N) 중 택1</td></tr>
<tr><td>10</td><td colspan="2">세트화 구성 여부</td><td>필수</td><td>예(Y) / 아니오(N) 중 택1</td></tr>
<tr><td>11</td><td colspan="2">요양급여 대상 여부</td><td>필수</td><td>예(Y) / 아니오(N) 중 택1</td></tr>
<tr><td>12</td><td colspan="2">요양급여 대상인 경우 요양급여 코드</td><td>해당 시 필수</td><td>텍스트 입력</td></tr>
<tr><td>13</td><td rowspan="3">치명적인 경고 또는 금기사항 여부</td><td>라텍스(LATEX) 포함 여부</td><td>필수</td><td>예(Y) / 아니오(N) 중 택1</td></tr>
<tr><td>14</td><td>프탈레이트류 포함 여부(수액세트)</td><td>해당 시 필수</td><td>예(Y) / 아니오(N) 중 택1</td></tr>
<tr><td>15</td><td>자기공명영상(MRI) 등에 안전노출</td><td>필수</td><td>① 안전, ② 안전하지 않음, ③ 조건부 안전, ④ 평가되지 않음, ⑤ 해당사항 없음 중 택1</td></tr>
<tr><td>16</td><td colspan="2">의료기기 통합정보관리책임자의 연락처</td><td>필수</td><td>텍스트 입력</td></tr>
<tr><td>17</td><td colspan="2">의료기기 통합정보관리책임자의 전자우편</td><td>필수</td><td>텍스트 입력</td></tr>
<tr><td>18</td><td colspan="2">저장 방법</td><td>선택</td><td>텍스트 입력</td></tr>
<tr><td>19</td><td colspan="2">유통·취급 조건</td><td>선택</td><td>텍스트 입력</td></tr>
<tr><td>20</td><td colspan="2">해당 제품에 대한 추가 설명(전자 IFU 등 URL)</td><td>선택</td><td>텍스트 입력</td></tr>
<tr><td>21</td><td colspan="2">물류바코드(Package DI)</td><td>선택</td><td>텍스트 입력</td></tr>
<tr><td>22</td><td colspan="2">제조업자 또는수입업자의 소비자센터명칭</td><td>선택</td><td>텍스트 입력</td></tr>
<tr><td>23</td><td colspan="2">제조업자 또는수입업자의 소비자센터연락처</td><td>선택</td><td>텍스트 입력</td></tr>
<tr><td>24</td><td colspan="2">제조업자 또는수입업자의 상호 또는명칭</td><td>연계</td><td>자동입력</td></tr>
<tr><td>25</td><td colspan="2">제조업 또는 수입업허가번호</td><td>연계</td><td>자동입력</td></tr>
<tr><td>26</td><td colspan="2">제조업자 또는수입업자의 주소</td><td>연계</td><td>자동입력</td></tr>
</table>

번호	항목명	입력 조건	입력내용
27	위탁제조의 경우 제조자 상호 또는 명칭	연계	자동입력
28	수입의료기기의 경우 해외제조원 상호 또는 명칭 및 주소	연계	자동입력
29	인체이식형 의료기기 여부	연계	자동입력
30	일회용 의료기기 여부	연계	자동입력
31	품목명	연계	자동입력
32	분류번호(등급)	연계	자동입력
33	품목(품목류) 허가·인증 또는 신고번호	연계	자동입력
34	허가·인증 또는 신고일자	연계	자동입력
35	명칭(제품명, 모델명)	연계	자동입력
36	추적관리 대상 의료기기 여부	연계	자동입력
37	한벌구성의료기기의 경우 각 의료기기의 품목명 및 등급	연계	자동입력
38	조합의료기기의 경우 각 의료기기의 품목명 및 등급	연계	자동입력

* 출처 : 의료기기 통합정보 등록 및 관리를 위한 가이드라인, 2021. 12.

마. 의료기기 정보의 등록 시점

구분	등록 시점
의료기기기 허가 또는 인증을 받거나 신고한 후	의료기기 출고 전
등록된 의료기기 정보 등이 변경된 경우 ※「의료기기통합정보 관리등에 관한 규정」 제4조에 따라 동 고시 제2조제1항제2호 나목부터 자목까지의 정보, 제2조제1항제3호 가목에 해당하는 정보	변경이 있는 날부터 10일 이내
의료기기통합정보센터의 장이 의료기기통합정보가 부정확하거나 요건에 적합하지 아니하다고 판단하여 해당 정보의 수정 또는 변경을 요청한 경우	요청받은 날로부터 20일 이내(정확한 정보 등록 또는 보완자료 제출 등의 필요한 조치)

* 출처 : 의료기기 통합정보 등록 및 관리를 위한 가이드라인, 2021. 12.

2 의료기기 표준코드 제도 관련 법령

2.1 용어의 정의

가. 의료기기 표준코드(UDI, Unique Device Identifier)

의료기기를 식별하고 체계적·효율적으로 관리하기 위하여 용기나 외장 등에 표준화된 체계에 따라 표기되는 숫자 또는 문자의 조합을 말하며, 의료기기 고유식별자(UDI-DI)와 의료기기 생산식별자(UDI-PI)로 구성된다.

나. 의료기기 고유식별자(UDI-DI, Device Identifier)

의료기기 표준코드 중 제품별로 고유하게 생성되는 숫자 또는 문자의 조합을 말하며, 「의료기기법」 제31조의3제2항에 따라 의료기기통합정보시스템에 입력하여야 하는 코드를 말한다.

다. 의료기기 생산식별자(UDI-PI, Production Identifier)

의료기기 표준코드 중 의료기기 생산단위별로 생성되는 숫자 또는 문자의 조합을 말하며, 용기나 외장에 기재되어 있는 다음 각 목의 어느 하나에 해당하는 정보를 포함하여야 한다.

① 제조번호(제조단위번호(로트번호), 배치(batch)번호 또는 제품의 일련번호)

② 제조연월(사용기한이 있는 경우에는 사용기한 기재 가능)

③ 제품의 버전(version) 정보(단독으로 사용되는 의료기기소프트웨어에 한한다)

라. 의료기기 바코드

의료기기 표준코드를 컴퓨터에 자동으로 입력시키기 위한 수단으로서, 스캐너 등 기계가 읽을 수 있도록 인쇄된 다음 각 목의 어느 하나에 해당하는 심벌(마크)을 말한다.

① 여러 종류의 폭을 갖는 백과 흑의 평형 막대의 조합

② 일정한 배열로 이루어져 있는 정사각형 모듈 집합으로 구성된 매트릭스형 조합

마. 의료기기 전자태그(RFID tag, Radio Frequency Identification tag)

'무선주파수 인식기술'을 이용하여 의료기기 표준코드를 표현하는 수단을 말하며, 일반적으로 의료기기 표준코드 중 의료기기 생산식별자의 일련번호를 저장한 칩(Chip)과 저장된 정보를 전송하는 안테나로 구성되어 있다.

2.2 의료기기 표준코드 제도

가. 의료기기 표준코드(Unique Device Identifier)

「의료기기법」 제20조에 따라 의료기기 제조업자 및 수입업자는 의료기기의 용기나 외장에 식품의약품안전처장이 보건복지부장관과 협의하여 정하는 의료기기 표준코드를 표시해야 한다.

의료기기 표준코드는 "의료기기 표준코드의 표시 및 관리요령"에 따라 GS1-128, GS1 Datamatrix로 표시할 수 있으며, 의료기기 고유식별자(UDI-DI)와 의료기기 생산식별자(UDI-PI)를 포함하고 있다.

* 출처 : 의료기기 공급내역보고 가이드라인, 2021. 12.

나. 의료기기 표준코드의 생성

의료기기 제조업자 또는 수입업자는 「의료기기법」에 따라 허가 또는 인증을 받거나 신고한 의료기기에 대하여 최소 명칭 단위(모델명별, 다만, 한 모델에 복수의 제품이 존재하는 경우에는 제품명별) 및 포장 단위별로 GS1(Global Standard · 1) 국제표준체계를 사용하여 의료기기 표준코드를 생성하여야 한다.

상기 규정에 따른 제조업자 또는 수입업자는 다음의 어느 하나에 해당하는 변경사항이 발생한 경우에는 그 의료기기에 대하여 의료기기 표준코드 중 고유식별자를 다시 생성하여야 한다.

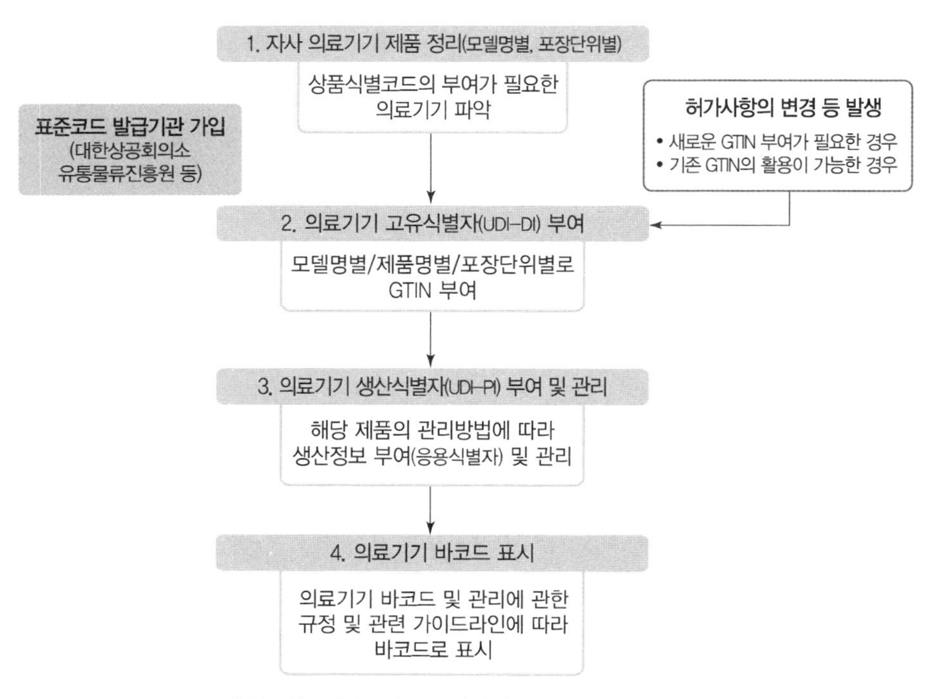

* 출처 : 의료기기 표준코드 생성 가이드라인, 2018. 12.

다. 의료기기 표준코드 구성 체계

의료기기 표준코드는 의료기기 고유식별자(UDI-DI)와 생산식별자(UDI-PI)로 구성된다.

의료기기 고유식별자(UDI-DI)는 의료기기 표준코드(UDI)의 의무적 구성 요소로 의료기기의 모델이나 특정 버전 및 의료기기의 제조·수입업체 등을 식별한다. UDI-DI는 생산단위가 달라져도 동일한 값을 나타내며 모든 의료기기는 의무적으로 의료기기 고유식별자 정보를 생성해야 한다. GS1 표준체계에서는 GTIN에 대응한다.

① 하나의 고유식별자는 오직 하나의 버전 또는 모델에만 사용되어야 한다. 의료기기가 변경되어 새로운 모델 또는 버전으로 변경되는 경우에는 신규 고유식별자를 부여하여야 한다.

② 기존 의료기기에 구성품이 변경되거나 새로운 포장이 추가되는 경우에도 새로운 포장에는 신규 고유식별자가 부여되어야 한다.

③ 의료기기 생산식별자(UDI-PI)는 의료기기 표준코드(UDI)의 부가적 구성 요소로 의료기기의 생산 단위를 식별한다. 생산 시마다 변경될 수 있다. GS1 표준체계에서는 응용식별자 체계에 대응한다.

〈표 10-1〉 의료기기 표준코드 구성 예

자리수	2	14	2	6	2	20 이하
내용	AI 상품식별코드	GTIN-14	AI 제조연월	TTMMDD	AI 로트번호	제품이 생산된 라인
생성 예	01	08801234512343	11	180531	10	Q12345
구분	의료기기 고유식별자(UDI-DI)		의료기기 생산식별자(UDI-PI)			

* 출처 : 의료기기 표준코드 생성 가이드라인, 2018. 12.

라. 의료기기 표준코드 생성절차

① 의료기기 제조업자 또는 수입업자는 먼저 자사가 보유한 제품에 대한 나열을 통해 상품식별코드(GTIN)의 부여가 필요한 의료기기에 대해 정리할 필요가 있다.

② GS1 회원기관에 가입하여 GS1 국가코드 및 업체코드를 부여받아야 한다.

③ 모델명, 제품명별, 포장단위별로 해당 제품에 표준코드를 부여한다.

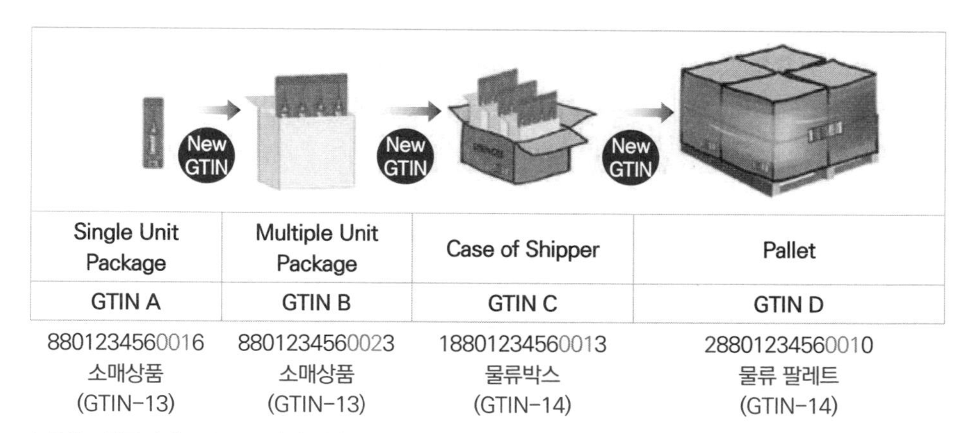

Single Unit Package	Multiple Unit Package	Case of Shipper	Pallet
GTIN A	GTIN B	GTIN C	GTIN D
8801234560016 소매상품 (GTIN-13)	8801234560023 소매상품 (GTIN-13)	18801234560013 물류박스 (GTIN-14)	28801234560010 물류 팔레트 (GTIN-14)

* 출처 : 의료기기 표준코드 생성 가이드라인, 2018. 12.

❙ 그림 10-1 ❙ 포장 단위별 GTIN 부여 예시

④ 해당 제품의 제조 공정과정 등에서 생산식별자(UDI-PI)에 해당하는 생산과 관련한 부가적인 정보를 의료기기 표준코드에 부여하여야 한다. 다만, 1등급 의료기기 또는 식약처장이 인정하는 경우에는 생산식별정보를 표준코드에 포함하지 아니할 수 있다.

⑤ 「의료기기 표준코드의 표시 및 관리요령」 제8조에 따라 의료기기 제조업자 또는 수입업자는 GS1 국제표준체계 외에 다음의 어느 하나에 해당하는 국제표준체계를 활용하여 의료기기 표준코드를 생성 및 표시할 수 있다.

㉮ HIBCC(Health Industry Business Communications Council)

㉯ ICCBBA(International Council for Commonality in Blood Banking Automation)

마. 의료기기 표준코드의 표시

의료기기 제조업자 또는 수입업자는 제조하거나 수입한 의료기기의 용기 또는 외장(外裝) 등에 「의료기기 표준코드의 표시 및 관리요령」 제4조에 따라 생성한 의료기기 표준코드를 사람이 읽을 수 있는 숫자 또는 문자의 형태(이하 "가독문자"라 한다)를 포함하여 다음 중 어느 하나에 해당하는 방법으로 표시 또는 부착하여야 한다. 이 경우 최소 포장단위 또는 최종 소비자에게 유통하는 포장 단위의 용기, 외장이나 포장 등에 표시 또는 부착할 수 있다.

① 의료기기 바코드

② 의료기기 전자태그(RFID tag). 이 경우 「의료기기 표준코드의 표시 및 관리요령」 제1호의 의료기기 바코드를 부착하여야 하며, 전자태그가 부착되었음을 알려주는 그림, 도형 등을 포함하여야 한다.

다음 중 해당하는 의료기기는 의료기기 표준코드의 표시 및 관리요령 제1항에 따른 의료기기 표준코드 부착 시 의료기기의 외장에 영구적으로 표시하여야 한다.

① 의료기관 내 재사용이 가능한 의료기기로서 식품의약품안전처장이 별도로 정하여 공고하는 의료기기

② 사용 전 멸균 등의 처리를 해야 하는 의료기기로서 식품의약품안전처장이 별도로 정하여 공고하는 의료기기

「의료기기 표준코드의 표시 및 관리요령」 제1항에도 불구하고 의료기기 소프트웨어를 전산매체(디스켓 또는 CD 등을 말한다)가 아닌 정보통신망을 이용하여 무형의 형태로 공급하는 경우에도 제품 설치 후 사용자가 확인할 수 있는 방법으로 의료기기 표준코드를 제공할 수 있다.

다음 중 어느 하나에 해당하는 경우에는 「의료기기 표준코드의 표시 및 관리요령」 제1항에 따른 가독문자를 생략할 수 있다.

① 「의료기기 표준코드의 표시 및 관리요령」 [별표 2] 다목에 따른 데이터 매트릭스를 사용하는 경우

② 「의료기기 표준코드의 표시 및 관리요령」 [별표 3]에 따른 바코드의 크기와 용기나 외장의 크기가 같거나 작은 경우

바. 의료기기 표준코드 관리

의료기기 제조업자 또는 수입업자는 다음에 어느 하나에 해당하는 변경사항이 발생한 경우, 그 의료기기에 대하여 새로운 고유식별자(GTIN)를 다시 생성하여야 한다.

① 제조의 경우에 업허가를 제외하고 품목 또는 품목류만 양도·양수하는 경우

② 최소 명칭 단위(모델명 또는 제품명)가 변경된 경우

③ 포장 단위가 변경된 경우

④ 일회용 또는 제품 멸균과 관련된 정보가 변경된 경우

2.3 의료기기 표준코드 제도 관련 법령

의료기기법 및 시행령에 대한 구체적인 조항은 다음 〈표 10-2〉와 같다.

〈표 10-2〉 의료기기법 및 시행령

「의료기기법」 (법률 제19457호, 2024. 6. 14., 일부개정)	「의료기기법 시행령」 (대통령령 제33913호, 2023. 12. 12.)
제2조(정의) ④ **이 법에서 "의료기기 표준코드"란 의료기기를 식별하고 체계적·효율적으로 관리하기 위하여 용기나 외장 등에 표준화된 체계에 따라 표기되는 숫자, 바코드[전자태그(RFID tag)를 포함한다] 등을 말한다.** **〈신설 2016. 12. 2.〉**	

식약처는 「의료기기법」 개정에 따라 의료기기 통합정보 등록, 통합정보 관리기준 등을 마련하는 등 법령에서 위임한 사항 및 그 시행을 위하여 필요한 사항을 정하기 위해 「의료기기법 시행규칙」(총리령 제1512호, 2018. 12. 31. 일부개정)을 개정하였다.

개정된 「의료기기법 시행규칙」은 의료기기에 관한 정보 등을 효율적으로 기록·관리하기 위하여 의료기기 제조업자 등이 준수하여야 하는 의료기기 통합정보 관리기준 및 의료기기통합정보시스템의 운영 및 관리, 의료기기통합정보센터의 운영 등에 필요한 사항 등을 포함하고 있고, 2019년 7월 1일부터 4등급 의료기기를 시작으로 의료기기 표준코드 제도를 단계적으로 시행하도록 정하고 있다.

개정된 「의료기기법 시행규칙」(총리령 제1512호, 2018. 12. 31. 일부개정) 구체적인 조항은 다음 〈표 10-3〉과 같다.

〈표 10-3〉 의료기기법 시행규칙 제54조의2

「의료기기법 시행규칙」 (총리령 1512호, 2018. 12. 31., 일부개정)
제54조의2(의료기기 공급내역 보고) 법 제31조의2제1항에 따라 의료기기 공급내역을 보고하려는 자는 의료기기를 공급한 달을 기준으로 그 다음 달 말일까지 법 제31조의3제1항에 따른 의료기기통합정보시스템(이하 "의료기기통합정보시스템"이라 한다)을 통해 별지 제48호의2 서식의 의료기기 공급내역보고서(전자문서를 포함한다)를 식품의약품안전처장에게 제출해야 한다. [본조신설 2019. 10. 22.] [종전 제54조의2는 제54조의3으로 이동〈2019. 10. 22.〉] [시행일] 제54조의2 개정규격은 다음 각 호의 구분에 따른 날 가. 4등급 의료기기 : 2020년 7월 1일 나. 3등급 의료기기 : 2021년 7월 1일 다. 2등급 의료기기 : 2022년 7월 1일 라. 1등급 의료기기 : 2023년 7월 1일

「의료기기법 시행규칙」
(총리령 1512호, 2018. 12. 31., 일부개정)

제54조의3(의료기기통합정보시스템 운영 등) ① 법 제31조의3제2항에 따라 의료기기 제조업자·수입업자가 의료기기통합정보시스템에 등록(변경등록을 포함한다. 이하 같다)하여야 하는 정보(이하 "의료기기정보등"이라 한다)는 다음 각 호와 같다.

1. 의료기기 표준코드에 관한 정보
2. 의료기기 제품에 관한 정보(의료기기의 허가·인증·신고에 관한 정보를 포함한다)
3. 의료기기 제조·수입업자(외국제조원을 포함한다)에 관한 정보

② 법 제31조의3제3항에 따라 의료기기 제조업자·수입업자가 의료기기정보등을 등록·관리함에 있어 준수하여야 하는 기준(이하 "의료기기통합정보관리기준"이라 한다)은 별표 7의2와 같다.

③ 식품의약품안전처장은 다음 각 호의 업무를 의료기기통합정보센터의 장으로 하여금 수행하게 할 수 있다.

1. 의료기기 제조업자·수입업자를 대상으로 하는 의료기기정보등의 등록 및 의료기기통합정보시스템 사용 방법 등에 관한 교육
2. 의료기기 허가·인증·신고 정보, 사용 시 주의사항 등의 정보 제공

④ 제1항에 따른 의료기정보등의 대상·범위, 의료기기정보등의 제공 방법 등 의료기기통합정보시스템 운영과 관리에 필요한 세부사항은 식품의약품안전처장이 정하여 고시한다.

[본조신설 2018. 12. 31.]

[제54조의2에서 이동, 종전 제54조의3은 제54조의4로 이동〈2019. 10. 22.〉]

〈표 10-4〉 의료기기통합정보관리기준

의료기기법 시행규칙 [별표 제7호의2] 〈개정 2019. 10. 22.〉

의료기기통합정보관리기준(제54조의3제2항 관련)

1. 의료기기정보등 등록
   가. 제조업자 또는 수입업자는 허가부터 제조·수입·판매·사용에 이르기까지 의료기기에 관한 통합정보를 효율적으로 기록·관리하기 위하여 모델명별로 의료기기정보등을 의료기기 통합정보시스템에 등록하여야 한다.
   나. 제조업자 또는 수입업자는 의료기기 허가 또는 인증을 받거나 신고한 후 의료기기를 출고하기 전에 의료기기정보등을 의료기기통합정보시스템에 등록하여야 한다.
   다. 제조업자 또는 수입업자는 등록된 의료기기정보등이 변경된 경우에는 변경한 날부터 10일 이내에 변경등록을 하여야 한다.
   라. 제조업자 또는 수입업자는 사용 방법, 주의사항 등 식약처장이 정하는 의료기기정보등의 변경으로 표준코드를 신규로 부여하여야 하는 경우에는 변경된 의료기기정보등을 의료기기통합정보시스템에 등록하면서 새로운 표준코드도 함께 등록하여야 한다.
   마. 의료기기통합정보센터의 장은 등록된 의료기기정보등이 부정확하거나 식약처장이 정하는 요건에 적합하지 않은 경우에는 제조업자 또는 수입업자에게 해당 정보의 수정 또는 변경을 요청할 수 있다. 이 경우 제조업자 또는 수입업자는 요청받은 날로부터 20일 이내에 정확한 정보를 등록하거나 이를 보완할 수 있는 자료를 제출하는 등 필요한 조치를 하여야 한다.
   바. 의료기기통합정보센터의 장은 제조업자 또는 수입업자가 마목 후단에 따른 필요한 조치를 하지 않거나 등록한 정보가 사실과 다른 것이 명확한 경우 해당 정보를 삭제하거나 수정할 수 있다. 이 경우 의료기기통합정보센터의 장은 해당 제조업자 또는 수입업자에게 지체 없이 통보하여야 한다.
   사. 제조업자 또는 수입업자는 의료기기정보등을 거짓으로 등록(변경등록을 포함한다)하여서는 안 된다.

2. 의료기기정보등 관리
   가. 제조업자 또는 수입업자는 의료기기통합정보시스템에 등록된 의료기기정보등을 최신의 상태로 유지하여야 한다.
   나. 제조업자 또는 수입업자는 의료기기통합정보시스템에 등록된 의료기기정보등에 관한 기록을 보관·관리하여야 한다.
   다. 의료기기 허가·인증·신고의 취하 또는 취소 및 그 밖의 사유로 인해 의료기기가 판매 중단된 경우에는 판매가 중단된 날부터 3년간 의료기기정보등에 관한 기록을 보관해야 한다.

라. 제조업자 또는 수입업자는 종사자 등에게 의료기기통합정보의 등록 및 의료기기통합정보시스템의 사용방법 등 업무능력을 향상시키기 위한 교육 등을 실시하여야 한다.

마. 제조업자 또는 수입업자는 통합정보시스템 등록(변경등록을 포함한다), 방법 및 절차 등 식약처장이 정하여 고시하는 세부 기준을 준수하여야 한다.

3. 의료기기통합정보 관리책임자

제조업자 또는 수입업자는 의료기기정보등을 포함한 의료기기통합정보를 효율적·체계적으로 관리하기 위하여 관리책임자를 두어야 한다. 이 경우 품질책임자가 관리책임자를 겸직할 수 있으며, 관리책임자는 종사자 등이 의료기기통합정보관리기준에 따라 업무를 수행하는지 점검·확인하여야 한다.

3 국외 의료기기 표준코드 관련 현황

국제적으로 의료기기의 생산, 유통, 사용까지 전주기 이력정보를 종합적으로 관리하여 의료기기 안전사용을 담보할 수 있는 방안에 대해 활발한 논의가 있어 왔다. 지난 2013년 국제의료기기규제당국자포럼(IMDRF, International Medical Device Regulatory Forum)에서는 의료기기 분야 UDI System 적용을 위한 국제 표준 가이던스[2]를 발표하였다. 또한, 최근에는 의료기기 UDI의 실제 적용을 위한 추가 가이던스[3]를 2019년 3월 발표하였다.

미국은 의료기관과 산업 및 일반인에게 의료기기의 라벨과 포장에 표기된 UDI를 활용하여 유통과 사용 전 과정에서 의료기기를 정확하게 식별하고, 의료인 및 환자 등이 의료기기에 관한 중요 정보에 쉽게 접근할 수 있도록 의료기기 이력 추적 및 의료정보의 표준화 등을 위한 UDI 제도 도입을 추진하였다.

이에, 자국 내 유통 및 판매되는 모든 의료기기에 대해 UDI를 표시·부착하여야 하는 규정을 마련(UDI Final Rule 제정, 2013. 9. 24.)하였고, 2014년 9월 24일 3등급 의료기기를 시작으로, 2016년 9월 24일 2등급 의료기기 등까지 확대 적용하였다. 1등급 의료기기 등의 경우에는 최초 2018년 9월 24일에서 2021년 9월 24일까지 시행일을 조정하여 전면 의무화 완료 계획이다.

유럽의 경우에도 UDI 도입을 포함하는 등 환자의 안전과 의료산업 규제 및 감독을 대폭 강화하는 내용을 담은 유럽 의료기기 규정(MDR, European Medical Device Regulation) 개정을 지난 2017년 5월 완료하였다. 이에, 2021년 5월 26일부터 3등급 의료기기 등에 대해 UDI 의무화가 요구되며, 2025년까지 1등급 의료기기까지 전면 의무화를 완료할 예정이다.

---

2) IMDRF UDI WG N47 - UDI Guidance : Unique Device Identification (UDI) of Medical Devices, 2013. 12.

3) IMDRF UDI WG N48 - Unique Device Identification system (UDI system) Application Guide, 2019. 3.
IMDRF UDI WG N53 - Use of UDI Data Elements across different IMDRF Jurisdictions, 2019. 3.
IMDRF UDI WG N54 - System requirements related to use of UDI in healthcare including selected use cases, 2019. 3.

이 외에도 일본, 중국, 터키, 사우디아라비아 등 많은 국가에서 UDI 제도를 도입하고 있으며, 주요 국가의 UDI 제도 현황은 〈표 10-5〉와 같다.

〈표 10-5〉 각 국가별 UDI 제도 동향

국가	적용현황
미국	〈제도 시행 중〉 • 목적 : 유통과 사용 전 과정에서 의료기기를 정확하게 식별하고, 의료기기 이력 추적 및 의료정보의 표준화를 위해 UDI 제도 도입 • 법령 제정 : '13. 9. 24 UDI Rule 제정 • 적용 방법 : UDI 코드 부여, 표시, 데이터베이스(GUDID)에 정보 등록 • 시행일 : 등급별 단계적 시행 - '14. 9. 24. 3등급 → '15. 9. 24. 2등급 이식형·생명보조 및 유지기기 → '16. 9. 24. 2등급 → '22. 9. 24.* 1등급까지 전면 의무화 예정 * 일부제품은 UDI 생성 관련 기술적 문제가 해결되지 않아 준수기한 연장 • UDI 발급기관 : GS1, HIBCC, ICCBBA
유럽	〈법 개정 완료〉 • 목적 : 모든 의료기기(맞춤형 기기를 제외한)의 고유 식별과 추적을 가능하게 함 • 규정 : MDR 공포('17. 5. 4.) • 시스템 : EUDAMED • UDI 발급기관 : GS1, HIBCC, ICCBBA • 시행일 : 이식형 기기, Class3('21. 5. 26.) → Class2a, b, 체외진단 ClassD('23. 5. 26.) → Class1, 체외진단 Class C, B('25. 5. 26.) → 체외진단 Class A('27. 5. 26.)
한국	〈법 개정 완료〉 • 목적 : 국제표준화된 고유식별코드(UDI)를 도입하여 생산, 유통 및 사용까지 전주기 안전관리 • 규정 : 의료기기법 개정 ('16. 12. 2.) • 시스템 : 의료기기통합정보시스템(http://udiportal.mfds.go.kr) • UDI 발급기관 : GS1, HIBCC, ICCBBA • 시행일 : 4등급('19. 7. 1.) → 3등급('20. 7. 1.) → 2등급('21. 7. 1.) → 1등급('22. 7. 1.)
일본	〈국가 주도형 UDI 제도 아님, 권장사항〉 • 목적 : 바코드 시스템을 활용하여 병원의 유통관리를 강화하며 운영의 효율성을 보장하고 의료기기의 추적성을 강화 • 규정 : 보건정책국 및 식의약품국 MHLW 공지('08. 3. 28.) • 시스템 : MEDIS-DC • UDI 발급기관 : GS1
중국	〈제도 추진 중〉 • 목적 : 2015. 7. 중요 제품에 대한 이력추적시스템 구축 가속화 관련 의견 제기됨에 따라 식품의약품 이력추적시스템 구축 촉진 • UDI 제도 도입의 기본 개념 - 추적관리시스템이 아닌 "의료기기 식별시스템" - 정부 주도 정책 수립 및 업계의 의무 이행 - 정책 수립 원칙 : 국제표준 및 요구사항과 관련하여, 국가요구사항(National comdition)에 기반한 호환 가능하고 포괄적인 사항을 수립 - UDI 및 UDI Database로 구축 - 준비, 시범사업, 1단계, 2단계 도입, 전면 도입 등 단계적 도입 검토

국가	적용현황
사우디아라비아	〈제도 추진 중〉 • 도입 목적 - 사우디아라비아 내 모든 의료기기 취급자의 완벽한 UDI 적용을 통한 전자적인 시스템 통합 관리 - 이를 통해 보다 1. 정확한 부작용 보고, 분석·평가, 2. 보건의료환경에서의 오류 감소, 3. 전자건강기록, 임상정보시스템, 보험관리체계 등 전자적인 문서관리 가능 등 여러 가지 활용이 가능 • 적용 방법 - IMDRF 가이드라인 및 국제표준을 준수하여 제도 도입 검토 중 - 사우디아라비아 UDI Database 구축으로, MDS 전자시스템 및 모든 추적관리(Track and Trace) 시스템 추진을 검토 • UDI 발급기관 : GS1, HIBCC, ICCBBA • 시행일(예정) : '19 시스템 구축 및 '20 등급별 제도 시행예정
터키	• 목적 : 자국에서 유통되는 제조·수입 의료기기를 추적하기 위한 인프라를 개발하여 환자의 안전과 공중보건에 기여 • 규정 : 유럽연합(EU)의 지침과 동일 • 시스템 : UTS(2007년 TITUBB 제품 코드 데이터베이스 → 2017년 UTS 제품추적시스템 출시) • 시행일 : Optics(Lens)('17. 11. 9.) → 능동이식형 의료기기('18. 1. 1.) → Class Ⅲ('18. 6. 1.) → Class Ⅱb('19. 1. 1.) → Class Ⅱa('19. 6. 1.) → Calss Ⅰ('22. 1. 1.)

* 출처 : 2017 Global GS1 Healthcare Conference

제 11 장

의료기기 공급내역 보고

1. 의료기기 공급내역 보고 제도 도입 배경
2. 의료기기 공급내역 보고 제도 관련 규정
3. 과태료 및 행정처분

11 의료기기 공급내역 보고

학습목표 —• 의료기기 공급내역 보고 제도를 도입한 배경을 알아보고, 공급내역 보고 절차, 보고 사항 등을 이해하고 학습한다.

NCS 연계 —• 해당 없음

핵심 용어 —• 의료기기 공급내역, 의료기기통합정보시스템, 통합정보센터, 통합정보 등록, 의료기기 표준코드, 고유식별코드, UDI

1 의료기기 공급내역 보고 제도 도입 배경

1.1 의료기기 공급내역 보고 제도

의료기기 제조업자 · 수입업자 · 판매업자 · 임대업자는 의료기관, 의료기기 판매업자 · 임대업자에게 의료기기를 공급한 경우 식품의약품안전처장이 보건복지부장관과 협의하여 총리령으로 정하는 바에 따라 식품의약품안전처장에게 그 공급내역을 보고하여야 한다.

「의료기기법」 제31조의2제1항에 따라 의료기기 공급내역을 보고하려는 자는 의료기기를 공갑한 달을 기준으로 그 다음 달 말일까지 「의료기기법」 제31조의3제1항에 따른 의료기기통합정보시스템(이하"의료기기통합정보시스템"이라 한다)을 통해 「의료기기법 시행규칙」 별지 제48호의2서식의 의료기기 공급내역 보고서를 식품의약품안전처에 제공한다.

시행일은 등급별로 다음과 같다.

① 4등급 의료기기 : 2020년 7월 1일

② 3등급 의료기기 : 2021년 7월 1일

③ 2등급 의료기기 : 2022년 7월 1일

④ 1등급 의료기기 : 2023년 7월 1일

1.2 의료기기 공급내역 보고

가. 개요

의료기기 공급내역 보고란 의료기기 제조·수입·판매·임대업자가 의료기관 또는 의료기기 판매·임대업자에게 의료기기를 공급한 경우 그 공급내역을 보고하는 것이다. 의료기기 공급내역을 보고해야 하는 대상은 「의료기기법」 제31조의2제1항 및 같은 법 「시행규칙」 제54조의2에 따른 의료기기 제조·수입·판매·임대업자이다.

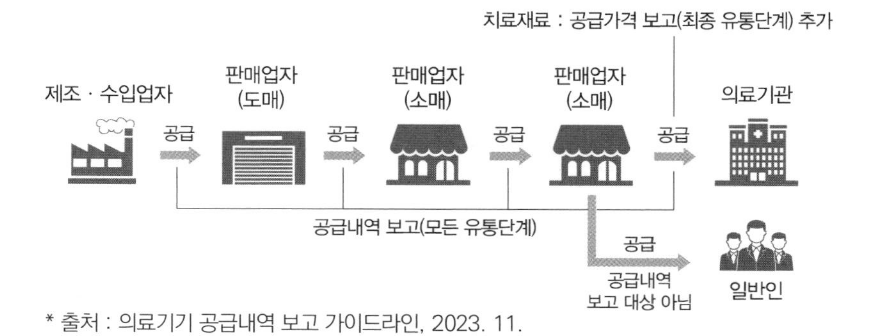

* 출처 : 의료기기 공급내역 보고 가이드라인, 2023. 11.

나. 의료기기 공급내역 보고 절차 및 시기

의료기기 제조·수입·판매·임대업자가 의료기관 및 판매·임대업자에게 의료기기를 공급한 경우 의료기기를 공급한 달을 기준으로 다음 달 말일까지 의료기기통합정보시스템에 보고하여야 한다.

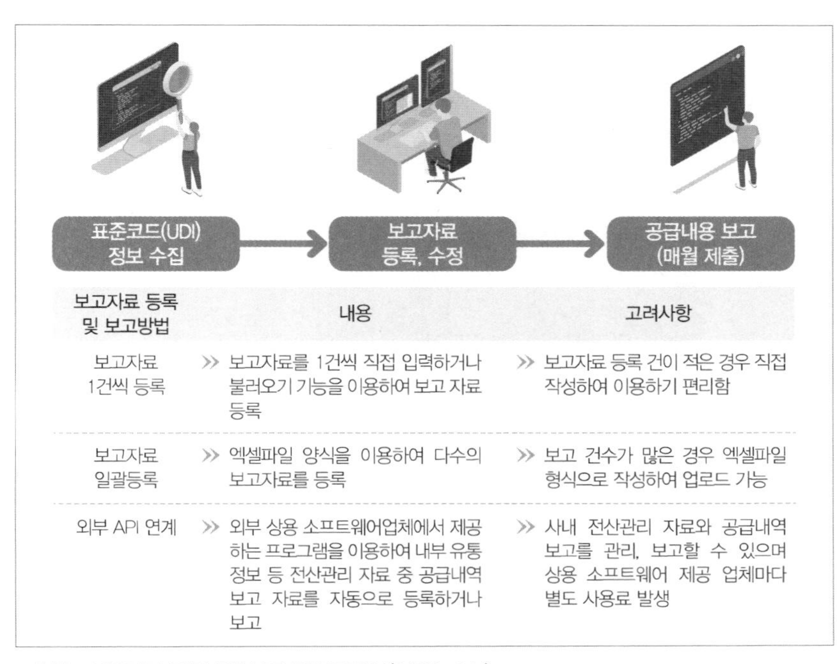

보고자료 등록 및 보고방법	내용	고려사항
보고자료 1건씩 등록	» 보고자료를 1건씩 직접 입력하거나 불러오기 기능을 이용하여 보고 자료 등록	» 보고자료 등록 건이 적은 경우 직접 작성하여 이용하기 편리함
보고자료 일괄등록	» 엑셀파일 양식을 이용하여 다수의 보고자료를 등록	» 보고 건수가 많은 경우 엑셀파일 형식으로 작성하여 업로드 가능
외부 API 연계	» 외부 상용 소프트웨어업체에서 제공하는 프로그램을 이용하여 내부 유통 정보 등 전산관리 자료 중 공급내역 보고 자료를 자동으로 등록하거나 보고	» 사내 전산관리 자료와 공급내역 보고를 관리, 보고할 수 있으며 상용 소프트웨어 제공 업체마다 별도 사용료 발생

* 출처 : 의료기기 공급내역 보고 가이드라인(2023. 11.)

다. (예시) 의료기기 제조업체가 M월의 공급내역을 보고하는 경우

M월의 첫 번째 날부터 마지막 날까지 의료기관 및 판매(임대)업체에 의료기기를 공급(판매)한 내역을 M+1월의 마지막 날까지 통합정보시스템에 보고한다. 공급내역 보고 기간은 M월 첫 번째 날부터 M+1월의 마지막 날까지이며, 기간 내 보고 자료 수정 및 재보고가 가능하다. 보고 기간의 마지막 날이 토요일 또는 공휴일에 해당하는 경우 기간을 그 익일로 만료한다.

기준월	M	M+1	M+2	M+3	…
유통	M월 의료기기 유통	M+1월 의료기기 유통	M+2월 의료기기 유통	M+3월 의료기기 유통	…
공급 내역 보고	M월 공급내역 보고 제출 기간	M월 공급내역 보고 제출 기간			
		M+1월 공급내역 보고 제출 기간	M+1월 공급내역 보고 제출 기간		
			M+2월 공급내역 보고 제출 기간	M+2월 공급내역 보고 제출 기간	
				M+3월 공급내역 보고 제출 기간	M+3월 공급내역 보고 제출 기간

* 출처 : 의료기기 공급내역 보고 가이드라인, 2023. 11.

2 의료기기 공급내역 보고 제도 관련 규정

2.1 의료기기 공급내역 보고서

■ 의료기기법 시행규칙 [별지 제48호의2서식] <개정 2022. 7. 20.> [시행일] 다음 각 호의 구분에 따른 날
1. 2등급 · 3등급 · 4등급 의료기기: 2022년 7월 21일
2. 1등급 의료기기: 2023년 7월 1일

의료기기 공급내역 보고서

(앞쪽)

접수번호	접수일시

① 연번	② 공급자 영업 형태	③ 공급 구분	④ 공급 형태	공급받은 자			⑧ 제조(수입) 허가·인증·신고번호	⑨ 분류번호	⑩ 품목명	⑪ 모델명	⑫ 표준코드 (UDI-DI)	⑬ 제조번호		⑭ 제조년월 또는 사용기한		⑮ 포장 단위	⑯ 포장 단위 내 수량	⑰ 공급 수량	⑱ 공급 일자	⑲ 공급 금액 (부가 가치세 포함)	⑳ 공급 단가 (부가 가치세 포함)	㉑ 중고 의료 기기	비고
				⑤ 상호 또는 명칭	⑥ 사업자 등록번호	⑦ 요양기관 기호						제조 단위 번호	일련 (Serial) 번호	제조 년월	사용 기한								

「의료기기법」 제31조의2제1항 및 같은법 시행규칙 제54조의2에 따라 위와 같이 의료기기 공급내역을 보고합니다.

년 월 일

(1) 상호:
(2) 허가(신고) 번호:
(3) 사업자등록번호:
(4) 대표자 성명: (서명 또는 인)

297mm×210mm[백상지(80g/㎡) 또는 중질지(80g/㎡)]

2.2 의료기기 공급내역 보고 항목

의료기기 공급내역을 보고하려는 자는 「의료기기법 시행규칙」 제54조의2(의료기기 공급내역 보고) 별지 제48호의2 서식의 의료기기 공급내역 보고서 내 ②~④ 공급하는 자 정보 및 공급방법, ⑤~⑦ 공급받은 자 정보, ⑧~⑮ 표준코드 및 제품정보, ⑯~㉑ 수량, 일자, 단가 등 정보로 구분하여 보고한다.

다음 내용은 「의료기기법 시행규칙」 [별지 제48호의2 서식] 의료기기 공급내역 보고서 서식과 작성 방법이다.

의료기기 공급내역 보고서

① 연번	② 공급자 영업 형태	③ 공급 구분	④ 공급 형태	공급받은 자			⑧ 제조(수입) 허가·인증·신고번호	⑨ 분류 번호	⑩ 품목명	⑪ 모델명	⑫ 표준코드(UDI-DI)
				⑤ 상호 또는 명칭	⑥ 사업자 등록 번호	⑦ 요양 기관 기호					

⑬ 제조번호		⑭ 제조연월 또는 사용기한		⑮ 포장 단위	⑯ 포장 단위 내 수량	⑰ 공급 수량	⑱ 공급 일자	⑲ 공급 금액(부가가치세 포함)	⑳ 공급 단가(부가가치세 포함)	㉑ 중고 의료기기	비고
제조단위 번호	일련(Serial) 번호	제조 연월	사용 기한								

* 출처 : 의료기기 공급내역 보고 가이드라인(2023. 11.)

② "공급자 영업형태"는 의료기기 제조업자 · 수입업자 · 판매업자 · 임대업자에 따라 다음의 해당 번호를 적는다.

1 : 제조업자, 2 : 수입업자, 3 : 판매업자, 4 : 임대업자

③ "공급구분"은 의료기기를 공급한 경우(출고), 공급한 의료기기를 반품 받은 경우(반품), 의료기기를 폐기한 경우(폐기), 의료기기를 임대한 경우(임대), 임대한 의료기기를 회수한 경우(회수)에 따라 다음의 해당 번호를 적는다.

1 : 출고, 2 : 반품, 3 : 폐기, 4 : 임대, 5 : 회수

④ "공급형태"는 의료기기를 공급한 형태에 따라 다음의 해당 번호를 적는다.

1 : 의료기기 제조업자 · 수입업자 · 판매업자 · 임대업자에게 공급한 경우

2 : 의료기관에 공급한 경우

3 : 약국개설자 또는 의약품 도매상에게 공급한 경우

4 : 견본품, 기부용 또는 군납용 등으로 공급한 경우

⑦ "요양기관기호"는 의료기관인 경우에만 적는다.

⑫ "표준코드"는 「의료기기법」 제20조제8호에 따른 의료기기 표준코드(UDI)를 적는다.

⑬ "제조번호"는 제조단위번호 또는 제조일련번호를 적되, 두 개 모두 있는 경우는 모두 적는다.

⑮ "포장단위"는 의료기기가 공급된 포장단위를 적되, 포장단위가 여러 개인 경우에는 의료기기가 개별 유통될 수 있는 최소 포장단위를 적는다.

⑯ "포장단위 내 수량"은 의료기기 포장단위별 제품 총수량(포장 내에 들어간 낱개 단위 총수량을 말한다)을 적는다.

⑰ "공급수량"은 포장단위를 기준으로 공급한 수량을 적는다.

⑲ "공급금액"과 ⑳ "공급단가"는 요양급여 대상 치료재료(「국민건강보험 요양급여의 기준에 관한 규칙」 제8조제2항 본문에 따라 고시된 치료재료를 말한다.)에 해당하는 의료기기를 의료기관에 공급한 경우에 한하여 적되, 의료기기 판매 시 발행하는 거래명세서 단위별로 부가가치세를 포함한 금액을 적는다.

㉑ "중고의료기기"는 중고의료기기에 해당하는 경우에 'Y' 표시를 한다.

* 중고의료기기 : 의료기기 제조(수입) 허가증 · 인증서 · 신고서의 비고란에 중고의료기기로 표시된 의료기기와 의료기관으로부터 구입하여 유통한 의료기기가 해당된다.

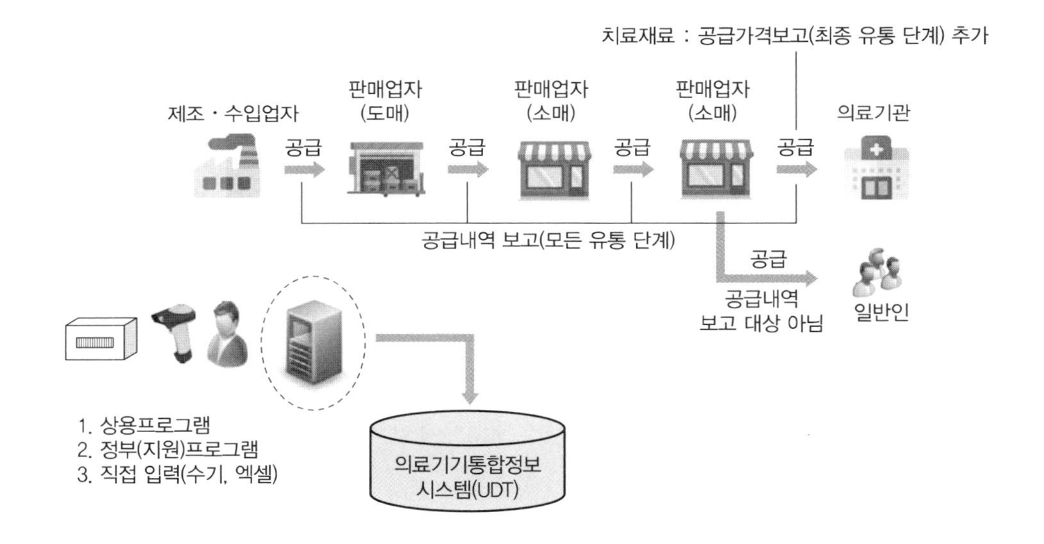

3 과태료 및 행정처분

3.1 과태료

「의료기기법」 제56조(과태료)제1항제2호의2에 따라 「의료기기법」 제31조의2제1항을 위반하여 의료기기 공급내역을 보고하지 아니하거나 거짓으로 보고한 경우 100만 원 이하의 과태료를 부과한다.

※ 과태료에 대한 세부 내용은 제9장(벌칙, 과징금, 과태료, 행정처분) 참조

실제 부과하는 과태료 금액은 「의료기기법 시행령」 [별표 2] 과태료의 부과기준에 다음과 같이 규정되어 있다.

〈표 11-1〉 공급내역 보고 관련 과태료 부과 기준

위반행위	근거 법조문	과태료 금액(단위 : 만 원)		
		1차 위반	2차 위반	3차 이상 위반
라. 법 제31조의2제1항을 위반하여 의료기기 공급내역을 보고하지 않거나 거짓으로 보고한 경우	법 제56조 제1항제2호의2	50	80	100

3.2 행정처분

「의료기기법」 제36조(허가 등의 취소와 업무의 정지 등) 제1항제17호의2에 따라 「의료기기법」 제31조의2제1항을 위반하여 의료기기 공급내역을 보고하지 아니하거나 거짓으로 보고한 경우에 대해 업무정지를 명할 수 있다. 「의료기기법 시행규칙」 [별표 8] 행정처분 기준에는 다음과 같이 공급내역 미보고 등에 대한 행정처분 기준을 규정하고 있다.

〈표 11-2〉 공급내역 보고 관련 행정처분 기준

위반행위	근거 법조문	행정처분의 기준			
		1차 위반	2차 위반	3차 위반	4차 이상 위반
29의2. 법 제31조의2제1항을 위반하여 의료기기 공급내역을 보고하지 않거나 거짓으로 보고한 경우	법 제36조 제1항 제17호의2				
가. 공급내역 보고를 하지 않은 경우					
1) 제조업자 또는 수입업자		경고	해당 품목 판매업무 정지 15일	해당 품목 판매업무 정지 1개월	해당 품목 판매업무 정지 3개월
2) 판매업자 또는 임대업자		경고	판매·임대 업무정지 7일	판매·임대 업무정지 15일	판매·임대 업무정지 1개월
나. 의료기기 공급내역을 거짓으로 보고한 경우					

위반행위	근거 법조문	행정처분의 기준			
		1차 위반	2차 위반	3차 위반	4차 이상 위반
1) 제조업자 또는 수입업자		해당 품목 판매업무 정지 1개월	해당 품목 판매업무 정지 3개월	해당 품목 판매업무 정지 6개월	해당 품목 제조 및 수입 허가·인증 취소 또는 제조·수입 금지
2) 판매업자 또는 임대업자		판매·임대 업무정지 15일	판매·임대 업무정지 1개월	판매·임대 업무정지 3개월	판매·임대 업무정지 6개월
29의3. 법 제31조의3제2항을 위반하여 의료기기통합정보시스템에 정보를 등록하지 않거나 법 제31조의3 제3항을 위반하여 의료기기통합정보관리기준을 준수하지 않은 경우	법 제36조 제1항 제17호의3				
1) 제조업자 또는 수입업자		해당 품목 판매업무 정지 1개월	해당 품목 판매업무 정지 3개월	해당 품목 판매업무 정지 6개월	해당 품목 제조 및 수입 허가·인증 취소 또는 제조·수입 금지
2) 판매업자 또는 임대업자		판매·임대 업무정지 15일	판매·임대 업무정지 1개월	판매·임대 업무정지 3개월	판매·임대 업무정지 6개월

National Institute of Medical Device Safety Information
NIDS
한국의료기기안전정보원

제 12 장

의료기기 갱신

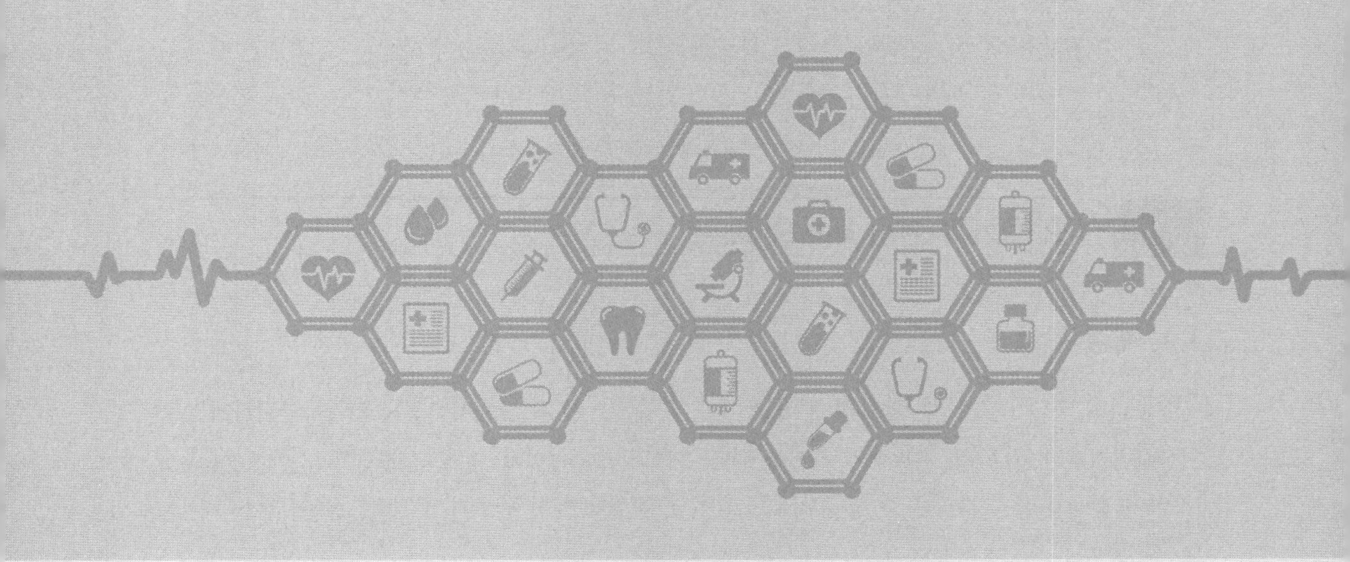

1. 의료기기 갱신 제도의 배경
2. 의료기기 갱신의 이해
3. 의료기기 갱신 방법 및 절차

12 의료기기 갱신

학습목표 —• 의료기기 갱신의 개념 및 관련 규정을 이해하고, 의료기기 갱신 방법 및 절차를 학습한다. 의료기기 갱신 관련 규정 위반 시 행정처분 사항에 대해 알아본다.

NCS 연계 —• 해당 없음

핵심 용어 —• 의료기기 갱신, 시판 후 조사

1 의료기기 갱신 제도의 배경

1.1 배경

우리나라 국내 의료기기 허가/인증/신고(이하 '허가등') 건수는 1998년 식품의약품안전처에서 관리를 시작하면서부터 2020년 10월 8일 갱신을 위한 유효기간이 설정되기 전까지 94,337건에 달하고 있는데(식약처 통계자료 참고), 이 중 상당수는 안전성 및 품질에 대한 검토가 정기적으로 이루어지지 않고 있는 실정이다.

의료기기의 허가/인증/신고 시 제한된 자료만으로는 다양한 변화가 동반되는 의료기기의 안전성 · 유효성에 관한 모든 정보를 얻을 수 없다. 허가 등을 획득하여 시판되고 있는 개별 의료기기의 사후관리제도는 크게 재심사 제도, 시판 후 조사 제도, 허가 등 유효기간 설정 및 이에 대한 갱신제도 등이 있다. 대부분의 주요 국가는 신의료기기 등 재심사제도, 폼목 허가 등의 유효기간 및 갱신(연장) 제도, 품목 목록이나 부작용 등에 대한 정기적인 보고 제도 등을 운영하고 있으며, 우리나라도 재심사 제도, 시판 후 조사 제도 및 부작용 보고 제도와 함께 관련 법령을 개정하여 갱신제도를 2020년 10월 8일부터 신규 허가/인증/신고서에 유효기간을 정하여 시행하였다.

의료기기 갱신 제도는 「의료기기법」 제49조, 「의료기기법 시행규칙」 제62조, 제62조의2 및 「의료기기 제조허가등 갱신에 관한 규정」(식품의약품안전처고시 제2023-68호, 2023. 10. 26., 일부개정)에서 규정하고 있다.

1.2 용어의 정의

갱신제도 관련 용어의 정의는 「의료기기 허가 · 신고 · 심사 등에 관한 규정」(이하 "허가규정"이라 한다), 「체외진단의료기기 허가 · 신고 · 심사 등에 관한 규정」(이하 "체진허가규정"이라 한다) 및 「의료기기 부작용 등 안전성 정보 관리에 관한 규정」(이하 "부작용규정"이라 한다)을 따른다.

"제조허가등"이란 「의료기기법」(이하 "법"이라 한다)에 따른 의료기기 제조허가 · 제조인증 · 제조신고 및 수입허가 · 수입인증 · 수입신고와 「체외진단의료기기법」(이하 "체진법"이라 한다)에 따른 체외진단의료기기 제조허가 · 제조인증 · 제조신고 및 수입허가 · 수입인증 · 수입신고를 말한다.

"유효기간"이란 허가 · 인증의 경우에는 기존 허가증 · 인증서에 기재된 유효기간이 끝나는 날의 다음 날부터 5년을 더한 날짜까지의 기간을 말한다. 신고의 경우에는 한국의료기기안전정보원 전자민원시스템에 등록된 유효기간이 끝나는 날의 다음 날부터 5년을 더한 날짜까지의 기간을 말한다.

2 의료기기 갱신의 이해

2.1 의료기기 갱신 관련 규정

의료기기 갱신 제도는 2020년 4월 7일 「의료기기법」 제49조(제조허가등의 갱신) 전문을 개정으로 도입되었으며, 2020년 10월 8일부터 시행되었다. 부칙에 특례규정을 두어 기존 허가 · 인증 · 신고된 제품의 유효기간에 대해 별도로 설정할 수 있는 근거를 마련하였다. 체외진단의료기기의 경우는 「체외진단의료기기법」 제4조에 따라 「의료기기법」을 따른다.

[의료기기법 제49조]

제49조(제조허가등의 갱신) ① 제6조제2항에 따른 제조허가·제조인증·제조신고 및 제15조제2항에 따른 수입허가·수입인증·수입신고(이하 "제조허가등"이라 한다)의 유효기간은 허가·인증을 받거나 신고가 수리된 날부터 5년으로 한다. 다만, 수출만을 목적으로 생산하는 수출용 의료기기 등 총리령으로 정하는 의료기기의 경우에는 유효기간을 적용하지 아니한다.

② 제1항에도 불구하고 제8조에 따른 시판 후 조사 대상 의료기기에 대한 유효기간은 제8조의2에 따른 검토가 끝난 날부터 5년으로 한다. 〈개정 2021. 8. 17.〉

③ 제조업자 및 수입업자는 제1항 및 제2항에 따른 유효기간이 끝난 후에 계속하여 해당 의료기기를 제조 또는 수입하려면 그 유효기간이 끝나기 전에 식품의약품안전처장에게 제조허가등을 갱신받아야 한다.

④ 식품의약품안전처장은 제3항에 따라 갱신을 받으려는 의료기기에 대하여 안전성·유효성 유지를 위하여 필요하다고 인정하는 경우에는 당초 제조허가등의 내용에 대한 변경을 조건으로 해당 제조허가등을 갱신할 수 있다. 〈신설 2021. 8. 17.〉

⑤ 식품의약품안전처장은 의료기기의 안전성 또는 유효성에 중대한 문제가 있다고 인정하는 경우 또는 제조업자·수입업자가 제3항에 따른 갱신에 필요한 자료를 제출하지 아니하는 경우 등에는 해당 의료기기에 대한 제조허가등을 갱신하지 아니할 수 있다. 〈개정 2021. 8. 17.〉

⑥ 제조업자 및 수입업자는 제1항에 따른 유효기간 동안 제조 또는 수입되지 아니한 의료기기에 대해서는 제3항에 따라 제조허가등을 갱신받을 수 없다. 다만, 총리령으로 정하는 부득이한 사유로 제조 또는 수입되지 못한 의료기기의 경우에는 그러하지 아니하다. 〈개정 2021. 8. 17.〉

⑦ 제1항 및 제2항에 따른 유효기간의 산정방법과 제3항부터 제5항까지에 따른 제조허가등 갱신의 기준, 방법 및 절차 등에 관하여 필요한 사항은 총리령으로 정한다. 〈개정 2021. 8. 17.〉

[전문개정 2020. 4. 7.]

또한, 2020년 12월 4일자로 「의료기기법 시행규칙」 제62조(유효기간 적용 제외 의료기기)를 개정하고 제62조의2(제조허가등의 갱신)를 신설하면서, 갱신의 기준, 제출 서류와 절차 등을 규정하였다.

[의료기기법 시행규칙]

제62조(유효기간 적용 제외 의료기기) 법 제49조제1항 단서에 따라 다음 각 호의 어느 하나에 해당하는 의료기기에 대해서는 같은 조 제1항 본문에 따른 제조허가등(이하 "제조허가등"이라 한다)의 유효기간을 적용하지 않는다.

1. 수출만을 목적으로 하여 생산되거나 수입되는 수출용 의료기기
2. 법 제7조에 따라 조건부 제조허가 또는 제조인증을 받거나 조건부 제조신고를 한 의료기기(법 제15조제6항에서 준용하는 경우를 포함한다)

[전문개정 2020. 12. 4.]

제62조의2(제조허가등의 갱신) ① 법 제49조제3항에 따른 제조허가등의 갱신 기준은 다음 각 호와 같다.

1. 해당 의료기기의 안전성·유효성에 중대한 문제가 없을 것
2. 제조허가등의 갱신에 필요한 자료를 성실히 제출할 것
3. 해당 의료기기에 대한 생산 또는 수입실적이 있을 것
4. 의료기기 관계 법령을 성실히 준수했을 것
5. 그 밖에 제1호부터 제4호까지의 규정에 따른 기준과 유사한 것으로서 식품의약품안전처장이 정하여 고시하는 기준에 부합할 것

② 법 제49조제3항에 따라 제조허가등의 갱신을 받으려는 자는 제조허가등의 유효기간이 끝나는 날의 180일 전까지 별지 제51호서식의 제조(수입)허가 갱신 신청서, 별지 제51호의2서식의 제조(수입)인증 갱신 신청서 또는 별지 제51호의3서식의 제조(수입)신고 갱신 신고서(전자문서로 된 신청서·신고서를 포함한다)에 다음 각 호의 자료(전자문서를 포함한다)를 첨부하여 식품의약품안전처장[제조(수입)허가 갱신만 해당한다. 이하 이 조에서 같다]또는 정보원[제조(수입)인증·신고 갱신만 해당한다. 이하 이 조에서 같다]에 제출해야 한다.

1. 해당 의료기기의 제조(수입) 허가증 또는 인증서 원본
2. 이전 유효기간 동안 해당 의료기기의 안전성·유효성이 유지되고 있음을 증명하는 자료
3. 이전 유효기간 동안 해당 의료기기의 생산 또는 수입 실적에 관한 자료
4. 그 밖에 제1호부터 제3호까지의 규정에 따른 자료와 유사한 것으로서 제조허가등의 갱신을 위해 식품의약품안전처장이 필요하다고 인정하여 정하는 자료

③ 식품의약품안전처장 또는 정보원은 법 제49조제3항에 따라 제조허가등의 갱신에 필요하다고 인정하는 경우에는 제조업자 또는 수입업자에 대해 실태조사를 실시하거나 관계 기관·단체·전문가 등에게 자료나 의견의 제출 등을 요청할 수 있다.

④ 식품의약품안전처장 또는 정보원은 법 제49조제3항에 따라 제조허가등을 갱신해 주었을 때에는 별지 제4호서식의 제조(수입) 허가증 또는 별지 제6호서식의 제조(수입) 인증서를 새로 발급해 주어야 하며, 제조(수입)신고의 경우에는 서면으로 그 갱신 사실을 알려 주어야 한다. 이 경우 갱신받은 제조허가등의 유효기간은 종전 유효기간이 끝나는 날의 다음 날부터 시작한다.

⑤ 식품의약품안전처장 또는 정보원은 법 제49조제3항에 따른 제조허가등의 갱신에 필요하다고 인정하는 경우에는 제조업자 또는 수입업자에게 그 유효기간 만료 시까지 제조허가등을 갱신하지 않으면 갱신을 받을 수 없다는 사실과 그 갱신 절차에 관한 사항을 미리 알릴 수 있다.

⑥ 법 제49조제6항 단서에서 "총리령으로 정하는 부득이한 사유"란 다음 각 호의 어느 하나에 해당하는 사유를 말한다. 〈개정 2022. 1. 21.〉

1. 의료기기의 제조를 위한 원자재 공급이 이루어지지 않아 정상적인 제조 작업이 진행될 수 없었다고 인정되는 경우

2. 수출국가에서 의료기기 수출을 중단하거나 수출국가의 정치·경제적 상황으로 인해 정상적인 수입절차를 진행할 수 없었다고 인정되는 경우
3. 소수의 환자 등에 대해 적용되는 희소의료기기로서 해당 의료기기에 대한 수요가 없었다고 인정되는 경우
4. 그 밖에 제1호부터 제3호까지의 규정에 따른 사유와 유사한 것으로서 식품의약품안전처장이 정하여 고시하는 사유

⑦ 제1항부터 제6항까지에서 규정한 사항 외에 제조허가등의 갱신 절차 및 방법 등에 관하여 필요한 세부 사항은 식품의약품안전처장이 정하여 고시한다.

[본조신설 2020. 12. 4.]

2.2 의료기기 갱신의 개요

① 목적 : 한번 허가(인증·신고)된 후 안전성·유효성을 주기적으로 재검토하고 제조(수입)하지 않는 제품을 정리함으로써 효율적인 관리가 이루어지도록 하기 위해 5년마다 갱신

② 대상 : 허가·인증을 받거나 신고한 전(全) 등급 의료기기

※ 제외 : 수출만을 목적으로 제조·수입하는 수출용의료기기, 조건부의료기기

③ 허가등의 유효기간

1) 2020. 10. 8. 이후 허가(인증·신고)는 허가일부터 5년을 부여

2) 2020. 10. 8. 이전 허가(인증·신고)는 「의료기기 제조허가등 갱신에 관한 규정」(2022. 1. 13. 개정) [별표]에서 별도 부여

④ 방법 : 유효기간이 끝난 후에도 계속해서 제조·수입하려면 유효기간 만료 180일 전까지 신청하고 제출 자료 검토 후 허가(인증·신고)의 유효기간을 새롭게 부여한 허가증(인증서) 발급으로 갱신

⑤ 결과 : 유효기간 동안 최신 규격에 따른 안전성·유효성 자료, 유효기간 동안의 안전성 정보 및 조치 자료 등을 검토하여 허가된 제품의 시판 지속 적정성 여부를 판단, 적합하지 않은 경우 허가 효력 상실

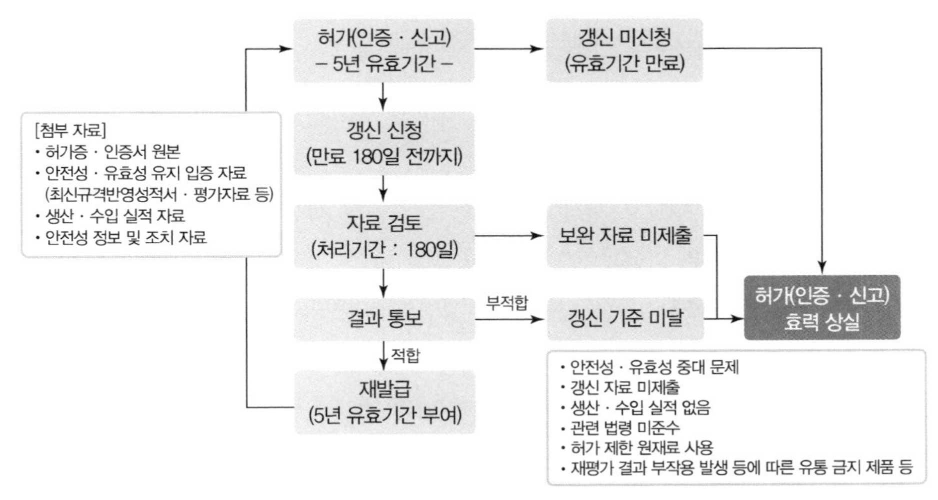

* 출처 : 식품의약품안전처, 의료기기 제조허가등 갱신에 관한 규정해설서(민원인 안내서) 2023. 12.

▌그림 12-1 ▌ 허가등 갱신 절차도

3 의료기기 갱신 방법 및 절차

3.1 의료기기 갱신 신청

「의료기기법」 제49조제6항에 따라 제조업자 및 수입업자는 제1항에 따른 유효기간 동안 제조 또는 수입되지 아니한 의료기기에 대해서는 제3항에 따라 제조허가등을 갱신받을 수 없다. 다만, 총리령으로 정하는 부득이한 사유로 제조 또는 수입되지 못한 의료기기의 경우에는 그러하지 아니하며, 「의료기기 시행규칙」 제62조의2제6항제4호에서 식약처장이 정하여 고시하는 사유란 다음에 해당된다.

① 갱신 대상 의료기기를 수리 또는 유지보수하기 위해 필요한 부분품 또는 원자재를 제조·수입할 필요가 있다고 인정되는 경우

② 생산·수입실적이 있는 특정 의료기기의 사용을 위해 특정 의료기기와 함께 사용하도록 제조허가등을 받은 갱신 대상 의료기기의 유효기간을 연장할 필요가 있다고 인정되는 경우

③ 「시행규칙」 제27조제1항제15호에 따라 의료기관으로부터 자기 회사가 제조한 의료기기를 구입한 경우로서 「시행규칙」 [별표 2] 제2호의 의료기기 제조 및 품질관리체계의 기준에 적합한지 검사한 실적이 있거나 「시행규칙」 제33조제1항제19호에 따라 의료기관으로부터 자기 회사가 수입한 의료기기를 구입한 경우로서 「시행규칙」 제33조제1항제7호다목의 시험규격에 적합한지 검사한 실적이 있는 경우

④ 「시행규칙」 제27조제1항제16호와 제33조제1항제20호에 따라 의료기기 매매업자 또는 임대업자로부터 「시행규칙」 제39조제1호가목에 따라 검사를 의뢰받은 의료기기로서 「시행규칙」 [별표 2 제2호]의 의료기기 제조 및 품질관리체계의 기준에 적합한지 검사한 실적이 있는 경우

⑤ 「의료법」 제53조에 따라 갱신 대상 의료기기에 대한 신의료기술 평가가 진행 중이거나 신의료기술 평가 결과 연구단계 의료기술로 통보를 받은 경우

3.2 의료기기 신고서·신청서 작성 요령

「의료기기 시행규칙」 [별지 제51호 서식], 제51호의2 서식의 갱신 신청서 및 51호의3 서식의 갱신 신고서를 작성하는 상세 요령은 다음과 같다.

품목별 또는 품목류별로 제조허가등을 받은 자의 성명·생년월일·주소와 제조(수입)업체의 명칭(상호)·업허가번호·소재지를 기재한다.

구분 및 의료기기 정보는 기존의 허가증·인증서에 따라 기재하거나 신고사항과 동일하게 기재한다. 다만, 품목명과 분류번호(등급)가 「의료기기품목 및 품목별 등급에 관한 규정」 또는 「체외진단의료기기 품목 및 품목별 등급에 관한 규정」 개정에 따라 변경된 경우에는 해당 규정에 따라 변경된 사항을 기재하여야 한다.

다만, 품목명과 분류번호(등급)가 「의료기기 품목 및 품목별 등급에 관한 규정」 또는 「체외진단의료기기 품목 및 품목별 등급에 관한 규정」 개정으로 변경된 경우에는 각 규정의 변경에 관한 경과조치에서 변경된 것으로 간주하므로 변경된 사항을 기재해야 한다.

〈표 12-1〉 예시

인증받을 때	2등급 인증
↓	품목 규정 개정 → 1등급 신고
갱신 시	'1등급 신고'를 정보원장에게 갱신 신청

유효기간은 이전 유효기간이 기재된 허가증·인증서에 따라 기재하거나 한국의료기기안전정보원 전자민원시스템에 등록된 유효기간을 기재한다. 다만 법(법률 제17248호, 2020. 4. 7.) 부칙 제2조에 따라 별도로 유효기간을 부여받아 최초로 제조허가등의 갱신을 신청하는 경우에는 2020년 10월 8일부터 해당 유효기간까지로 기재한다.

〈표 12-2〉 예시

허가·인증·신고일	2020. 10. 8. (유효기간 : 2020. 10. 8.~2025. 10. 7.)
↓	
갱신 신청서	유효기간 : 2020. 10. 8.~2025. 10. 7.

3.3 첨부 자료의 종류·범위 및 작성 요령

「의료기기 시행규칙」 제62조의2제2항 각 호에 따라 제조허가등의 갱신 신청(신고) 시 제출해야 하는 첨부 자료의 종류·범위 및 작성요령은 아래와 같다.

① 해당 의료기기의 제조(수입) 허가증 또는 인증서 원본

② 이전 유효기간 동안 해당 의료기기의 안전성·유효성이 유지되고 있음을 증명하는 다음 각 목의 자료

㉮ 최신 규격의 반영 여부를 검토한 자료

㉯ 제품의 성능 및 안전성을 확인할 수 있는 자료로 체외진단의료기기를 제외한 의료기기는 허가규정 제26조제1항제4호에 해당하는 자료, 체외진단시약은 체진허가규정 제25조제1항제6호 및 제7호가목·다목·라목에 해당하는 자료, 체외진단장비는 체진허가규정 제25조제2항제4호가목부터 라목까지 해당하는 자료. 다만, 제조신고·수입신고된 의료기기는 「의료기기 기준규격」(식품의약품안전처 고시)에 적합함을 입증하는 자료를 말한다.

〈표 12-3〉 체외진단의료기기를 제외한 의료기기 제출 대상 자료

구분	체외진단의료기기를 제외한 의료기기 제출 대상 자료
1	전기·기계적 안전에 관한 자료
2	방사선에 관한 안전성 자료
3	전자파 안전에 관한 자료
4	생물학적 안전에 관한 자료
5	성능에 관한 자료
6	물리화학적 특성에 관한 자료
7	안정성에 관한 자료

〈표 12-4〉 체외진단시약 제출 대상 자료

구분	체외진단시약 제출 대상 자료
1	저장 방법과 사용기간 또는 유효기간에 관한 자료
2	분석적 성능시험에 관한 자료
3	품질관리시험에 관한 자료
4	표준물질 및 검체 보관 등에 관한 자료

〈표 12-5〉 체외진단장비 제출 대상 자료

구분	체외진단장비 제출 대상 자료
1	전기·기계적 안전에 관한 자료
2	방사선에 관한 안전성 자료
3	전자파 안전에 관한 자료
4	성능에 관한 자료

〈표 12-6〉 제조신고·수입신고 의료기기 제출 대상 자료

<table>
<tr><th colspan="7">「의료기기 기준규격(식약처 고시)」에 적합함을 입증하는 자료</th></tr>
<tr><th colspan="4">규격이 있는 자료의 경우</th><th colspan="3">규격이 없는 자료의 경우</th></tr>
<tr><td rowspan="3">허가·인증·신고 시</td><td colspan="3">허가·인증·신고 시</td><td rowspan="3">허가·인증·신고 시</td><td colspan="2">허가·인증·신고 시</td></tr>
<tr><td rowspan="2">규격 없음</td><td colspan="2">규격 있음</td><td rowspan="2">자료변경 없음</td><td rowspan="2">자료(성능 등) 변경 있음</td></tr>
<tr><td>개정·신설 없음</td><td>개정·신설 있음</td></tr>
<tr><td>갱신 신청 시 규격이 있는 자료</td><td>제출 (최신 규격 반영)</td><td>미제출</td><td>제출</td><td>갱신 신청 시 규격이 없는 자료</td><td>미제출</td><td>제출 (변경된 자사 규격·기준 등 반영)</td></tr>
</table>

③ 이전 유효기간 동안 해당 의료기기의 생산 또는 수입 실적에 관한 자료

※ 갱신 신청에 필요한 최소 생산 또는 수입실적은 정한 바 없음

④ 「의료기기 시행규칙」 제62조의2제2항제4호에 따라 그 밖에 식약처장이 필요하다고 인정하는 자료로 다음 각 목에 해당하는 자료

㉮ 이전 유효기간 동안 수집된 안전성 정보 및 조치에 관한 자료

- 「의료기기 시행규칙」 제27조제1항제14호 및 제33조제1항제18호에 따른 시판 후 안전성·유효성과 관련된 정보 및 조치에 관한 자료
- 상기에 따른 정보 및 조치에 관한 자료가 없는 경우에는 「의료기기 시행규칙」 제27조제1항제4호 및 제33조제1항제3호에 따른 고객 불만처리 기록(이상사례 결과가 있는 경우에 한한다) 및 조치에 관한 자료와 「시행규칙」 [별표 2 제2호나목11호]에 따른 시정 및 예방조치에 해당하는 자료(절차서·기준서 등 관련 문서)

참고 이상사례 결과

환자에게 ① 사망, ② 생명의 위협, ③ 입원 또는 입원기간의 연장, ④ 회복이 불가능하거나 심각한 불구 또는 기능 저하, ⑤ 선천적 기형 또는 이상 초래, ⑥ 기타 임상적으로 중요한 이상사례. ⑦ 의학적 중재를 통해 중대한 이상사례를 방지한 경우, ⑧ 경미한 결과(㉾ 즉각적인 해가 발생하지 않았으나 관찰이 필요한 경우, 사건이 발생하였지만 환자에게 해가 없는 경우, 사건이 일어날 뻔했으나 환자에게 적용되기 전에 발견되어 사건이 일어나지 않은 경우 등)를 말한다.

* 출처 : 「의료기기 부작용 등 안전성 정보 관리에 관한 규정(식약처 고시)」

㉯ 「의료기기 시행규칙」 제62조의2제6항 또는 이 규정 제4조제3항 각 호에 해당하는 경우에는 그 사유를 확인할 수 있는 자료

〈표 12-7〉 의료기기 제조허가등의 갱신 제출 자료

[별지 제1호 서식]

의료기기 제조허가등의 갱신 제출 자료(제6조제1항 관련)

자료번호 주1)	1	2		3	4		
		가	나	가	가-1)	가-2)	나
제출여부 주2)							
면제대상 여부 주3)	╳	╳					주4)
비고							

주1) 자료번호 1부터 4까지는 제6조제1항 각 호의 자료를 말한다.

주2) 제출여부란에는 각 자료 제출 시 "○", 미제출 시 "╳"를 표시할 것

주3) 제출여부란에 미제출(╳)로 표시한 경우 제7조에 따른 면제사유를 기재할 것

주4) 제6조제1항제4호나목의 자료를 제출하는 경우 「시행규칙」 제62조의2제6항제1호부터 제3호까지 또는 이 규정 제4조제3항 각 호 중 해당하는 사유를 기재할 것

210mm×297mm[일반용지 60g/m²(재활용품)]

* 출처 : 식품의약품안전처, 의료기기 제조허가등 갱신에 관한 규정, [별지 1] 의료기기 제조허가등의 갱신 제출 자료, 2023. 10.

〈표 12-8〉 최신 규격의 반영 자료

[별지 제2호 서식]

최신 규격의 반영 자료(제6조제1항제2호 관련)

자료번호[주1)]	최신 규격의 반영 여부[주2)]		규격번호[주3)]	미적용사유[주4)]
	반영	미반영		
1. 전기 · 기계적 안전에 관한 자료				
2. 방사선에 관한 안전성 자료				
3. 전자파 안전에 관한 자료				
4. 생물학적 안전에 관한 자료				
5. 성능에 관한 자료				
6. 물리 · 화학적 특성에 관한 자료				
7. 안정성에 관한 자료				
8. 저장방법과 사용기간 또는 유효기간에 관한 자료				
9. 분석적 성능시험에 관한 자료				

주1) 자료번호 1부터 9까지는 허가규정 제26조제1항제4호의 자료를, 체진허가규정 제25조제1항제6호, 제7호가목 및 제25조제2항제4호가목부터 라목까지의 자료를 말한다.

주2) 반영여부란에는 자료번호 1부터 9에 대해 시행규칙 제27조제1항제12호 및 제33조제1항제17호에 따라 식약처장이 정한 최신의 기준 규격 또는 이와 동등 이상의 국제 규격(IEC, ISO 등) 반영 여부를 "해당란(◯)" 표시할 것

주3) 최신의 기준 규격을 반영한 경우(반영 ◯), 적용한 최신 기준규격 번호(식약처 고시번호, 국제규격(IEC, ISO 등)버전 등)를 작성하고 근거 자료(시험성적서 또는 평가자료) 제출

주4) 최신의 기준 규격을 미반영한 경우(미반영 ◯) 그 사유를 상세하게 작성

* (예시) 자료번호1의 자료에 '미반영 ◯의 경우' : 「의료기기 기준규격」[별표2]가 「의료기기 전기 · 기계적 안전에 관한 공통기준규격」(식약처 고시 제2013-65호, 2013. 4. 5.) 또는 그 해당 조항을 인용

210㎜×297㎜[일반용지 60g/㎡(재활용품)]

* 출처 : 식품의약품안전처, 의료기기 제조허가등 갱신에 관한 규정, [별지 2] 최신 규격의 반영 자료, 2023. 10.

⑤ 외국의 자료는 주요사항을 발췌한 한글요약문 및 원문을 제출하여야 하며, 필요한 경우에 한하여 전체 번역문을 제출하게 할 수 있다. 다만, 영어 외의 외국어 자료는 공증된 전체 번역문 또는 관련 분야를 전공한 확인자가 서명한 전체 번역문을 제출하게 할 수 있다.

⑥ 각 자료는 별지 제1호 서식에 제출 또는 면제 여부를 작성하여 첨부로 제출하되 기재된 순서에 따라 목록과 자료별 색인번호 및 쪽을 표시한다. 다만, 그럼에도 불구하고 「의료기기 제조허가등 갱신에 관한 규정」 제7조제1항부터 제7조제4항까지의 규정에 따라 제출 자료의 전부 또는 일부가 면제되는 경우에는 [별지 제1호 서식]의 비고란에 그 사유를 구체적으로 기재하여야 한다. 「의료기기 제조허가등 갱신에 관한 규정」 제4조제2항에 따라 갱신 신청 기간 동안 해당 제조허가등의 변경이 발생한 경우에는 허가증 등 이를 입증할 수 있는 자료를 식약처장 또는 정보원장에게 추가로 제출한다.

	인증·허가	신고	생산·수입 중단 보고대상	유지관리용
① 별지 제1호 서식	○	○	○	○
② 허가증 또는 인증서 원본	○	×	○	○
③ 최신 규격의 반영 여부를 검토한 자료 - 별지 제2호 서식	○	×	×	×
④ 제품의 성능 및 안전성을 확인할 수 있는 자료 - 시험성적서 또는 평가자료	○*	×	×	×
⑤ 적합성 선언서	×	○	○	×
⑥ 생산·수입 실적 자료	○	○	○	○
⑦ 이전 유효기간 동안 수집된 안전성 정보 및 조치에 관한 자료 1) 「의료기기(체외진단의료기기) 제조 및 품질관리 기준」 또는 이와 동등 이상의 규격에 따른 제조사의 품질관리 시스템 하에서 생산한 자료 2) 1)이 없는 경우 고객 불만처리 기록(이상사례 결과가 있는 경우) 및 조치 자료, 시정 및 예방조치 절차서, 기준서 등 3) 1)과 2)가 모두 없는 경우 시정 및 예방조치 절차서, 기준서 등	○	○	○	○
시행규칙 제62조의2제6항 또는 이 규정 제4조제3항 각 호에 해당하는 경우에는 그 사유를 확인할 수 있는 자료	해당되는 경우 ○	해당되는 경우 ○	해당되는 경우 ○	해당되는 경우 ○

* 유효기간이 2029년 12월 31일까지인 제품에 한하여 해당 자료의 제출을 면제

* 출처 : 식품의약품안전처, 의료기기 제조허가등 갱신에 관한 규정해설서(민원인 안내서) 2023. 12.

| 그림 12-2 | 제출자료 요약 (필수) ①~⑥ / (해당 경우만) ⑦

3.4 제출 자료의 면제

다음에 해당하는 경우에는 해당 자료의 일부 또는 전부의 제출을 면제할 수 있다.

① 허가 · 인증 · 변경허가 · 변경인증을 받거나 신고 · 변경신고 수리될 때 동일한 해당 자료를 이미 제출한 경우 : 「의료기기 제조허가등 갱신에 관한 규정」 제6조제1항제2호나목에 대한 자료

② 제조신고 · 수입신고 의료기기 중 「의료기기 기준규격」이 정해지지 않은 의료기기 : 「의료기기 제조허가등 갱신에 관한 규정」 제6조제1항제2호나목에 대한 자료

「의료기기 제조허가등 갱신에 관한 규정」 제6조제1항제3호의 규정에도 불구하고 다음 각 호에 따라 보고한 자료에서 이전 유효기간 동안 생산 또는 수입 실적이 있음을 확인할 수 있는 경우에는 해당 자료의 제출을 면제할 수 있다.

① 「의료기기법」 제13조제2항(법 제15조제6항에서 준용하는 경우를 포함한다) 및 「의료기기법 시행규칙」 제27조제2항 · 제33조제2항에 따른 의료기기 생산 · 수입 실적 보고

② 「의료기기법」 제31조의2 및 「의료기기법 시행규칙」 제54조의2에 따른 의료기기 공급내역 보고

「의료기기 제조허가등 갱신에 관한 규정」 제6조제1항제4호가목의 규정에도 불구하고 갱신 신청일 이후에 수집되는 해당 자료는 제출을 면제할 수 있다.

「의료기기 제조허가등 갱신에 관한 규정」 제6조제1항의 규정에도 불구하고 법(법률 제17248호, 2020. 4. 7.) 부칙 제2조에 따라 별도로 유효기간을 부여받아 최초로 제조허가등의 갱신을 신청하는 경우에는 유효기간이 끝나는 날의 5년 이전에 수집된 해당 자료의 제출을 면제할 수 있다.

3.5 제출 자료의 요건

「의료기기 제조허가등 갱신에 관한 규정」

제8조(제출 자료의 요건) 제출 자료의 요건은 다음 각 호와 같다. 다만, 허가규정 제29조제4호부터 제10호까지 해당하는 자료 및 체진허가규정 제27조제1항제6호, 제7호가목·다목·라목 및 제27조제2항제4호부터 제7호까지 해당하는 자료는 시행규칙 제27조제1항제12호 및 제33조제1항제17호에 따라 식약처장이 정한 최신의 기준규격 또는 이와 동등 이상의 국제 규격(IEC, ISO 등)을 따른다.

1. 최신 규격의 반영 여부를 검토한 자료
   시행규칙 제27조제1항제12호 및 제33조제1항제17호에 따라 식약처장이 정한 최신의 기준규격 또는 이와 동등 이상의 국제 규격(IEC, ISO 등) 반영 여부에 관한 별지 제2호 서식의 자료

2. 제품의 성능 및 안전성을 확인할 수 있는 자료
   가. 허가규정 제26조제1항제4호가목부터 라목까지 해당하는 자료는 같은 규정 제29조제4호부터 제7호까지를, 체진허가규정 제25조제2항제4호가목부터 다목까지 해당하는 자료는 같은 규정 제27조제2항제4호부터 제6호까지를 준용한다. 다만, 허가규정 제29조제4호부터 제7호까지 각 호의 가목 및 체진허가규정 제27조제2항제4호부터 제6호까지 각 호의 가목에 해당하는 자료의 경우 다음 중 어느 하나에 해당하는 자료도 인정한다.
      1) 식약처장이 지정한 시험·검사기관에서 발급한 시험성적서 또는 평가 자료

2) 한국인정기구(KOLAS, Korea Laboratory Accreditation Scheme)(이하 "KOLAS"라 한다)에서 인정한 의료기기 분야의 시험검사기관에서 인정된 규격코드(갱신 의료기기에 해당하지 않은 시험항목이 제외된 경우도 인정한다)로 적합하게 발급한 평가 자료

3) 국제시험기관인정협력체(ILAC)의 상호인정협약(MRA)에 따라 ISO/IEC17025를 인정받고, 갱신 의료기기 국제규격의 갱신 의료기기에 해당하는 모든 시험항목을 시험할 수 있는 국제시험검사기관에서 적합하게 발급한 평가 자료

나. 허가규정 제26조제1항제4호마목부터 사목에 해당하는 자료는 같은 규정 제29조제8호부터 제10호를, 체진허가규정 제25조제1항제6호, 제7호가목·다목·라목, 같은 조 제2항제4호라목에 해당하는 자료는 같은 규정 제27조제1항제6호, 제7호가목·다목·라목 및 같은 조 제2항제7호를 준용한다.

3. 시행규칙 제62조의2제2항제4호에 따라 그 밖에 식약처장이 필요하다고 인정하는 자료

가. 이전 유효기간 동안 수집된 안전성 정보 및 조치에 관한 자료는 다음 중 어느 하나에 해당하는 자료

1) 체외진단의료기기를 제외한 의료기기는 「의료기기 제조 및 품질관리기준」 또는 이와 동등 이상의 규격에 따른 제조사의 품질관리시스템하에서 생성한 자료

2) 체외진단의료기기는 「체외진단의료기기 제조 및 품질관리기준」 또는 이와 동등 이상의 규격에 따른 제조사의 품질관리시스템하에서 생성한 자료

나. 시행규칙 제62조의2제6항 또는 이 규정 제4조제3항 각 호에 해당하는 경우에는 그 사유를 확인할 수 있는 다음 중 어느 하나에 해당하는 자료

1) 시행규칙 제62조의2제6항제1호부터 제62조의2제6항제3호까지의 경우에는 각 호에 해당하는 예외적 사유를 확인할 수 있는 근거자료

2) 제4조제3항제1호의 경우 이전 유효기간 동안 갱신 대상 의료기기를 수리 또는 유지보수하기 위해 필요한 부분품 또는 원자재를 제조·수입한 실적 자료

3) 제4조제3항제2호의 경우 이전 유효기간 동안 갱신 대상 의료기기가 특정 의료기기와 함께 사용되고 있음을 확인할 수 있는 특정 의료기기를 제조·수입한 실적 자료

4) 제4조제3항제3호 및 제4호의 경우 이전 유효기간 동안 갱신 대상 중고의료기기를 검사한 사실을 확인할 수 있는 자료로 검사항목 및 적합여부, 검사필증 발행일 등을 기록한 자료 및 의뢰받은 경우에는 의뢰인(판매·임대업소), 검사의뢰 일자 등을 추가로 기록한 자료

5) 제4조제3항제5호의 경우 갱신 대상 의료기기가 「의료법」 제53조에 따른 신의료기술 평가가 진행 중이거나, 평가 결과 연구단계 의료기술로 통보받았음을 확인할 수 있는 자료

[별지 제2호 서식 자료번호의 의료기기별 최신 규격 적용(○) 여부]

별지 제2호 서식의 자료번호	체외진단시약	체외진단장비	그 외 의료기기
1. 전기· 기계적 안전에 관한 자료		○	○
2. 방사선에 관한 안전성 자료		○	○
3. 전자파 안전에 관한 자료		○	○
4. 생물학적 안전에 관한 자료			○
5. 성능에 관한 자료		○	○
6. 물리· 화학적 특성에 관한 자료			○
7. 안정성에 관한 자료			○
8. 저장방법과 사용기간 또는 유효기간에 관한 자료	○		
9. 분석적 성능시험에 관한 자료	○		

* 출처 : 식품의약품안전처, 의료기기 제조허가등 갱신에 관한 규정해설서(민원인 안내서) 2023. 12.

▌그림 12-3▐ 제출 자료 요건 요약

3.6 자료의 보완

식약처장 또는 정보원장은 다음 각 호의 어느 하나에 해당하는 사유가 있는 경우 신청일부터 60일 이내에 필요한 사항을 구체적으로 명시하여 신청인에게 보완을 요구할 수 있다(이하 '1차 보완').

① 갱신 신청서·갱신 신고서, 제출자료의 범위 등이 관련 규정에 적합하지 아니할 때

② 「의료기기 제조허가등 갱신에 관한 규정」 제6조에 따라 제출된 자료의 검토과정 중 사실 확인을 위해 추가 자료 등이 필요하다고 인정될 때

③ 그 밖에 상기에 준하는 경우로서 의료기기의 안전성·유효성 및 품질 등에 문제가 발생할 우려가 있어 추가 자료가 필요하다고 인정될 때

상기에 따른 자료의 보완기간은 민원처리기한을 고려하여 민원인의 보완서류 작성에 충분한 시간을 부여하고, 이 기간 내에 보완 요구한 자료 중 일부 또는 전부의 자료가 제출되지 아니할 때에는 10일을 보완기간으로 하여 다시 보완을 요구할 수 있다(이하 '2차 보완'). 다만, 보완요구를 받은 민원인이 보완요구를 받은 기간 내에 보완을 할 수 없음을 이유로 보완에 필요한 기간을 명시하여 기간연장을 요청하는 경우에는 이를 고려하여 보완기간을 정할 수 있으며, 민원인의 기간연장 요청은 2회에 한한다('1차 보완에 한함'). 다만, 이 경우에도 연장기간은 해당 제조허가등의 유효기간을 초과할 수 없다.

또한 갱신 신청을 하고 보완요구를 받았으나 보완하지 못하고 제조허가등의 유효기간이 끝난 경우에는 제조허가등의 효력을 상실하게 되므로 제조허가등의 유효기간이 끝나는 날의 다음 날부터 해당 의료기기를 제조·수입할 수 없다.

3.7 갱신의 처리

「의료기기법」 제49조제4항에 따라 식약처장 또는 정보원장은 갱신 제출 자료 검토 결과, 아래 어느 하나에 해당하여 갱신할 수 없는 경우 갱신 처리일 이전에 그 사유를 명시하여 신청인에게 서면(전자문서를 포함한다)으로 통보하여야 한다.

① 「의료기기법 시행규칙」 제62조의2제1항제1호부터 제62조의2제1항제4호까지에 적합하지 아니할 때

㉮ 해당 의료기기의 안전성·유효성에 중대한 문제가 없을 것

㉯ 제조허가등의 갱신에 필요한 자료를 성실히 제출할 것

㉰ 해당 의료기기에 대한 생산 또는 수입실적이 있을 것

㉱ 의료기기 관계 법령을 성실히 준수했을 것

② 「의료기기 제조허가등 갱신에 관한 규정」 제3조 각 호에 적합하지 않을 때

③ 그 밖에 상기의 규정에 준하는 경우로서 갱신할 수 없는 경우에 해당할 때

3.8 유효기간의 특례 등

이미 허가 또는 인증을 받거나 신고 수리된 한벌구성의료기기를 각각의 의료기기로 허가 또는 인증을 받거나 신고 수리한 경우 각각의 제조허가등의 유효기간은 해당 한벌구성의료기기의 제조허가등의 유효기간과 동일하게 산정한다.

이미 하나의 허가 또는 인증을 받거나 신고 수리된 품목·품목류를 분리하여 별도로 제조허가·제조인증·수입허가·수입인증을 받거나 제조신고·수입신고한 경우의 유효기간은 기존 제조허가등의 유효기간과 동일하게 산정한다.

「의료기기법 시행규칙」 제17조제2항에 따라 조건부허가증 조건부인증서를 허가증과 인증서로 바꾸어 발급하는 경우 그 유효기간은 바꾸어 발급하는 날부터 5년으로 하고, 조건부신고의 경우 정보원장에게 제출한 조건 이행의 날부터 5년으로 한다.

「의료기기법」(법률 제17248호, 2020. 4. 7.) 부칙 제2조에 따라 2020년 10월 8일 전에 제조허가·제조인증·수입허가·수입인증을 받거나 제조신고·수입신고를 한 의료기기와 법 제8조에 따라 재심사를 받은 의료기기에 대한 제조허가등의 유효기간은 별표와 같다.

〈표 12-9〉 2020년 10월 8일 이전 제조허가등의 유효기간(제12조제4항 관련)

1. 의료기기(체외진단의료기기 제외)

최초 허가(인증·신고)일			유효기간
	~	1998. 12. 31.	2025. 1. 31.
1999. 1. 1.	~	1999. 9. 30.	2025. 2. 28.
1999. 10. 1.	~	2000. 6. 30.	2025. 3. 31.
2000. 7. 1.	~	2001. 6. 30.	2025. 4. 30.
2001. 7. 1.	~	2002. 3. 31.	2025. 5. 31.
2002. 4. 1.	~	2002. 12. 31.	2025. 6. 30.
2003. 1. 1.	~	2003. 6. 30.	2025. 7. 31.
2003. 7. 1.	~	2003. 12. 31.	2025. 8. 31.
2004. 1. 1.	~	2004. 6. 30.	2025. 9. 30.
2004. 7. 1.	~	2004. 12. 31.	2025. 10. 31.
2005. 1. 1.	~	2005. 6. 30.	2025. 11. 30.
2005. 7. 1.	~	2005. 12. 31.	2025. 12. 31.
2006. 1. 1.	~	2006. 6. 30.	2026. 1. 31.
2006. 7. 1.	~	2006. 12. 31.	2026. 2. 28.
2007. 1. 1.	~	2007. 6. 30.	2026. 3. 31.
2007. 7. 1.	~	2007. 12. 31.	2026. 4. 30.
2008. 1. 1.	~	2008. 6. 30.	2026. 5. 31.
2008. 7. 1.	~	2008. 12. 31.	2026. 6. 30.
2009. 1. 1.	~	2009. 6. 30.	2026. 7. 31.
2009. 7. 1.	~	2009. 9. 30.	2026. 8. 31.
2009. 10. 1.	~	2010. 1. 31.	2026. 9. 30.
2010. 2. 1.	~	2010. 4. 30.	2026. 10. 31.
2010. 5. 1.	~	2010. 8. 31.	2026. 11. 30.
2010. 9. 1.	~	2010. 11. 30.	2026. 12. 31.
2010. 12. 1.	~	2011. 3. 31.	2027. 1. 31.
2011. 4. 1.	~	2011. 6. 30.	2027. 2. 28.
2011. 7. 1.	~	2011. 9. 30.	2027. 3. 31.
2011. 10. 1.	~	2011. 12. 31.	2027. 4. 30.
2012. 1. 1.	~	2012. 3. 31.	2027. 5. 31.
2012. 4. 1.	~	2012. 6. 30.	2027. 6. 30.
2012. 7. 1.	~	2012. 9. 30.	2027. 7. 31.
2012. 10. 1.	~	2012. 12. 31.	2027. 8. 31.
2013. 1. 1.	~	2013. 3. 31.	2027. 9. 30.
2013. 4. 1.	~	2013. 6. 30.	2027. 10. 31.
2013. 7. 1.	~	2013. 8. 31.	2027. 11. 30.
2013. 9. 1.	~	2013. 11. 30.	2027. 12. 31.
2013. 12. 1.	~	2014. 2. 28.	2028. 1. 31.
2014. 3. 1.	~	2014. 4. 30.	2028. 2. 29.
2014. 5. 1.	~	2014. 6. 30.	2028. 3. 31.

최초 허가(인증·신고)일			유효기간
2014. 7. 1.	~	2014. 9. 30.	2028. 4. 30.
2014. 10. 1.	~	2014. 12. 31.	2028. 5. 31.
2015. 1. 1.	~	2015. 3. 31.	2028. 6. 30.
2015. 4. 1.	~	2015. 5. 31.	2028. 7. 31.
2015. 6. 1.	~	2015. 7. 31.	2028. 8. 31.
2015. 8. 1.	~	2015. 9. 30.	2028. 9. 30.
2015. 10.1.	~	2015. 12. 31.	2028. 10. 31.
2016. 1. 1.	~	2016. 2. 29.	2028. 11. 30.
2016. 3. 1.	~	2016. 5. 31.	2028. 12. 31.
2016. 6. 1.	~	2016. 8. 31.	2029. 1. 31.
2016. 9. 1.	~	2016. 11. 30.	2029. 2. 28.
2016. 12. 1.	~	2017. 1. 31.	2029. 3. 31.
2017. 2. 1.	~	2017. 3. 31.	2029. 4. 30.
2017. 4. 1.	~	2017. 5. 31.	2029. 5. 31.
2017. 6. 1.	~	2017. 7. 31.	2029. 6. 30.
2017. 8. 1.	~	2017. 9. 30.	2029. 7. 31.
2017. 10. 1.	~	2017. 12. 31.	2029. 8. 31.
2018. 1. 1.	~	2018. 3. 31.	2029. 9. 30.
2018. 4. 1.	~	2018. 6. 30.	2029. 10. 31.
2018. 7. 1.	~	2018. 8. 31.	2029. 11. 30.
2018. 9. 1.	~	2018. 10. 31.	2029. 12. 31.
2018. 11. 1.	~	2018. 12. 31.	2030. 1. 31.
2019. 1. 1.	~	2019. 2. 28.	2030. 2. 28.
2019. 3. 1.	~	2019. 4. 30.	2030. 3. 31.
2019. 5. 1.	~	2019. 6. 30.	2030. 4. 30.
2019. 7. 1.	~	2019. 8. 31.	2030. 5. 31.
2019. 9. 1.	~	2019. 10. 31.	2030. 6. 30.
2019. 11. 1.	~	2019. 12. 31.	2030. 7. 31.
2020. 1. 1.	~	2020. 2. 29.	2030. 8. 31.
2020. 3. 1.	~	2020. 4. 30.	2030. 9. 30.
2020. 5. 1.	~	2020. 6. 30.	2030. 10. 31.
2020. 7. 1.	~	2020. 8. 31.	2030. 11. 30.
2020. 9. 1.	~	2020. 10. 7.	2030. 12. 31.

2. 체외진단의료기기

최초 허가(인증·신고)일			유효기간
	~	2002. 6. 30.	2026. 1. 31.
2002. 7. 1.	~	2006. 6. 30.	2026. 2. 28.
2006. 7. 1.	~	2008. 12. 31.	2026. 3. 31.
2009. 1. 1.	~	2010. 12. 31.	2026. 4. 30.
2011. 1. 1.	~	2011. 12. 31.	2026. 5. 31.

최초 허가(인증·신고)일			유효기간
2012. 1. 1.	~	2012. 11. 30.	2027. 2. 28.
2012. 12. 1.	~	2012. 12. 31.	2027. 3. 31.
2013. 1. 1.	~	2013. 3. 31.	2027. 4. 30.
2013. 4. 1.	~	2013. 6. 30.	2027. 5. 31.
2013. 7. 1.	~	2013. 8. 31.	2027. 6. 30.
2013. 9. 1.	~	2013. 9. 30.	2027. 7. 31.
2013. 10. 1.	~	2013. 10. 31.	2027. 9. 30.
2013. 11. 1.	~	2013. 11. 30.	2027. 11. 30.
2013. 12. 1.	~	2013. 12. 31.	2028. 1. 31.
2014. 1. 1.	~	2014. 1. 31.	2028. 3. 31.
2014. 2. 1.	~	2014. 2. 28.	2028. 5. 31.
2014. 3. 1.	~	2014. 3. 31.	2028. 6. 30.
2014. 4. 1.	~	2014. 4. 30.	2028. 7. 31.
2014. 5. 1.	~	2014. 6. 30.	2028. 8. 31.
2014. 7. 1.	~	2014. 8. 31.	2028. 9. 30.
2014. 9. 1.	~	2014. 10. 31.	2028. 10. 31.
2014. 11. 1.	~	2014. 11. 30.	2029. 1. 31.
2014. 12. 1.	~	2014. 12. 31.	2029. 3. 31.
2015. 1. 1.	~	2015. 2. 28.	2029. 5. 31.
2015. 3. 1.	~	2015. 4. 30.	2029. 6. 30.
2015. 5. 1.	~	2015. 7. 31.	2029. 7. 31.
2015. 8. 1.	~	2015. 11. 30.	2029. 8. 31.
2015. 12. 1.	~	2016. 3. 31.	2029. 9. 30.
2016. 4. 1.	~	2016. 6. 30.	2029. 10. 31.
2016. 7. 1.	~	2016. 9. 30.	2029. 11. 30.
2016. 10. 1.	~	2016. 12. 31.	2030. 1. 31.
2017. 1. 1.	~	2017. 6. 30.	2030. 2. 28.
2017. 7. 1.	~	2017. 12. 31.	2030. 3. 31.
2018. 1. 1.	~	2018. 3. 31.	2030. 4. 30.
2018. 4. 1.	~	2018. 6. 30.	2030. 5. 31.
2018. 7. 1.	~	2018. 9. 30.	2030. 6. 30.
2018. 10. 1.	~	2018. 12. 31.	2030. 7. 31.
2019. 1. 1.	~	2019. 6. 30.	2030. 8. 31.
2019. 7. 1.	~	2019. 12. 31.	2030. 9. 30.
2020. 1. 1.	~	2020. 4. 30.	2030. 10. 31.
2020. 5. 1.	~	2020. 7. 31.	2030. 11. 30.
2020. 8. 1.	~	2020. 10. 7.	2030. 12. 31.

* 출처 : 식품의약품안전처, 「의료기기법」 제조허가등 갱신에 관한 규정, [별표] 2020. 10. 8., 이전 제조허가등의 유효기간(제12조 제4항 관련), 2023. 10. 26.

〈표 12-10〉 의료기기 제조(수입)허가 갱신 신청서

■ 의료기기법 시행규칙 [별지 제51호서식] 〈개정 2024. 9. 20.〉

전자민원창구(https://udiportal.mfds.go.kr/msismext/emd/min/mainView.do)에서도 신청할 수 있습니다.

의료기기 제조(수입)허가 갱신 신청서

※ 색상이 어두운 란은 신청인이 적지 않으며, [ ]에는 해당되는 곳에 ✓표를 합니다. (앞쪽)

접수번호		접수일	처리기간 180일

신청인 (대표자)	성명	
	생년월일	
	주소	
제조업체 (수입업체)	명칭(상호)	업 허가번호
	소재지	
구분	[ ] 품목류 [ ] 품목	[ ] 제조허가 [ ] 수입허가
의료기기 정보	허가번호	유효기간
	명칭(제품명, 품목명, 모델명)	분류번호(등급)
	허가조건	

「의료기기법」 제49조 및 같은 법 시행규칙 제62조의2에 따라 위와 같이 의료기기 제조(수입) 허가의 갱신을 신청합니다.

년 월 일

신청인(대표자) (서명 또는 인)

담당자 성명 및 전화번호

식품의약품안전처장 귀하

첨부 서류	뒤쪽 참조

210㎜×297㎜[백상지 80g/㎡ 또는 중질지 80g/㎡]

첨부 서류	1. 해당 의료기기의 제조(수입) 허가증 원본 2. 이전 유효기간 동안 해당 의료기기의 안전성 · 유효성이 유지되고 있음을 입증하는 자료 3. 이전 유효기간 동안 해당 의료기기의 생산 또는 수입 실적에 관한 자료 4. 그 밖에 제1호부터 제3호까지의 규정에 따른 자료와 유사한 것으로서 제조(수입)허가의 갱신을 위해 식품의약품안전처장이 필요하다고 인정하는 자료	수수료
		「의료기기법」 시행규칙 별표 10에 따른 금액

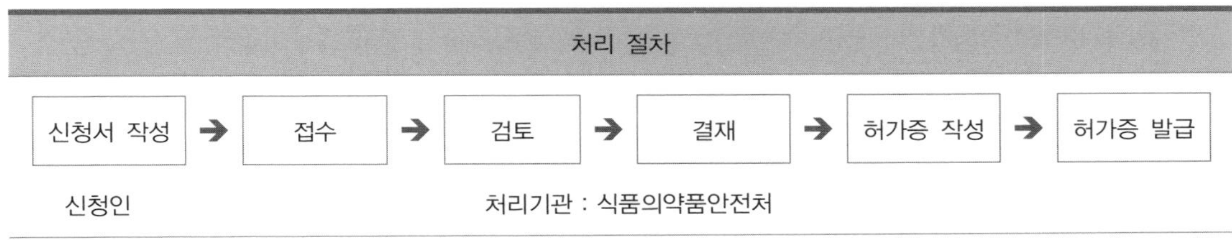

* 출처 : 식품의약품안전처, 「의료기기법 시행규칙」 [별지 제51호 서식], 2024. 9. 20.

〈표 12-11〉 의료기기 제조(수입)인증 갱신 신청서

■ 의료기기법 시행규칙 [별지 제51호의2서식] 〈개정 2024. 9. 20.〉

전자민원창구(https://udiportal.mfds.go.kr/msismext/emd/min/mainView.do)에서도 신청할 수 있습니다.

의료기기 제조(수입)인증 갱신 신청서

※ 색상이 어두운 란은 신청인이 적지 않으며, [ ]에는 해당되는 곳에 ✓표를 합니다. (앞쪽)

접수번호		접수일	처리기간 180일

신청인 (대표자)	성명	
	생년월일	
	주소	

제조업체 (수입업체)	명칭(상호)	업 허가번호
	소재지	

구분	[ ] 품목류 [ ] 품목	[ ] 제조인증 [ ] 수입인증
의료기기 정보	인증번호	유효기간
	명칭(제품명, 품목명, 모델명)	분류번호(등급)
	인증조건	

「의료기기법」 제49조 및 같은 법 시행규칙 제62조의2에 따라 위와 같이 의료기기 제조(수입) 인증의 갱신을 신청합니다.

년 월 일

신청인(대표자) (서명 또는 인)

담당자 성명 및 전화번호

한국의료기기안전정보원 귀하

첨부 서류	뒤쪽 참조

210㎜×297㎜[백상지 80g/㎡ 또는 중질지 80g/㎡]

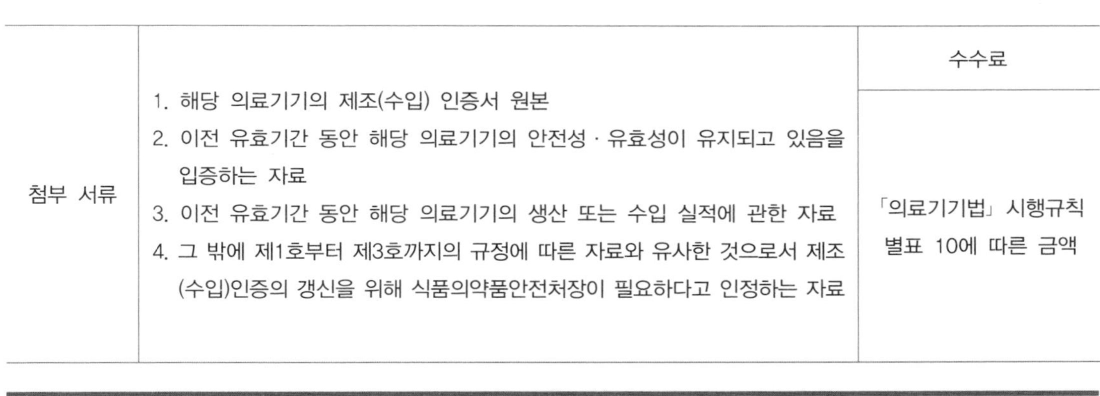

첨부 서류		수수료
첨부 서류	1. 해당 의료기기의 제조(수입) 인증서 원본 2. 이전 유효기간 동안 해당 의료기기의 안전성 · 유효성이 유지되고 있음을 입증하는 자료 3. 이전 유효기간 동안 해당 의료기기의 생산 또는 수입 실적에 관한 자료 4. 그 밖에 제1호부터 제3호까지의 규정에 따른 자료와 유사한 것으로서 제조(수입)인증의 갱신을 위해 식품의약품안전처장이 필요하다고 인정하는 자료	「의료기기법」 시행규칙 별표 10에 따른 금액

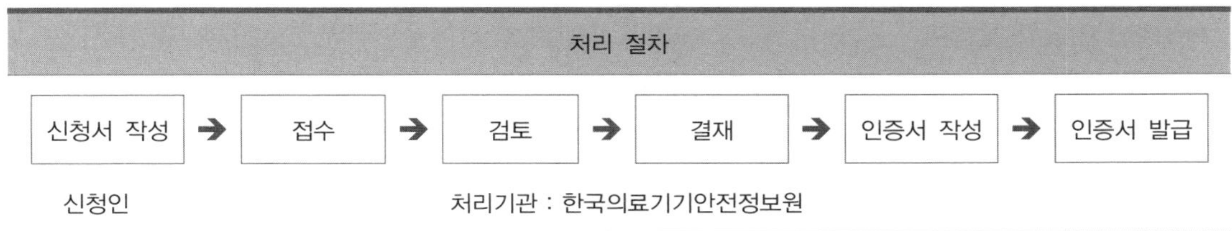

처리 절차					
신청서 작성 ➔	접수 ➔	검토 ➔	결재 ➔	인증서 작성 ➔	인증서 발급
신청인	처리기관 : 한국의료기기안전정보원				

* 출처 : 식품의약품안전처, 「의료기기법 시행규칙」 [별지 제51호 서식], 2024. 9. 20.

〈표 12-12〉 의료기기 제조(수입)신고 갱신 신고서

■ 의료기기법 시행규칙 [별지 제51호의3서식] 〈개정 2024. 9. 20.〉

전자민원창구(https://udiportal.mfds.go.kr/msismext/emd/min/mainView.do)에서도 신청할 수 있습니다.

의료기기 제조(수입)신고 갱신 신고서

※ 색상이 어두운 란은 신고인이 적지 않으며, [ ]에는 해당되는 곳에 ✓표를 합니다. (앞쪽)

접수번호		접수일	처리기간 180일

신고인(대표자)	성명	
	생년월일	
	주소	

제조업체(수입업체)	명칭(상호)	업 허가번호
	소재지	

구분	[ ] 품목류 [ ] 품목	[ ] 제조신고 [ ] 수입신고
의료기기 정보	신고번호	유효기간
	명칭(제품명, 품목명, 모델명)	분류번호(등급)

「의료기기법」 제49조 및 같은 법 시행규칙 제62조의2에 따라 위와 같이 의료기기 제조(수입) 신고의 갱신을 신고합니다.

년 월 일

신고인(대표자) (서명 또는 인)

담당자 성명 및 전화번호

한국의료기기안전정보원 귀하

첨부 서류	뒤쪽 참조

210㎜×297㎜[백상지 80g/㎡ 또는 중질지 80g/㎡]

(뒤쪽)

첨부 서류	1. 이전 유효기간 동안 해당 의료기기의 안전성 · 유효성이 유지되고 있음을 입증하는 자료 2. 이전 유효기간 동안 해당 의료기기의 생산 또는 수입 실적에 관한 자료 3. 그 밖에 제1호 및 제2호에 따른 자료와 유사한 것으로서 제조(수입)신고의 갱신을 위해 식품의약품안전처장이 필요하다고 인정하는 자료	수수료
		「의료기기법」 시행규칙 별표 10에 따른 금액

처리 절차

신고서 작성 ➔ 접수 ➔ 검토 ➔ 결재 ➔ 식품의약품안전처 전자민원 시스템 등재

신고인 / 처리기관 : 한국의료기기안전정보원

* 출처 : 식품의약품안전처, 「의료기기법 시행규칙」 [별지 제51호 서식], 2024. 9. 20.

참 / 고 / 문 / 헌

「의료기기법」

「의료기기법 시행령」

「의료기기법 시행규칙」

식품의약품안전처, 의료기기 품목 및 품목별 등급에 관한 규정(식약처 고시 제2020-103호), 2020. 10.

식품의약품안전처, 체외진단의료기기 품목 및 품목별 등급에 관한 규정(식약처 고시 제2020-34호), 2020. 5.

식품의약품안전처, 의료기기 부작용 등 안전성 정보 관리에 관한 규정(식약처 고시 제2020-87호), 2020. 9.

식품의약품안전처, 의료기기 표시 · 기재 등에 관한 규정(식약처 고시 제2020-71호), 2020. 8.

식품의약품안전처, 의료기기 기준규격(식약처 고시 제2020-113호), 2020. 11.

식품의약품안전처, 식품의약품안전처 행정처분사전심의위원회 운영규정(식약처 예규 제156호), 2020. 6.

식품의약품안전처, 추적관리대상 의료기기 기록과 자료제출에 관한 규정(식약처 고시 제2020-29호), 2020. 5.

식품의약품안전처, 의료기기 재심사에 관한 규정(식약처 고시 제2020-29호), 2020. 5.

식품의약품안전처, 식품의약품안전처 과징금 부과처분 기준 등에 관한 규정(식약처 훈령 제162호), 2020. 2.

식품의약품안전처, 의료기기 광고사전심의 규정(식약처 고시 제2020-72호), 2020. 8.

식품의약품안전처, 의료기기 영업자 회수 업무 처리 지침(공무원 지침서), 2019. 4.

식품의약품안전처, 의료기기 정부 회수 업무 처리 지침(공무원 지침서), 2019. 4.

식품의약품안전처, 의료기기법 위반 광고 해설서(민원인 안내서), 2019. 3.

식품의약품안전처, 의료기기 이상사례 보고 가이드라인(민원인 안내서), 2018. 4.

식품의약품안전처, 2017년 분야별 자주 하는 질문(FAQ)집 - 의료기기분야, 2017. 12.

식품의약품안전처, 의료기기 표시 · 기재 가이드라인(민원인 안내서), 2016. 12.

식품의약품안전처, 2016년 분야별 자주 하는 질문(FAQ)집 - 의료기기분야, 2016. 12.

식품의약품안전처, 추적관리대상 의료기기 관리 가이드라인, 2016. 10.

식품의약품안전처, 의료인 등만이 사용하는 품목으로서 의료기기 광고사전심의 면제대상 품목 공고, 2016. 6.

식품의약품안전처, 의료기기 재평가 업무 해설서(민원인 안내서), 2015. 9.

식품의약품안전처, 의료기기 부작용 등 안전성 정보 보고 매뉴얼(의료기관용), 2011. 7.

한국의료기기산업협회, 의료기기광고사전심의 가이드라인, 2017. 4.

IMDRF UDI WG N48, Unique Device Identification system (UDI system) Application Guide, 2019. 3.

IMDRF UDI WG N53, Use of UDI Data Elements across different IMDRF Jurisdictions, 2019. 3.

IMDRF UDI WG N54, System requirements related to use of UDI in healthcare including selected use cases, 2019. 3.

IMDRF UDI WG N7, UDI Guidance -Unique Device Identification(UDI) of Medical Device, 2013. 12.

국무조정실, 제57회 국정현안점검조정회의 보도자료, 2018. 11. 15.

국가법령정보센터 홈페이지, 방문, http://www.law.go.kr

식품의약품안전처 홈페이지, 방문, http://www.mfds.go.kr

의료기기 전자민원창구 홈페이지, 방문, https://udiportal.mfds.go.kr/msismext/emd/min/mainView.do

한국의료기기산업협회 홈페이지, 방문, http://www.kmdia.or.kr

한국의료기기산업협회 의료기기광고사전심의위원회 홈페이지, 방문, http://adv.kmdia.or.kr

NIDS
National Institute of Medical Device Safety Information
한국의료기기안전정보원

의료기기 규제과학(RA) 전문가

제2권 사후관리

초판발행 2023년 06월 15일
개정1판1쇄 2025년 01월 15일

편저자 한국의료기기안전정보원
편집위원장 한국의료기기안전정보원 이정림 원장
내부검수 및 집필자 이종록, 여창민, 김연정, 유지수
외부자문 및 집필자 이승원

발행인 정용수
발행처 (주)예문아카이브
주소 서울시 마포구 동교로 18길 10 2층
TEL 02) 2038-7597
FAX 031) 955-0660

등록번호 제2016-000240호

정가 18,000원

홈페이지 http://www.yeamoonedu.com

ISBN 979-11-6386-379-3 [94580]